普通高等教育"十三五"规划教材

水污染控制工程导学

李桂贤　余韬　李怡　主编

化学工业出版社

·北京·

内容简介

  本书习题均为配套慕课《水污染控制工程》，按照慕课内容知识结构共分 7 章，每章习题按照知识点挖掘、知识拓展两部分展开。从第 1 章总论切入，不溶态污染物的分离技术、污染物的生物化学转化法、污染物的化学转化技术、溶解态污染物的物理化学分离技术、废水的脱氮除磷技术、污泥处理与处置技术等七章的配套习题。为巩固慕课学习的效果，按照慕课讲授顺序编写，同时附有二维码扫描，便于知识点的巩固与复习。书后配套习题答案，扫描二维码即可获取。

  本书适合普通高等院校环境类本科生配套学习使用，还可供对环境保护有兴趣的学习者参考。

图书在版编目（CIP）数据

  水污染控制工程导学/李桂贤，余韬，李怡主编.—北京：
化学工业出版社，2020.12
  普通高等教育"十三五"规划教材
  ISBN 978-7-122-38095-1

  Ⅰ.①水⋯ Ⅱ.①李⋯ ②余⋯ ③李⋯ Ⅲ.①水污染-
污染控制-高等学校-教材 Ⅳ.①X520.6
  中国版本图书馆 CIP 数据核字（2020）第 244594 号

责任编辑：廉　静	文字编辑：汲永臻
责任校对：李雨晴	装帧设计：王晓宇

出版发行：化学工业出版社（北京市东城区青年湖南街 13 号　邮政编码 100011）
印　　装：三河市延风印装有限公司
787mm×1092mm　1/16　印张 12　字数 312 千字　2021 年 2 月北京第 1 版第 1 次印刷

购书咨询：010-64518888   售后服务：010-64518899
网　　址：http://www.cip.com.cn
凡购买本书，如有缺损质量问题，本社销售中心负责调换。

定　　价：38.00 元   版权所有　违者必究

前 言

　　水是生命之源，孕育和滋养了地球上的一切生物。但是，能供人类直接取用的淡水资源却少之又少。进入 21 世纪以来，随着我国城市化进程的加速以及社会经济的发展，由此引发的水资源短缺、水环境污染等问题日益严重，许多城市都饱尝了供水不足和水质污染的双重苦果，水环境的恶化已成为生命健康头上的"达摩克利斯"之剑。在此情景下，寻找化解水危机的技术和方法便成了一项复杂的系统工程。目前的解决手段主要是两个方面：一是加强对现有水资源的保护，大力发展和使用节水设备以及建设节水工程项目；二是加强对污水处理的力度，在污水处理理论和技术方面不断创新，并运用到工艺设计中，提高污水处理效果，发展和强化再生水回用技术。因此，全面深入地了解和掌握水污染控制技术和原理，解决我国面临的水污染问题，已成为环境工程专业人员的重要使命。同时，保护和珍惜使用水资源，也是整个社会的共同职责。

　　本书主要面对环境科学与工程及其相关专业的本科、大专学生及社会学习者，其内容主要基于智慧树 MOOC 资源《水污染"你"控吗?》，整门课程以 OBE（Outcome Based Education 成果导向教育）工程教育模式为导向，采用混合式教学方法，其中在线课程包括 7 章 87 个知识点，旨在运用简单的表述和部分典型案例，使使者能够循序渐进地了解和掌握污水处理的基本技术和原理。本书在编写的过程中，将每一节内容分为"知识点挖掘、归纳总结、知识拓展、知识回顾"四个部分。其中"知识点挖掘"和"知识回顾"较为简单，可作为课前预习基本知识之用，"归纳总结""知识拓展"相对较难，可作为课后复习及知识延伸之用。通过对污水处理技术知识点的学习，使读者能够较为全面地了解和掌握城市生活污水及各类工业废水的物理、化学、物理化学、生物等处理方法的基本原理和工艺技术。另外，培养读者独立分析和解决水处理及环境保护问题的基本素质与创新能力，为从事水污染治理技术的工程设计、科学研究、环境管理等奠定良好基础，使读者在掌握水污染控制基本理论的同时，获得解决实际水污染问题的能力。

　　本书由贵州理工学院李桂贤、余韬、李怡三人共同担任主编，张洋、刘丽梅、唐雅琴三位老师也参加了部分编写工作。各章编写人的具体分工为：李桂贤（第 1 章、第 3 章、第 5 章）；余韬（前言、第 2 章）；李怡（第 4 章、第 7 章）；张洋（第 6 章），刘丽梅、唐雅琴两位老师参与了视频及答案的录制整理工作。

　　由于本书编者水平有限，文中存在疏漏和不当之处在所难免，恳请广大读者批评指正。

编　者

2020.05

目 录

第1章
总　论

预习任务
视　频 1.1、1.2.1、1.2.2、1.2.3。

学习知识点

　　水环境概论、污染物、污染指标、废水水质控制标准及方法、废水处理系统、水量调节、水质均化。

1.1　走进水环境

⊙ **观看视频1.1**

一、知识点挖掘

（一）填空题

1.地球上的水在不停地_____着，进行着相互之间的运输、转换和补给。

2.通过_____和_____的有机结合，共同作用，从而达到保护和改善水环境，保护人体健康，保证水资源的合理有效利用。

3.废水是污染自然水体的主要因素，对已经产生的废水水质进行_____是防止自然水体污染的关键措施。

（二）单选题

1.地球水资源总量约为13.8亿立方千米，覆盖着近（　　）的地球表面。
　　A．1/3　　　　　　B．2/3　　　　　　C．3/4　　　　　　D．3/5

2.水环境中的淡水资源很少，仅占总水量的（　　）。
　　A．2.53%　　　　B．5.88%　　　　C．9.98%　　　　D．10.96%

3.目前供给人类直接取用的淡水资源仅占0.22%，加之自然资源的季节变化和地区差异，以及自然水体遭到的各类污染，致使可供直接取用的优质水量日显短缺，难以满足人们

走进水环境

生活和工农业生产日益增长的要求，从这个角度来看，水是十分（　　）的自然资源。

  A. 丰富   B. 短缺   C. 取之不尽   D. 有限

  4. 水在自然循环中，由非污染环境进入水中的化学物质，称为自然杂质或本底杂质；而由污染环境进入水中的化学物质，称为（　　）。

  A. 污染物   B. 自然杂质   C. 本底杂质   D. 化学物质

  5. 营养型污染是当含（　　）浓度较高的废水排入水环境，会大量滋长藻类及其他水生植物。当这些水生植物死亡时，就会使水中的需氧物猛增，危害水生生物的生长。

  A. 氧和氮   B. 氮和磷   C. 碳和磷   D. 硫和氮

  6. 水体污染防治包含污染的（　　）两个方面。

  A. 预防和治理   B. 管理和治理   C. 技术和管理   D. 预防和技术

（三）判断题

  1. 进入水体中的污染物量超过了水体自净能力或纳污能力，而使水体丧失原有的使用价值时，称为水体污染或水污染。   （　　）

  2. 废水排放引起的水体污染，主要分为：需氧型污染、毒物型污染、营养型污染、感官型污染和其他污染五种类型。   （　　）

  3. 污染的治理是通过技术和经济的方法对已经产生的废水进行加工和处理，以便达到资源的回收和安全的排放。   （　　）

  4. 重金属的毒物危害具有长期积累性。   （　　）

  5. 长期的富营养化过程会使一个水体年轻化，由沼泽逐渐演变为杂草丛生。 （　　）

（四）多选题

  1. 废水中的（　　）等排入水体后，就会使水生生物中毒，并通过食物链危害人类的健康。当饮用或接触被这类污染物污染的水时，能直接危害人体健康。这种因毒物进入而造成的水体污染，称之为毒物型污染。

  A. 有机毒物（如酚、农药等）   B. 无机毒物（如汞、铬、砷、氰等）

  C. 放射性物质   D. 漂浮物

  2. 废水中许多污染物能使人感到很不愉快，（　　）就属于感官型污染，此类污染现象对旅游环境的影响十分严重。

  A. 颜色   B. 臭味   C. 泡沫   D. 浑浊

  3. 其他污染：指除需氧型、毒物型、富营养型、感官型污染之外的污染，包含（　　）等污染物能引起各具特色的水体污染，造成不同的环境危害。

  A. 浮油   B. 酸碱   C. 病原体   D. 热水

二、归纳总结

（一）单选题

  水污染是进入水体中的污染物量超过了水体自净能力或纳污能力，而使水体（　　）了它原有的使用价值时，称为水体污染或水污染。

  A. 恢复   B. 得到   C. 失去   D. 达到

（二）多选题

  1. 水环境可受到多方面的污染，其中主要污染源有以下几种（　　）。

  A. 向自然水体排放的各类废水

  B. 向自然水体直接倾倒的固体废弃物以及垃圾堆放场排出的渗出液和淋洗雨水

  C. 大气污染地区的酸雨及其他淋洗降水

D. 大气中有害的沉降物及水溶性气体

E. 淋洗植被后溶入了化肥和农药的（降水）径流

F. 航道中船舶的漏油、废水及固体废弃物

2. 污染物的预防主要是通过（　　）等规范可能产生污染物的主体的行为，达到禁止各类废水的任意和不安全的排放。

A. 法律　　　　　　B. 行政　　　　　　C. 道德意识　　　　　D. 治理

三、知识拓展

1. 水是"取之不尽，用之不竭"的吗？

2. 请收集有关资料，了解你家乡水资源现状。

四、知识回顾

（一）基本概念

1. 水污染：是指进入水体中的污染物量超过了水体自净能力或纳污能力，而使水体丧失原有的使用价值时，称为水体污染或水污染。

2. 污染预防：是通过法律、行政和道德意识等规范可能产生污染物的主体的行为，达到禁止各类废水的任意和不安全排放。

（二）重点内容

1. 水资源：水环境中的淡水资源却很少，仅占总水量的 2.53%，而目前能供人类直接取用的淡水资源仅占 0.22%，加之自然水源的季节变化和地区差异，以及自然水体遭到的各类污染，致使可供直接取用的优质水量日显短缺，难以满足人们生活和工农业生产日益增长的要求，从这个角度来看，水是十分短缺的自然资源。

2. 水体污染类型：废水排放引起的水体污染类型主要有第一类，需氧型污染；第二类，毒物型污染；第三类，营养型污染；第四类，感官型污染；第五类，其他污染。

1.2　水污染防治基础知识

1.2.1　污染物与污染指标

⊙ **观看视频 1.2.1**

污染物与污染指标

一、知识点挖掘

（一）填空题

1. 由于人类活动导致的_____及_____排入江河、湖泊和大海，污染了众多水源。

2. 废水是指在使用过程中由于被污染，____或____丧失了使用价值而被废弃或者排放的水，主要包括工业废水、生活污水和初期雨水。

3. 水体_____是指自然界自行向水体释放有害物质或造成有害影响的源头。

4. 水体人为污染源是指由于____活动导致的污染源，是水污染防治的主要对象。

5. 按排放污染物的空间分布方式，人为污染源可以分为____和____。

6. 按排放污染物种类不同，人为污染源可分为____、____、____、____等污染源以及同时排放多种污染物的混合污染源。

7. 用生化过程中消耗的_____量来间接表示需氧物的多少，称为生化需氧量。

（二）单选题

1. 造成水体污染的污染物发生源，我们称之为水体（　　），按照污染物的来源不同可分为天然污染源和人为污染源两大类。

　　A. 污染源　　　　　B. 污染物　　　　　C. 受纳水体　　　　　D. 净化物

2. 在水质分析中把固体物质分为两部分：能透过孔径为（　　）的滤膜或滤纸的叫溶解固体（DS）。

　　A. $0.30\mu m$　　　　　B. $0.45\mu m$　　　　　C. $0.50\mu m$　　　　　D. $0.70\mu m$

3. 用化学试剂 K_2CrO_7（重铬酸钾）氧化分解有机物时，用与消耗的重铬酸钾当量相等的氧量来间接表示需氧物的多少，称为（　　）。

　　A. 生化需氧量　　　B. 高锰酸盐指数　　　C. 溶解氧量　　　D. 化学需氧量

4. 用化学试剂 $KMnO_4$（高锰酸钾）氧化分解有机物时，用与消耗的氧化剂当量相等的氧量来间接表示需氧物的多少，称为（　　）。

　　A. 生化需氧量　　　B. 高锰酸盐指数　　　C. 溶解氧量　　　D. 化学需氧量

5. 需氧污染物是指能通过生物化学或化学作用消耗水中（　　）的物质，统称为需氧污染物。

　　A. 有机物　　　　　B. 悬浮物　　　　　C. 溶解氧　　　　　D. 重金属

（三）判断题

1. 大多数毒物的毒性与浓度和作用时间有关。毒物浓度越高，作用时间越长，致毒后果越严重。　　　　　　　　　　　　　　　　　　　　　　　　　　　　（　　）

2. 废水中能对生物引起毒性反应的化学物质，称为毒性污染物，简称为毒物。（　　）

3. 人为污染源体系很复杂，按人类活动方式可分为工业、农业、交通、生活等污染源。
　　　　　　　　　　　　　　　　　　　　　　　　　　　　　　　　　　（　　）

4. 需氧物种类繁多，通常用综合水质指标间接表示其含量多少。最常用的指标是生化需氧量（BOD）、化学需氧量（COD）和高锰酸盐指数。　　　　　　　　　（　　）

5. 固体污染物在常温下呈固态，分无机污染物和有机污染物两大类。　　　　（　　）

6. 绝大多数需氧物是有机物，因而在特定情况下，需氧物即指有机物。　　　（　　）

（四）多选题

1. 诸如（　　）等都属于天然污染物的来源。

　　A. 岩石和矿物的风化和水解　　　　　　B. 火山喷发

　　C. 水流冲蚀地表　　　　　　　　　　　D. 大气飘尘的降水淋洗

　　E. 生物在地球化学循环中释放物质

2. 固体污染物在水中有三种分散状态：（　　）。

　　A. 溶解态　　　　　B. 胶体态　　　　　C. 悬浮态　　　　　D. 混合态

3. 无机的需氧物为数不多，主要有（　　）等。

　　A. Fe　　　　　　　B. Fe^{2+}　　　　　C. NH_4^+　　　　　D. NO_2^-

　　E. S^{2-}　　　　　F. SO_3^{2-}　　　　G. CN^-

二、归纳总结

（一）单选题

1. BOD_5 和 COD 的比值是衡量废水可生化性的一项重要指标，比值愈高，可生化性愈好，一般认为，该值大于（　　）时宜进行生化处理。

    A. 0.2   B. 0.3   C. 0.4   D. 0.5

2. 污染物是指由于（　　）的活动产生的某些物质进入环境，使环境正常组成和性质发生改变，直接或者间接有害于生物和人类的物质。

    A. 人类   B. 自然   C. 火山   D. 海啸

3. 氮和磷是植物和微生物的主要营养物质。当水中氮和磷的浓度分别超过（　　）时，会引起水体的富营养化，促使藻类大量繁殖，在水面上聚集成大片的水华或赤潮。

    A. 0.1mg/L 和 0.01mg/L   B. 0.3mg/L 和 0.03mg/L

    C. 0.2mg/L 和 0.02mg/L   D. 0.5mg/L 和 0.05mg/L

（二）判断题

1. 悬浮物（SS）是废水的一项重要水质指标。由于绝大多数废水中都含有数量不同的悬浮物，因此，去除悬浮物就成为废水处理的一项基本任务。（　　）

2. 一般来说，$m(COD) > m(BOD_{20}) > m(BOD_5) >$ 高锰酸盐指数值。（　　）

3. 当藻类大量死亡时，水中的 BOD 值猛减，导致腐败，恶化环境。（　　）

4. 生物污染物主要指废水中的致病微生物及其他有害的有机体。（　　）

5. 对于景观和娱乐水体而言，感官污染是重要的水质指标。（　　）

6. 油类污染物经常覆盖水面，不会影响大气中氧的溶入。（　　）

7. 热污染其危害表现在：融化和破坏管道接头，破坏生物处理过程，危害水生物和农作物，加速水体的富营养化进程。（　　）

（三）多选题

1. 根据污染对环境造成的危害不同，将废水中的污染物分为（　　）几个类型。

    A. 固体污染物   B. 需氧污染物   C. 毒性污染物

    D. 营养性污染物   E. 生物污染物   F. 感官污染物

    G. 酸碱污染物   H. 油类污染物   I. 热污染物及其他污染物等

2. 感官污染物是指使废水呈现（　　）等引起人们感官上极度不快的物质。

    A. 颜色   B. 浑浊   C. 泡沫   D. 恶臭

3. 酸碱污染主要由进入废水的（　　）造成，水质标准中以水质指标 pH 值反映其含量水平。

    A. 无机酸   B. 碱   C. 盐   D. 有机物

三、知识拓展

"水俣病"环境污染事件造成的原因是什么？

四、知识回顾

（一）基本概念

1. 废水：通俗来说，就是在使用过程中由于被污染，部分或全部丧失了使用价值而被废弃或外排的水，主要包括工业废水、生活污水和初期雨水。

2. 污染物：是指由于人类的活动产生的某些物质进入环境，使环境正常组成和性质发生改变，直接或者间接有害于生物和人类的物质。

（二）重点内容

污染物的分类：根据污染对环境造成的危害不同，将废水中的污染物分为以下几个类型：固体污染物、需氧污染物、毒性污染物、营养性污染物、生物污染物、感官污染物、酸碱污染物、油类污染物、热污染物及其他污染物等。

1.2.2　废水水质控制标准及方法

⊙观看视频1.2.2

废水水质控制标准
及方法

一、知识点挖掘

（一）填空题

1. 除悬浮物和 BOD_5 外，工业废水的重要特征是出现了_____和_____等。

2. 废水排向渔业水体或海洋时，应符合_____（GB 11607—89）及_____（GB 3097—1997）。

3. 城镇污水处理厂排出的废水必须符合国家_____（GB 18918—2002）规定的水质标准。

4. 对于离子态污染物，分离处理的方法有：_____、_____、_____和_____，以上方法都需要一定的工作介质，后两种方法还需直流电源。

5. 对于分子态污染物，分离处理的方法有_____、_____、_____、_____、_____和_____。

6. 对于胶体态污染物，分离处理的方法主要有_____和_____。

7. 对于乳化油态污染物，可以根据_____的不同，采用直接气泡浮上法或破乳后再气浮的方法除去。

8. 转化处理有三种类型，即_____、_____和_____。

9. 化学转化方法主要有_____、_____、_____、_____和_____。

10. 生物化学转化方法有_____、_____。

11. 消毒转化方法主要有_____和_____。

12. 稀释处理法主要有_____和_____两大类。

13. 对于污泥的稳定处理，则是防止有机污染腐化的措施，分为_____和_____。

（二）单选题

1. 稀释处理是通过稀释混合，降低污染物的浓度，达到（　　）的目的。
   A. 无害　　　　　B. 有害　　　　　C. 循环　　　　　D. 清洁

2. 根据污泥的性质不同，回收和处置方法也各不相同。对污泥中的水分，需进行去水处理，对污泥中的有机污染物，需进行（　　）处理及污泥的最终回收利用或填埋处理。
   A. 去水　　　　　B. 稳定　　　　　C. 去臭　　　　　D. 消毒

3. 对于（　　）污染物，分离处理的方法主要有重力分离法、离心力分离法、阻力截留法、粒状介质过滤法和磁力分离法。
   A. 溶解态　　　　B. 乳化油态　　　C. 悬浮态　　　　D. 分散油态

4. 对于（　　）污染物，分离处理的方法主要是浮力浮上法（或称自然浮上法）。
   A. 溶解态　　　　B. 乳化油态　　　C. 悬浮态　　　　D. 分散油态

5. 浓缩是将污泥含水率降到（　　）的处理过程。
   A. 95%～98%　　B. 65%～85%　　C. 40%～45%　　D. 10%～15%

6. 脱水是将污泥含水率进一步降低到（　　）的处理过程；
   A. 95%～98%　　B. 65%～85%　　C. 40%～45%　　D. 10%～15%

7. 干化是将污泥的含水率进一步降低到（　　）以下的处理过程。

A. 95%～98%　　　B. 65%～85%　　　C. 40%～45%　　　D. 10%～15%

8. 生物稳定是通过（　　）的作用，将污泥中的有机物分解为无机物，使其达到稳定。

A. 微生物　　　　B. 酸　　　　　　C. 碱　　　　　　D. 无机物

（三）判断题

1. 废水水质控制方法可概括为以下三大类：分离处理、转化处理和稀释处理。　（　　）

2. 分离处理是通过各种外力的作用，使污染物从废水中分离出来。一般说来，在分离过程中会改变污染物的化学本性。　（　　）

3. 转化处理是通过化学或生物化学的作用，不改变污染物的化学本性，使其转化为无害的物质或可分离的物质，后者再经分离予以除去。　（　　）

4. 对于胶体态污染物，分离处理的方法主要有膜过滤和凝聚（或絮凝）法，膜过滤是通过机械过滤将污染物隔除。　（　　）

5. 对于胶体态污染物，分离处理的方法主要有膜过滤和凝聚（或絮凝）法，凝聚法是通过投加混凝剂使胶粒变大，然后用分离悬浮物的方法将其除去。　（　　）

6. 对于污泥的稳定处理，则是防止有机污染物腐化的措施。　（　　）

（四）多选题

1. 去水处理，即降低污泥含水率，使之便于贮存、运输和最终处置。有（　　）三种方式。

A. 中和　　　　　B. 浓缩　　　　　C. 脱水　　　　　D. 干化

2. 化学稳定是投加（　　）等化学物质杀灭污泥中的微生物，使其达到稳定。

A. 有机物　　　　B. 石灰　　　　　C. 氯　　　　　　D. 微生物

二、归纳总结

（一）判断题

1. 废水和其中的污染物是一定生产工艺过程的产物，因此，解决废水污染问题，首先要从改革生产工艺和合理组织生产过程做起，做到清洁生产，尽量使污染因子不产生或少产生。

（　　）

2. 减少污染因子的排放量的方法之一，是在车间或工厂内回收废水中的有价值的物质，既创造了财富，又减少污染危害方法；方法之二是进行最终的水质处理，以达到排放标准。

（　　）

（二）多选题

1. 废水造成的污染危害以及应采取的防治措施，均取决于废水的特性及其中污染物的（　　）。

A. 种类　　　　　B. 性质　　　　　C. 浓度　　　　　D. 温度

2. 典型的生活污水水质，其中最主要的污染指标是（　　）。

A. 悬浮物（SS）　B. BOD_5　　　　C. COD　　　　　D. 氨氮和磷

3. 减少污染因子排放量的措施有（　　）等。

A. 改变生产程序　　B. 变更生产原料、工作介质或产品类型

C. 重复使用废水　　D. 加强生产管理

三、知识拓展

控制废水污染有哪些基本途径？

四、知识回顾

（一）基本概念

1. 分离处理：是通过各种外力的作用使污染物从废水中分离出来。一般说来，在分离过

程中并不改变污染物的化学性质。

2. 转化处理：是通过化学或生物化学的作用改变污染物的化学性质，使其转化为无害的物质或可分离的物质，后者再经分离予以除去。

3. 稀释处理：是通过稀释混合降低污染物的浓度，达到无害的目的。稀释处理法主要有水体稀释法和废水稀释法两大类。

（二）重点内容

1. 控制废水水质的目的：控制废水水质有三个基本的目的，一是满足再生利用的要求；二是满足资源回收的要求；三是满足废水排放的要求。

2. 控制废水污染的基本途径：控制废水污染的基本途径是降低废水的污染强度，这可从减少污染因子的产生量和减少污染因子的排放量两个方面入手。

3. 减少污染因子的排放量的方法：方法之一是在车间或工厂内回收废水中的有价值的物质，既创造了财富，又减少污染危害方法；方法之二是进行最终的水质处理，以达到排放标准。

1.2.3 废水处理系统及水量调节与水质均化

废水处理系统及水量调节与水质均化

⊙**观看视频 1.2.3**

一、知识点挖掘

（一）填空题

1. 一般而言，城市污水中的污染物____与____差异不大，已形成了一套行之有效的典型处理流程。

2. 根据处理任务的不同，可将废水处理系统归纳为_____、_____和_____。

3. 一级处理有时也叫作____处理。

4. 三级处理的对象还包括去除废水中的细小悬浮物、难生物降解的有机物、_____和____等。

（二）单选题

水质均化分两种情况，一种是进水的水量均匀，水质不均匀；另一种是水量水质都（　　）。

A. 水量不均匀　　　B. 水质不均匀　　　C. 均匀　　　　　D. 不均匀

（三）判断题

1. 工业废水与生活污水的水量、水质都是随时间的变化而不断变化着的，有高峰流量和低谷流量，也有高峰浓度和低谷浓度。　　　　　　　　　　　　　　　　（　　）

2. 流量和浓度的不均匀，不会给处理设备带来不少困难，使其保持在最优的工艺条件下运行，不会使其短时无法工作，甚至遭受破坏。　　　　　　　　　　　　　（　　）

3. 实际工程中要求达到的均化浓度 C_0' 往往比平均浓度 C_0 为高，即没有必要使废水浓度完全均一。　　　　　　　　　　　　　　　　　　　　　　　　　　　（　　）

（四）多选题

三级处理的对象还包括去除废水中的细小悬浮物、难生物降解的有机物、微生物和盐分等，采用的方法还可能有（　　　）等。

A. 吸附　　　　　B. 离子交换　　　　　C. 反渗透　　　　　D. 消毒

二、归纳总结

（一）填空题

1. 为了改善废水处理设备的工作条件，在许多情况下需要对水量进行____，对水质进行____。

2. 当各小时流量 q（mg/L）相同而浓度不同时，均化池的容积 W（m^3）按均化时间 t（h）来计算，即_____。

（二）单选题

1. 一级处理主要处理对象是较大的漂浮物和（　　），采用的分离设备依次为格栅、沉砂池和沉淀池。

A. 溶解物　　　　　B. 重金属　　　　　C. 悬浮物　　　　　D. 营养物

2. 均化水质的基本方法有两种：一种是利用压缩空气、叶轮搅拌和水泵循环而进行的强制混合和均化；另一种是利用（　　）方式使不同时间不同浓度的废水混合而进行的自身水力混合。

A. 差流　　　　　B. 顺流　　　　　C. 重力流　　　　　D. 湍流

（三）判断题

1. 水量调节和水质均化的目的是为处理设备创造良好的工作条件，使其处于最优的稳定运行状态。（　　）

2. 二级处理的对象是能被微生物利用和降解的污染物，如胶体态和溶解态的有机物、氮和磷等，二级处理也叫作生化处理或生物处理。（　　）

3. 三级处理的主要对象是残留的污染物及其他溶解物质，所采用的方法有化学絮凝、过滤等。（　　）

（四）多选题

水量调节与水质均化同时，还能（　　）。

A. 减小设备容积　　B. 减小能耗　　　　C. 降低建设费用　　D. 降低运营成本

三、知识拓展

为什么在许多情况下需要对废水处理系统的水量进行调节，对水质进行均化？

四、知识回顾

（一）基本概念

废水处理系统：废水的水质复杂，往往需要将几种单元处理操作联合成一个有机的整体，并合理配置其主次关系和前后次序，才能最经济有效地完成处理任务。这种由处理单元和相关设备合理配置的整体，叫作废水处理系统。

（二）重点内容

工业废水处理系统的特征：一般说来，工业废水处理系统具有以下三方面的特征：（1）一般的处理程序是澄清→回收→毒物处理→再用或排放；（2）往往形成循环用水系统或接续用水系统；（3）在直流排水系统中，水质控制的要求依排放标准而定；在废水再用系统中，则依用水设备对水质的要求而定。

第2章
不溶态污染物的分离技术

预习任务视频 2.1.1~2.1.8、2.2.1~2.2.5、2.3.1~2.3.2、2.4.1~2.4.2、2.5。

学习知识点　　重力沉降法概念及分类，沉砂池、沉淀池功能及分类，胶体结构，混凝机理，混凝剂及其作用机理，混凝条件及混凝试验，浮力浮上法的原理，气浮的应用，格栅的结构及分类，格栅的设计。

2.1　重力沉降法

2.1.1　重力沉降法概念及分类

重力沉降法概念及分类

⊙ **观看视频 2.1.1**

一、知识点挖掘

（一）单选题

1. 悬浮颗粒相互碰撞凝结，颗粒粒径和沉淀速度逐渐变大的沉降过程叫作（　　）。
   A. 自由沉降　　　　　B. 絮凝沉降　　　　　C. 成层沉降　　　　　D. 压缩沉降

2. 悬浮固体浓度很高，在上层颗粒重力作用下，颗粒相对位置不断靠近，颗粒群体被压缩的沉降叫作（　　）。
   A. 自由沉降　　　　　B. 絮凝沉降　　　　　C. 成层沉降　　　　　D. 压缩沉降

3. 一般我们可以认为发生在下列哪个构筑物中的沉降类型是自由沉降？（　　）
   A. 沉砂池　　　　　　B. 初沉池　　　　　　C. 二沉池　　　　　　D. 污泥浓缩池

4. 一般我们可以认为发生在下列哪个构筑物中的沉降类型是成层沉降？（　　）
   A. 初次沉淀池的沉降后期　　　　　　　B. 二次沉淀池的沉降初期
   C. 二次沉淀池的沉降后期　　　　　　　D. 污泥浓缩池的浓缩后期

5.重力沉降的四种类型所对应的水中悬浮固体浓度按照高低顺序排列正确的是（　　）。

A.自由沉降＞成层沉降＞絮凝沉降＞压缩沉降

B.压缩沉降＞絮凝沉降＞成层沉降＞自由沉降

C.自由沉降＞絮凝沉降＞成层沉降＞压缩沉降

D.压缩沉降＞成层沉降＞絮凝沉降＞自由沉降

6.以下哪项不属于重力沉降法在污水处理中的运用？（　　）

A.沉砂池　　　　　　B.初沉池　　　　　　C.生化池　　　　　　D.污泥浓缩池

7.关于沉淀池的表面负荷，以下说法正确的是（　　）。

A.沉淀池的表面负荷在数值上与颗粒的临界沉速 u_0 无关系

B.沉淀池的表面负荷在数值上等于颗粒的临界沉速 u_0

C.沉淀池的表面负荷在数值上等于颗粒的临界沉速 u_0 的一半

D.沉淀池的表面负荷在数值上等于颗粒的临界沉速 u_0 的 2 倍

（二）判断题

1.重力沉降法是在重力的作用下，使悬浮液中密度大于水的悬浮固体下沉，从而与水进行分离的方法。　　　　　　　　　　　　　　　　　　　　　　　　　　　　　　　（　　）

2.表面负荷是沉淀池设计的一个重要参数，其单位一般为 m^3/h。　　　　　　（　　）

3.自由沉降的特征是：颗粒之间经过碰撞发生聚集，再各自独立完成匀速沉降，在此后，颗粒的形状、粒径、密度都不变。　　　　　　　　　　　　　　　　　　　　　（　　）

4.絮凝沉降的特征是：相邻颗粒之间相互干扰和妨碍，颗粒各自保持相对位置不变结合成一个整体向下沉降，与澄清水之间形成清晰的泥水界面。　　　　　　　　　　　　（　　）

5.表面负荷表示单位时间内在单位池表面积上经过的流量。　　　　　　　　　　（　　）

（三）多选题

1.重力沉降的类型有（　　）。

A.自由沉降　　　　　B.絮凝沉降　　　　　C.压缩沉降　　　　　D.成层沉降

2.一般可以认为压缩沉降发生在下列哪些构筑物中？（　　）

A.初次沉淀池的沉降后期　　　　　　　　B.二次沉淀池的沉降初期

C.二次沉淀池的泥斗　　　　　　　　　　D.污泥浓缩池的浓缩后期

3.对于理想沉淀池的假设条件，以下说法正确的是（　　）。

A.颗粒一经沉到池底，即认为已被去除

B.在沉淀池内各过流断面的所有点上流速均相同

C.沉淀池进水流量在布水墙上分布不均，从上到下递减

D.进水中的悬浮颗粒沿水深呈均匀分布

二、知识应用

（一）单选题

1.关于理想沉淀池沉淀特性的说法正确的是（　　）。

A.沉速大于临界沉速 u_0 的颗粒会被全部去除，沉速小于 u_0 的颗粒被全部去除

B.沉速大于临界沉速 u_0 的颗粒会被全部去除，沉速小于 u_0 的颗粒被部分去除

C.沉速大于临界沉速 u_0 的颗粒会被部分去除，沉速小于 u_0 的颗粒被全部去除

D.沉速大于临界沉速 u_0 的颗粒会被部分去除，沉速小于 u_0 的颗粒被部分去除

2.对于沉淀池的总去除率，下列说法正确的是（　　）。

A.沉淀池的总去除率等于沉速大于 u_0 的颗粒占总 SS 的百分率加上沉速小于 u_0 的颗粒被去除部分占总 SS 的百分率

  B. 沉淀池的总去除率等于沉速大于 u_0 的颗粒占总 SS 的百分率减去沉速小于 u_0 的颗粒被去除部分占总 SS 的百分率

  C. 沉淀池的总去除率等于沉速大于 u_0 的颗粒占总 SS 的百分率加上沉速小于 u_0 的颗粒未被去除部分占总 SS 的百分率

  D. 沉淀池的总去除率等于沉速小于 u_0 的颗粒占总 SS 的百分率加上沉速大于 u_0 的颗粒被去除部分占总 SS 的百分率

  3. 某城市污水处理厂的处理水量为 15000m³/d，经过设计，决定采用 2 座平流式初次沉淀池，每座池子的表面积为 100m²，则初沉池的表面负荷为（　　　）。

  A. 1.2m³/(m²·h)   B. 2.5m³/(m²·h)

  C. 3.1m³/(m²·h)   D. 4.3m³/(m²·h)

  4. 某城市污水处理厂处理规模为 15000 m³/d，其二次沉淀池采用 2 座平流式沉淀池，表面负荷为 2.5m³/(m²·h)，池子的长宽比为 5，则该二沉池的长和宽分别为（　　　）。

  A. 长 20m，宽 4m　B. 长 30m，宽 6m　C. 长 15m，宽 3m　D. 长 25m，宽 5m

（二）多选题

  1. 以下关于斯托克斯公式得出的结论，正确的是（　　　）。

  A. 颗粒沉降速度与颗粒及液体的密度差有关

  B. 颗粒沉降速度与颗粒的直径有关

  C. 降低水温有助于增大颗粒的沉速

  D. 颗粒沉降速度与液体黏度有关

  2. 由斯托克斯公式得出的结论指导沉淀池的设计，错误的说法是（　　　）。

  A. 增加颗粒直径和密度会降低沉淀池的去除效果

  B. 增加颗粒直径和密度有助于提高沉淀池的去除效果

  C. 降低水温有助于提高沉淀池的去除效果

  D. 提高水温有助于提高沉淀池的去除效果

  3. 实际沉淀池与理想沉淀池的状态有偏离的原因是（　　　）。

  A. 实际沉淀池颗粒一经沉到池底就被去除

  B. 实际沉淀池颗粒沿进水做不到完全均匀分布

  C. 实际沉淀池温度差异产生异重流

  D. 实际沉淀池密度差异产生异重流

三、知识拓展

  1. 重力沉降的四种类型是什么，它们各自有何特点？

  2. 什么是理想沉淀池？理想沉淀池的假设条件是什么？

四、知识回顾

（一）基本概念

  1. 重力沉降法。在重力作用下，使悬浮液中密度大于水的悬浮固体下沉，从而与水分离的水处理方法。

  2. 理想沉淀池。为了说明沉淀池的工作原理及分析悬浮颗粒在沉淀池内的运动规律，Hazen 和 Camp 提出了理想沉淀池的概念。并有如下假设条件：（1）在沉淀池内各过流断面的所有点上流速均相同，水平流速均为 v；（2）进水中的悬浮颗粒沿水深呈均匀分布，下沉速度均为 u；（3）颗粒一经沉到池底，即认为已被去除。

  3. 表面负荷。表示单位时间内在单位池表面积上经过的流量，单位一般为 m³/(m²·h)，是沉淀池设计的一个重要参数，也称为表面溢流率，常用 q_0 表示。计算公式为 $q_0 = Q/A$（Q 为流量，A 为沉淀池表面积）。

（二）重点内容

1. 根据水中悬浮固体浓度的高低、固体颗粒絮凝性能的强弱，重力沉降可分为四种类型：自由沉降、絮凝沉降、成层沉降、压缩沉降。

2. 自由沉降。也称为离散沉降。是非絮凝性或弱絮凝性固体颗粒在稀悬浮溶液中的沉降。特征：颗粒之间不发生聚集，各自独立完成匀速沉降，在此过程中，颗粒的形状、粒径、密度都不变。一般在沉砂池和初沉池的初期沉降属于这种类型。

3. 絮凝沉降。在稀悬浮液中，悬浮固体沉降时，颗粒与颗粒之间相互碰撞发生絮凝作用，使得颗粒粒径和质量逐渐增大，沉淀速度不断加快。此类沉降的典型例子是初沉池的后期和二沉池的初期沉降。

4. 成层沉降。也称为拥挤沉降或区域沉降，是固体颗粒在较高浓度悬浮液中的沉降。此时，相邻颗粒之间相互干扰和妨碍，颗粒各自保持相对位置不变结合成一个整体向下沉降，与澄清水之间形成清晰的泥水界面。在二沉池后期和浓缩池初期的沉降就是这种类型。

5. 压缩沉降。是成层沉降的继续，颗粒间相互支承，上层颗粒在重力作用下，挤出下沉颗粒的间隙水，使污泥得到浓缩。典型例子为二沉池的污泥斗中和浓缩池中的浓缩后期。

2.1.2　沉砂池（一）

⊙观看视频 2.1.2

沉砂池（一）

一、知识点挖掘

（一）单选题

1. 沉砂池是污水处理厂的重要构筑物，其位置一般设置在（　　）。
    A. 粗格栅之前　　　　　　　　　　B. 初沉池之前
    C. 初沉池与生化池之间　　　　　　D. 生化池与二沉池之间

2. 下列对于平流沉砂池结构组成的说法正确的是（　　）。
    A. 平流沉砂池主要由入流渠、出流渠、闸板、曝气系统及沉砂斗组成
    B. 平流沉砂池主要由入流渠、出流渠、闸板、生化部分及沉砂斗组成
    C. 平流沉砂池主要由入流渠、出流渠、闸板、水流部分及沉砂斗组成
    D. 平流沉砂池主要由入流渠、出流渠、闸板、加药装置及沉砂斗组成

3. 平流沉砂池的优点是（　　）。
    A. 结构简单、截流效果好　　　　　B. 能去除大部分有机物
    C. 除砂效果不受进水流量波动的影响　D. 脱氮除磷效果好

4. 以下哪项不是平流沉砂池用到的设备？（　　）
    A. 砂水分离器　　　B. 刮渣设备　　　C. 行车　　　　D. 曝气系统

5. 平流沉砂池入流渠和出流渠中设置闸板的作用是用来控制（　　）。
    A. 流量　　　　　　B. 砂量　　　　　C. 温度　　　　D. 有机物量

（二）判断题

1. 沉砂池的作用是用来分离水中相对密度较大的有机颗粒。（　　）

2. 城市污水处理厂应当设置沉砂池，而工业废水的处理是否需要设置沉砂池，应该根据

水质的情况而定。　　　　　　　　　　　　　　　　　　　　　　　　（　　）

3.城市污水处理厂沉砂池的个数或者分格数不应该小于两个，并且要按照串联的方式来设计。　　　　　　　　　　　　　　　　　　　　　　　　　　　　　　　　　（　　）

4.平流沉砂池沉降下来的砂粒中含有有机物，需要进行砂洗，否则有机物可能会腐败，造成二次污染。　　　　　　　　　　　　　　　　　　　　　　　　　　　　（　　）

5.平流沉砂池的流速应控制在0.15～0.3m/s之间，以保证相对密度较大的无机颗粒下沉，而有机悬浮物能够随水流出。　　　　　　　　　　　　　　　　　　　　（　　）

6.平流沉砂池的进水头部应采取消能和整流措施。　　　　　　　　　　　（　　）

（三）多选题

1.设置沉砂池的好处在于（　　）。

　　A.降低后续构筑物的有机负荷

　　B.使后续的水泵和管道免受磨损和阻塞

　　C.减轻后续生化池和二沉池的无机负荷

　　D.能够进行脱氮除磷

2.污水处理厂中常见的沉砂池有（　　）。

　　A.平流沉砂池　　　B.旋流沉砂池　　　C.曝气沉砂池　　　D.斜板沉砂池

二、归纳总结

（一）单选题

1.在最大流量时，对于平流沉砂池的水力停留时间（HRT）合适的是（　　）。

　　A.15s　　　　　　B.50s　　　　　　C.15min　　　　　D.2h

2.平流沉砂池砂斗的容积不应大于（　　）的沉砂量。

　　A.2d　　　　　　B.3d　　　　　　C.4d　　　　　　D.5d

3.在某污水处理厂的平流沉砂池设计中，按照规范要求取流速0.30m/s，水力停留时间为40s，则该沉砂池的长度是（　　）。

　　A.7.5m　　　　　B.10m　　　　　C.6m　　　　　　D.12m

4.某平流沉砂池的设计流量为720m³/h，流速为0.20m/s，则该沉砂池的过水断面面积为（　　）。

　　A.0.5m² 　　　　B.1.0m² 　　　　C.60m² 　　　　D.144m²

5.某平流沉砂池的有效水深为0.65m，超高取0.30m，贮砂斗高度为0.35m，池底坡度为0.06，坡向砂斗。从进水口到砂斗边缘的距离是2.65m，则该平流沉砂池的总高度是（　　）。

　　A.0.95m　　　　B.1.30m　　　　C.1.46m　　　　D.1.58m

（二）多选题

1.关于沉砂池设计流量的确定，正确的是（　　）。

　　A.沉砂池的设计流量应该按照分期建设考虑

　　B.当污水自流进入时，按每期的最大日最大时设计流量计算

　　C.在合流制处理系统中，可以按合流设计流量来计算

　　D.当污水为提升进入时，应该按每期工作水泵的最大组合流量计算

2.平流沉砂池常用的排砂方法为（　　）。

　　A.重力排砂　　　B.旋流排砂　　　C.曝气排砂　　　D.机械排砂

3.以下对于平流沉砂池结构的说法正确的是（　　）。

　　A.沉砂池的设计流量应该按照分期建设考虑

B. 沉砂池砂斗的容积不应大于 2d 的沉砂量，采用重力排砂时斗壁的倾角不小于 55°

C. 平流沉砂池有效水深不应大于 1.2m，每格的宽度不宜小于 0.6m

D. 沉砂池除砂宜采用机械方法，并经过砂水分离后贮存或外运

三、知识拓展

1. 沉砂池的除砂率怎么计算？

2. 在平流式沉砂池的日常运行管理过程中，若遇到除砂效果变差，试分析可能的原因及提出解决的办法。

四、知识回顾

（一）基本概念

1. 沉砂池一般设置在泵站或初次沉淀池之前，用以去除废水中相对密度较大的无机固体颗粒，使水泵和管道免受磨损和阻塞。同时也减轻后续生化池和二沉池的无机负荷，使活性污泥具有良好的活性。

2. 常见的沉砂池：平流沉砂池、旋流沉砂池、曝气沉砂池。

（二）重点内容

1. 沉砂池设计要点：

（1）城市污水处理厂应当设置沉砂池，工业废水的处理是否需要设置沉砂池，应根据水质情况而定；

（2）城市污水厂沉砂池的个数或者分格数不应该小于两个，并且要按照并联的方式来设计，以便于检修；

（3）沉砂池的设计流量应按分期建设考虑，当污水自流进入时，按每期的最大日最大时设计流量计算，当污水为提升进入时，应按每期工作水泵的最大组合流量计算。在合流制处理系统中，可以按合流设计流量来计算。

2. 平流沉砂池的优点：结构简单、截流效果好。

平流沉砂池的缺点：沉砂中带有有机物（需要进行砂洗），除砂效果受进水流量影响较大。

2.1.3　沉砂池（二）

⊙ 观看视频 2.1.3

沉砂池（二）

一、知识点挖掘

（一）单选题

1. 以下哪项不是旋流沉砂池的优点？（　　）

 A. 占地面积比较小   B. 卫生条件好

 C. 所分离的砂子中有机物含量少   D. 有预曝气、脱臭和除油等许多的功能

2. 曝气沉砂池采用的曝气方式是（　　）。

 A. 鼓风曝气   B. 表面曝气   C. 射流曝气   D. 搅拌

3. 旋流沉砂池是利用机械力控制水流的流态和流速，通过形成的（　　）作用使砂子和有机物得到分离去除。

 A. 推流   B. 水力涡流   C. 射流   D. 浮力

（二）判断题

1.曝气沉砂池是通过曝气使水流沿旋流方向流过沉降区并完成沉降过程的构筑物。

（　　）

2.为了增强曝气推动水流水平运动，可以在曝气器的外侧设置导流挡板。　（　　）

3.曝气沉砂池呈圆形，池底一侧有 $i=0.1\sim0.5$ 的坡度，坡向另一侧的集砂槽。（　　）

4.曝气沉砂池的曝气装置设置在池底的两侧，使池内水流作旋流运动。　（　　）

5.由于提高了污水中的溶解氧，在不设置初沉池的情况下，曝气沉砂池容易破坏后续构筑物中的厌氧过程，影响除磷效果。　（　　）

6.曝气沉砂池在曝气的过程中有臭气散发，运行时泡沫较多，尤其夏季对空气的污染较大。　（　　）

7.曝气沉砂池进水方向应与池中旋流方向垂直，出水方向应与进水方向一致，并宜设置挡板。　（　　）

8.旋流沉砂池由流入口、流出口、沉砂区、砂斗、涡轮驱动装置以及排砂系统等组成。

（　　）

9.沉砂池除砂宜采用人工的方法，并经过砂水分离后贮存或外运。　（　　）

（三）多选题

1.水流在曝气沉砂池中的流动形态有（　　）。

　　A.水平流动　　　　　B.无序流动　　　　　C.旋流流动　　　　　D.垂直流动

2.曝气沉砂池的优点是（　　）。

　　A.能耗很低

　　B.沉砂中有机物含量低

　　C.对流量变化适应性好

　　D.在特定情况下，具有预曝气的优点

3.曝气沉砂池涉及的设备有（　　）。

　　A.砂水分离器　　　B.曝气器　　　　　C.刮渣设备　　　　D.行车

4.以下哪些沉砂池属于旋流沉砂池？（　　）

　　A.涡流沉砂池　　　B.多尔沉砂池　　　C.曝气沉砂池　　　D.钟式沉砂池

5.旋流沉砂池的优点是（　　）。

　　A.占地面积小

　　B.除砂效果受污水量变化影响小

　　C.所分离砂子有机物含量少，含水率低

　　D.卫生条件好

6.旋流沉砂池的不足之处是（　　）。

　　A.占地面积大

　　B.搅拌桨可能会缠绕纤维状物体

　　C.会散发很大的臭味

　　D.适用于小流量的污水处理

二、归纳总结

（一）单选题

1.对于设计曝气沉砂池，下列水力停留时间合适的是（　　）。

　　A.50s　　　　　　B.6min　　　　　　C.1h　　　　　　D.0.5d

2.对于设计曝气沉砂池的曝气系统，下列曝气量合适的是（　　）。

A. 每立方米污水每小时曝气 $0.02m^3$

B. 每立方米污水每小时曝气 $2m^3$

C. 每立方米污水每小时曝气 $0.2m^3$

D. 每立方米污水每小时曝气 $20m^3$

3. 已知某污水处理厂中的一座曝气沉砂池最大设计流量为 $1.5m^3/s$，水力停留时间为 6min，则该沉砂池的总有效容积为（   ）。

A. $540m^3$　　　　B. $900m^3$　　　　C. $40m^3$　　　　D. $320m^3$

4. 已知某污水处理厂最大设计流量为 $1.2m^3/s$，总变化系数 $K_z=1.2$，设计两格曝气沉砂池，进厂污水含砂量为 $30m^3/10^6 m^3$ 污水，每两天排砂一次，则每格沉砂室所需的容积为（   ）。

A. $1.5m^3$　　　　B. $2.6m^3$　　　　C. $3.3m^3$　　　　D. $6.2m^3$

（二）多选题

1. 曝气沉砂池集砂槽中的沉砂可以采取（   ）的措施进行排除。

A. 机械刮砂　　　B. 空气提升器　　　C. 泵吸式排砂机　　　D. 虹吸

2. 在曝气沉砂池的日常运行维护过程中，应该注意以下哪些措施？（   ）

A. 控制曝气强度

B. 控制旋流速度

C. 设置和加强消泡工作

D. 夏季特别注意操作人员不要在池上工作或停留时间太长

3. 对于旋流沉砂池的设计参数，下列说法正确的是（   ）。

A. 最高时流量的水力停留时间不应小于 30s

B. 池中不能设置立式桨叶分离机

C. 有效水深宜为 $1.0\sim2.0m$

D. 旋流沉砂池的径深比宜为 $2.0\sim2.5$

4. 日常运行过程中，旋流沉砂池出现除砂效率降低可能的原因是（   ）。

A. 进水流量超过设计要求

B. 水中有机物含量增高

C. 水温出现波动

D. 提砂过程不正常导致积砂

三、知识拓展

1. 曝气沉砂池的工作原理是怎样的？

2. 旋流沉砂池的工作原理是怎样的？

四、知识回顾

（一）基本概念

1. 曝气沉砂池是通过曝气使水流沿旋流方向流过沉降区并完成沉降过程的构筑物。

2. 旋流沉砂池是利用机械力控制水流的流态和流速，通过形成的水力涡流作用使砂子和有机物得到分离去除的构筑物。

（二）重点内容

1. 曝气沉砂池的特点：沉砂中有机物含量低于 5%；对流量变化适应性好；还具有预曝气、脱臭、除油等多种功能。

2. 旋流沉砂池的优点：占地面积小；除砂效果受污水量变化影响小；所分离砂子有机物

含量少，含水率低；卫生条件好。旋流沉砂池的缺点：搅拌桨可能会缠绕纤维状物体；适宜于小流量污水处理。

2.1.4　沉淀池功能及分类

⊙**观看视频 2.1.4**

沉砂池功能及分类

一、知识点挖掘

（一）单选题

1. 沉淀池是分离（　　）的一种常用处理构筑物。

　　A. 密度大于水的悬浮物　　　　　　　B. 密度较大的无机颗粒

　　C. 漂浮物质　　　　　　　　　　　　D. 含氮化合物

2. 在污水处理厂的构筑物中，用以分离活性污泥和处理水的是（　　）。

　　A. 沉砂池　　　　B. 初次沉淀池　　　C. 二次沉淀池　　　D. 格栅

（二）判断题

1. 按照工艺要求的不同，沉淀池可以分为初次沉淀池和二次沉淀池。（　　）

2. 初次沉淀池是一级处理污水厂的主体构筑物，或者是二级处理污水厂的预处理构筑物，设置在生物处理构筑物之后。（　　）

3. 沉淀池缓冲层的作用是避免已经沉淀的污泥被水流搅起以及保障出水安全。（　　）

4. 沉淀池主要的设计参数是表面负荷，它的单位是 L/m^2。（　　）

5. 一般来说，二沉池沉淀下来的活性污泥一部分回流到生化池，以维持生化池的污泥浓度，另一部分则作为剩余污泥进行外排。（　　）

6. 初次沉淀池和二次沉淀池都是污水处理厂必不可少的构筑物。（　　）

（三）多选题

1. 二次沉淀池是生物处理系统的重要组成部分（　　）。

　　A. 设置在生物处理构筑物前面

　　B. 设置在生物处理构筑物之后

　　C. 用于沉淀去除活性污泥或脱落的生物膜

　　D. 用于去除动物油脂

2. 初次沉淀池在城镇污水处理流程中的功能是（　　）。

　　A. 污水预处理　　　　　　　　　　　B. 去除有机悬浮物

　　C. 去除水中部分的 BOD_5　　　　　　D. 分离活性污泥与处理水

3. 沉淀池按照其流态以及结构形式可以分为（　　）。

　　A. 平流沉淀池　　　　　　　　　　　B. 辐流沉淀池

　　C. 竖流沉淀池　　　　　　　　　　　D. 斜板（斜管）沉淀池

二、知识应用

（一）单选题

1. 通过初沉池的处理，一般可以去除原水中悬浮物的量为（　　）。

　　A. 10%～20%　　　B. 30%以下　　　C. 40%～50%以上　　D. 99%以上

2. 通过初沉池的处理，一般可以去除原水中有机物 BOD 的量为（　　）。

　　A. 10%～20%　　　B. 20%～30%　　　C. 40%～50%以上　　D. 99%以上

3.关于初次沉淀池污泥区容积的计算，说法正确的是（　　　）。

　　A.机械排泥的宜按 4h 的污泥量计算，其他的宜按不大于 2d 的污泥量计算

　　B.机械排泥的宜按 3h 的污泥量计算，其他的宜按不大于 3d 的污泥量计算

　　C.机械排泥的宜按 2h 的污泥量计算，其他的宜按不大于 4d 的污泥量计算

　　D.机械排泥的宜按 1h 的污泥量计算，其他的宜按不大于 5d 的污泥量计算

（二）多选题

1.在（　　　）的情况下，污水处理厂有时可以不设初沉池。但应考虑其他保证后续生物处理正常运行的措施。

　　A.有机物 BOD 偏低　　　　　　　　B.有机物 BOD 偏高

　　C.总氮偏低　　　　　　　　　　　　D.总氮偏高

2.能够应用于大、中、小型各种规模污水处理厂的沉淀池是（　　　）。

　　A.平流沉淀池　　　　　　　　　　　B.辐流沉淀池

　　C.竖流沉淀池　　　　　　　　　　　D.斜板（斜管）沉淀池

3.一般来说，斜板（斜管）沉淀池不宜作为二沉池，其原因是（　　　）

　　A.斜板（斜管）沉淀池沉淀效果差

　　B.活性污泥黏度较大，容易黏附在斜板或斜管上，影响沉淀效果

　　C.斜板（斜管）沉淀池施工难度大，成本高

　　D.在厌氧条件下产生的气体会干扰污泥的沉淀，把从斜板（斜管）上脱落下来的污泥带到水面之上，影响出水水质

4.关于二次沉淀池污泥区容积的计算，说法正确的是（　　　）。

　　A.活性污泥法处理后的二沉池宜按不大于 6h 污泥量计算，并应有连续排泥措施

　　B.活性污泥法处理后的二沉池宜按不大于 2h 污泥量计算，并应有连续排泥措施

　　C.生物膜法处理后的二沉池宜按 4h 污泥量计算

　　D.生物膜法处理后的二沉池宜按 8h 污泥量计算

三、知识拓展

试归纳初次沉淀池和二次沉淀池在功能上的区别。

四、知识回顾

（一）基本概念

1.按照工艺要求的不同，沉淀池可以分为初次沉淀池和二次沉淀池。

2.初次沉淀池是一级处理污水厂的主体构筑物，或者是二级处理污水厂的预处理构筑物，设置在生物处理构筑物之前，处理的对象是原水中带来的悬浮物质。

3.二次沉淀池设置在生物处理构筑物之后，主要功能是接纳生化池出来的泥水混合液，分离去除其中的活性污泥。

4.沉淀池按照其流态以及结构形式可以分为平流沉淀池、辐流沉淀池、竖流沉淀池和斜板（斜管）沉淀池。

（二）重点内容

1.初次沉淀池功能：通过初沉池的处理一般可以去除 $40\%\sim50\%$ 以上的悬浮物。同时还可以去除部分的有机物 BOD，去除率大概占总 BOD 的 $20\%\sim30\%$。初沉池对于调节水质、水量波动、改善后续生物处理构筑物的运行条件并降低其 BOD 负荷有比较大的作用。

2.二次沉淀池功能：分离来自生化池的泥水混合液。澄清以后的上清液通过溢流堰外排到后续工艺，而沉淀下来的活性污泥一部分回流到生化池，另一部分则作为剩余污泥进入污泥处理系统。

2.1.5　平流沉淀池

⊙观看视频 2.1.5

平流沉淀池

一、知识点挖掘

（一）单选题

1.在平流沉淀池内，水是按照（　　）方向流过沉降区并完成沉降过程的。

　　A.垂直　　　　　　　　B.水平　　　　　　　　C.旋流　　　　　　　　D.倾斜

2.平流沉淀池中缓冲区的作用是（　　）。

　　A.将沉降区和污泥区区分开来，保证沉淀的污泥不会重新返回沉降区

　　B.消除曝气池出水的能量，降低其流速，同时让进入池子的污水均匀分布

　　C.让可以沉降下来的颗粒与水进行分离

　　D.将沉降下来的泥渣进行储存、浓缩和排放

3.链带式刮泥机的主要缺点是（　　）

　　A.链带在运行过程中容易断裂

　　B.容易扰动池底的污泥，影响出水水质

　　C.链带的支承和驱动件都浸没在水中，容易锈蚀，难于保养

　　D.消耗的电能较多，极大地增加了运行成本

4.平流沉淀池中出水区的作用是（　　）。

　　A.消除曝气池出水的能量，降低其流速，同时让进入池子的污水均匀分布

　　B.控制池内水面高程，且对沉淀池内水流的均匀分布有直接影响

　　C.让可以沉降下来的颗粒与水进行分离

　　D.将沉降下来的泥渣进行储存、浓缩和排放

（二）判断题

1.平流沉淀池具有占地面积较大、进出水配水不容易均匀的缺点。　　　　　　　（　　）

2.平流沉淀池入流区和出流区设计的基本要求，是使污水尽可能在沉降区的过流断面上呈梯度分布。　　　　　　　　　　　　　　　　　　　　　　　　　　　　　　（　　）

3.平流沉淀池入流区的作用是让可以沉降下来的颗粒与水进行分离。　　　　　　（　　）

4.平流沉淀池作为初沉池的浮渣清除有人工清捞和机械撇除两种，操作人员应定期检查机械去除浮渣的装置，及时疏通排渣管或人工清捞浮渣。　　　　　　　　　　　（　　）

（三）多选题

1.平流沉淀池的设计包括（　　）。

　　A.功能构造设计　　B.曝气系统设计　　C.生物处理单元　　D.结构尺寸设计

2.设计良好的沉淀池应该满足的基本要求是（　　）。

　　A.有良好的脱氮除磷效果

　　B.有足够的沉淀分离面积

　　C.有结构合理的入流和出流装置能均匀布水和集水

　　D.有尺寸适宜、性能良好的污泥和浮渣的收集和排放设备

3.进行沉淀池设计的基本依据是（　　）。

　　A.污水流量　　　　　　　　　　　　B.进水酸碱度情况

　　C.污水中悬浮固体浓度和性质　　　　D.处理后的水质要求

4.平流沉淀池的优点是（　　）。

　　A.施工复杂，造价高

　　B.施工简单，造价低

　　C.对冲击负荷和温度变化的适应能力较弱

　　D.对冲击负荷和温度变化的适应能力较强

二、知识应用

（一）单选题

1.在平流沉淀池的设计中，当处理水中浮渣较多时，最合适的出水堰形式是（　　）。

　　A.三角堰出流　　　　B.锯齿堰出流　　　　C.潜孔出流　　　　D.自由出流

2.在平流沉淀池入流区的设计中，为了减弱射流对沉淀的干扰，整流墙的开孔率应该为（　　）。

　　A. 10%～20%　　　B. 40%～50%　　　C. 70%～80%　　　D. 100%

3.某城市污水处理厂设计时，二次沉淀池采用平流式，其表面负荷为 $1.5\ m^3/(m^2 \cdot h)$，沉淀时间为 2.0h，则该沉淀池沉降区的有效水深是（　　）。

　　A. 0.5m　　　　　B. 1.5m　　　　　C. 2.0m　　　　　D. 3.0m

4.某平流式二沉池的设计流量为 $10m^3/h$，排泥周期为 1d，进出水 SS 浓度分别为 3000mg/L、15mg/L，若泥渣含水率为 99%，泥渣容重为 $1000kg/m^3$，则该沉淀池污泥区的容积为（　　）。

　　A. $72m^3$　　　　B. $56m^3$　　　　C. $43m^3$　　　　D. $21m^3$

5.某城市污水处理厂平流式二沉池的有效水深为 2.5m，刮泥机的刮泥板高度为 0.3m，泥斗高度为 1.2m，超高取 0.3m，则该沉淀池的整体池高是（　　）。

　　A. 4.3m　　　　　B. 4.6m　　　　　C. 4.9m　　　　　D. 4.0m

（二）多选题

1.平流沉淀池适用于以下哪些情况？（　　）

　　A.适用地下水位较高及地质较差的地区

　　B.适用地下水位较低及地质较差的地区

　　C.适用于各大、中、小型污水处理厂

　　D.仅适用于各小型污水处理厂

2.关于平流沉淀池设计数据说法正确的是（　　）。

　　A.单池（格）的长宽比不宜小于 4，以 4～5 为宜

　　B.单池（格）的长度和有效水深之比宜不小于 8，以 8～12 为宜

　　C.采用机械刮泥时，池底纵坡坡度不宜大于 0.005

　　D.在出水堰前应设置收集与排除浮渣的装置或设施

三、知识拓展

1.简述平流沉淀池的优缺点和适用范围。

2.简述平流沉淀池的结构和计算方法

四、知识回顾

（一）基本概念

从构造上来看，平流沉淀池可以分为五个功能区，即入流区、沉降区、出流区、缓冲区以及污泥区。

（二）重点内容

1.平流沉淀池的优点：对冲击负荷和温度变化的适应能力较强；施工简单，造价低。平流式沉淀池的缺点：采用多斗排泥，每个泥斗需单独设排泥管各自排泥，操作工作量大，采用机械排泥，机件设备和驱动件均浸于水中，易锈蚀。

2.平流沉淀池的适用条件：适用地下水位较高及地质较差的地区；适用于各大、中、小型污水处理厂。

3.平流沉淀池的设计计算。

2.1.6 辐流沉淀池

⊙**观看视频2.1.6**

辐流沉淀池

一、知识点挖掘

（一）单选题

1.辐流沉淀池是一种尺寸比较大的（　　　　）。

    A.矩形池　　　　　B.圆形池　　　　　C.锥形池　　　　　D.廊道形池

2.某辐流沉淀池周边水深的设计计算结果如下，合适的是（　　　　）。

    A. 0.5m　　　　　B. 2.0m　　　　　C. 5.0m　　　　　D. 8.0m

3.辐流沉淀池池径小于20m时，一般采用（　　　　），其驱动装置设在沉淀池中心支撑柱或走道板上。

    A.中心传动的刮泥机　　　　　　　　B.周边传动的刮泥机

    C.两边传动的刮泥机　　　　　　　　D.以上均可以

4.辐流沉淀池池径大于20m时，一般采用（　　　　），其驱动装置设在沉淀池桁架的外围。

    A.中心传动的刮泥机　　　　　　　　B.周边传动的刮泥机

    C.两边传动的刮泥机　　　　　　　　D.以上均可以

（二）判断题

1.为了达到刮泥机排泥的要求，辐流式沉淀池的池底坡度通常取2%，坡向泥斗。

    （　　　）

2.辐流沉淀池直径与有效水深之比宜为6～12，水池直径不宜大于50m。（　　　）

3.辐流沉淀池的处理流程是：污水经进水管进入中心布水筒后，通过筒壁上的孔口和外围的环形穿孔整流挡板，沿径向呈辐射状流向池周，经溢流堰或淹没孔口汇入集水槽排出。沉淀池底的泥渣，由安装在桁架底部的刮板以螺线形轨迹刮入泥斗，再借静压或污泥泵排出。

    （　　　）

4.中心进水辐流式沉淀池的进水口周围不应设置整流板或整流筒。（　　　）

5.辐流沉淀池出口处的出流堰口通常用锯齿形的三角堰，或者是淹没溢流孔出流，尽量使出水均匀分布。（　　　）

6.辐流沉淀池一般采用机械排泥，当池子直径比较小的时候，也可以采用多斗排泥。

    （　　　）

（三）多选题

1.在辐流沉淀池的设计计算中，沉淀池的总高度由下面哪些部分组成？（　　　　）

A. 超高   B. 有效水深   C. 缓冲层高度

D. 沉淀池底坡落差   E. 污泥斗高度

2.辐流沉淀池常见的进出水布置方式主要有（   ）。

A. 中心进水、周边出水   B. 周边进水、中心出水

C. 中心进水、中心出水   D. 周边进水、周边出水

3.辐流沉淀池的优点是（   ）。

A. 机械排泥设备简单，对施工质量要求较低

B. 采用机械排泥，运行较好，管理较简单

C. 能够进一步进行脱氮除磷

D. 排泥设备已有定型产品，使用方便

4.辐流沉淀池的缺点是（   ）。

A. 池水水流速度不稳定

B. 不能够进一步进行脱氮除磷

C. 机械排泥设备复杂，对施工质量要求较高

D. 沉淀效果不好

二、知识应用

（一）单选题

1.某城镇污水处理厂辐流式沉淀池有效水深为 2.7m，超高为 0.3m，缓冲层高度为 0.3m，沉淀池底坡落差为 0.7m，污泥斗高度为 1.8m，则沉淀池总高为（   ）。

A. 3.3m   B. 4.0m   C. 5.5m   D. 5.8m

2.某辐流式沉淀池直径为 28m，有效水深为 2.7m，超高为 0.3m，缓冲层高为 0.3m，沉淀池底坡落差为 0.7m，污泥斗高度为 1.8m，则沉淀池的径深比为（   ）。

A. 5.1   B. 10.4   C. 7   D. 8.5

3.某城市污水厂的最大设计流量 $Q_{max} = 2450 m^3/h$，拟采用辐流式二沉池，取表面负荷为 $2 m^3/(m^2 \cdot h)$，沉淀时间为 1.5h，则池径和有效水深分别为（   ）。

A. 25m，2.5m   B. 28m，3.0m   C. 30m，3.2m   D. 32m，3.5m

4.辐流沉淀池采用机械排泥时，刮泥机的旋转速度一般应为（   ），刮泥板的外缘线速度不宜超过 3m/min，一般采用 1.5 m/min。

A. 100~120r/h   B. 20~35r/h   C. 10~15r/h   D. 1~3r/h

（二）多选题

1.周边进水的辐流式沉淀池，入流区在构造上的特点是（   ）。

A. 进水槽断面较大，而槽底孔口较小，布水时水头损失集中于孔口上，因此布水较均匀

B. 进水挡板的下沿深入水面下约 2/3 处，距进水孔口有一段距离，有助于进一步把水流均匀地分布在整个入流区的过水断面上，且污水进入沉淀区的流速要小得多，有利于悬浮颗粒的沉淀

C. 池子的出水槽长度为进水槽的 1/3 左右，池中水流的速度，从高到低

D. 周边进水的辐流式沉淀池入流区的构造使得进水不均匀，水量波动时会影响沉淀池的效果

2.辐流式沉淀池运行过程中悬浮物的去除率降低，可能的原因是（   ）。

A. 水力负荷过高   B. 存在短流

C. 排泥不及时   D. 进水中含有大量工业废水

三、知识拓展

1.简述辐流沉淀池的特点和适用范围。

2.简述辐流沉淀池的构造。

四、知识回顾

（一）基本概念

辐流沉淀池是一种圆形或正方形的沉淀池，池径可达100m，池周水深1.5～3.0m，有中心进水和周边进水两种形式。

（二）重点内容

1.辐流沉淀池的优点：采用机械排泥，运行较好，管理较简单；排泥设备已有定型产品。辐流沉淀池的缺点：池水水流速度不稳定；机械排泥设备复杂，对施工质量要求较高。

2.辐流沉淀池的适用条件：适用于地下水位较高的地区；适用于大、中型污水处理厂。

3.辐流沉淀池的设计计算。

2.1.7 竖流沉淀池

⊙**观看视频2.1.7**

竖流沉淀池

一、知识点挖掘

（一）单选题

1.竖流沉淀池的进水方式是（　　）。

　　A.周边进水、中心出水　　　　　　　　B.中心进水、周边出水

　　C.中心进水、中心出水　　　　　　　　D.周边进水、周边出水

2.竖流沉淀池的直径一般在（　　）之间，最大不应该超过10米。

　　A. 1～2m　　　　B. 2～3m　　　　C. 4～8m　　　　D. 8～10m

3.为了保证水流自下而上的垂直流动，要求沉淀池的直径与沉降区的深度之比一般不大于（　　），如果比值过大的话，池子内的水流就有可能变成辐流式，絮凝的作用减少，从而不能发挥竖流式沉淀池的优点。

　　A. 3　　　　　　B. 4　　　　　　C. 5　　　　　　D. 6

4.竖流沉淀池适用于（　　）

　　A.大型污水处理厂　B.中型污水处理厂　C.小型污水处理厂　D.以上均可

（二）判断题

1.竖流沉淀池的池径不宜过大，否则容易导致布水不均匀，通常适用于小水量的污水处理厂。

　　　　　　　　　　　　　　　　　　　　　　　　　　　　　　　　（　　）

2.竖流沉淀池在运行时，污水经进水管进入到中心管，由管口出流后，借助反射板的阻挡向四周分布，并沿沉降区断面缓慢从上至下竖直流动。（　　）

3.在竖流沉淀池内，水流的水平分速为零。（　　）

4.在竖流沉淀池内，会出现上升着的颗粒和下降着的颗粒之间，上升的颗粒与上升的颗粒之间，还有下降颗粒与下降颗粒之间的相互接触、相互碰撞，导致颗粒的直径逐渐地增大，有利于颗粒的沉淀。（　　）

（三）多选题

1.竖流沉淀池多用于小流量废水中絮凝性悬浮固体的分离，在平面图形上一般呈（　　）。

A. 圆形　　　　　　　　B. 梯形　　　　　　　　C. 正多边形　　　　　　D. 三角形

2. 竖流沉淀池的优点是（　　　）。

A. 单个池子容量大，深度较浅

B. 不需要设置机械刮泥设备，排泥方便，管理简单

C. 占地面积较小

D. 可用于大流量污水处理厂

3. 竖流沉淀池的缺点是（　　　）。

A. 池深度大，施工困难

B. 对冲击负荷和温度变化的适应能力较差

C. 造价较高

D. 池径不宜太大

二、知识应用

（一）单选题

1. 在竖流沉淀池的设计中，中心管内的流速不宜大于（　　　）。

A. 60mm/s　　　　　B. 50mm/s　　　　　C. 40mm/s　　　　　D. 30mm/s

2. 在竖流沉淀池的设计中，中心管下口应设有喇叭口和反射板，板底面距泥面不宜（　　　）。

A. 小于 0.3m　　　　B. 大于 0.3m　　　　C. 小于 0.4m　　　　D. 大于 0.4m

（二）多选题

1. 在竖流沉淀池中，污水从下向上以流速 v 做竖向流动，污水中的悬浮颗粒存在的运动状态有（　　　）。

A. 当颗粒的沉淀速度 u 大于竖向流速 v 时，颗粒将以 u 与 v 的差值向下沉淀，颗粒得到去除

B. 当 u 等于 v 的时候，颗粒处于随机的状态，不上升也不下沉

C. 当 u 小于 v 的时候，颗粒将不能沉淀下来，并且会随着上升的水流被带走

D. 以上都不对

2. 竖流沉淀池中，中心进水管下端至反射板表面缝隙垂直间距宜为 $0.25\sim0.50$m。当最大进水量时，对缝隙中污水流速的说法正确的是（　　　）。

A. 作为初次沉淀池不应大于 20mm/s　　　B. 作为初次沉淀池不应大于 15mm/s

C. 作为二次沉淀池不应大于 20mm/s　　　D. 作为二次沉淀池不应大于 15mm/s

三、知识拓展

1. 简述竖流沉淀池的运行过程和结构特征。

2. 简述竖流沉淀池的优缺点和适用范围。

四、知识回顾

（一）基本概念

竖流沉淀池在平面图形上一般呈圆形或者是正方形，中心进水、周边出水，原污水通常由设置在池子中央的中心管流入，在沉降区的流动方向是由池子的下方向做竖向流动，最后从池子的顶部周边流出。

（二）重点内容

1. 竖流沉淀池的优点：排泥方便，管理简单；占地面积较小。竖流沉淀池的缺点：池深度大，施工困难；对冲击负荷和温度变化的适应能力较差；造价较高；池径不宜太大。

2. 竖流沉淀池的适用条件：适用于处理水量不大的小型污水处理厂。

2.1.8　斜板和斜管沉淀池

⊙观看视频 2.1.8

斜板和斜管沉淀池

一、知识点挖掘

（一）单选题

1.当需要挖掘原有沉淀池潜力或建造沉淀池面积受限制时，通过技术经济比较，可采用（　　）。

　　A.平流沉淀池　　　　B.辐流沉淀池　　　　C.竖流沉淀池　　　　D.斜板（斜管）沉淀池

2.下列沉淀池中，（　　）是浅层沉降原理在工程实际中的运用。

　　A.平流沉淀池　　　　B.辐流沉淀池　　　　C.竖流沉淀池　　　　D.斜板（斜管）沉淀池

3.与普通沉淀池相比较，斜板（斜管）沉淀池具有（　　）的明显优势。

　　A.占地面积小　　　　　　　　　　B.停留时间短

　　C.容积利用率高、沉降效率高　　　D.建设成本低

4.为了防止水流发生短流的状况，须在斜板（斜管）沉淀池的池壁与斜板或斜管体间隙处安装（　　）。

　　A.布水墙　　　　B.阻流板　　　　C.搅拌器　　　　D.穿孔管

（二）判断题

1.在沉淀池中加入两层隔板，可以使沉淀效率增加两倍。　　　　　　　　　（　　）

2.在斜管沉淀池中，斜管的安装倾角一般采用 $45°$。　　　　　　　　　（　　）

3.斜板（斜管）沉淀池一般适用于小型污水处理厂或混凝沉淀等深度处理工艺。当污水处理厂需要挖掘提高处理能力和处理效果的时候，或占地面积受到限制的时候，也可以考虑采用斜板（斜管）沉淀池。　　　　　　　　　　　　　　　　　　　　　（　　）

4.斜板和斜管体常用薄塑料板模压和粘接而成。斜板可用平板或波纹板。斜管断面有正六边形、菱形、圆形和正方形，其中以前两种最为常用。　　　　　　　　　（　　）

5.斜板（斜管）沉淀池工作时，水从斜板之间或斜管内流过，沉落在斜板、斜管底面上的泥渣靠机械刮泥机刮入泥斗。　　　　　　　　　　　　　　　　　　　（　　）

（三）多选题

1.斜板（斜管）沉淀池按照水流和污泥流动的方向，一般可以分为（　　）。

　　A.同向流　　　　B.异向流　　　　C.竖向流　　　　D.横向流

2.斜板（斜管）沉淀池的优点是（　　）。

　　A.缩短了沉淀距离，容积利用率高　　　B.停留时间短

　　C.占地面积小　　　　　　　　　　　　D.结构简单

3.斜板（斜管）沉淀池的缺点是（　　）。

　　A.构造复杂，须定期更换　　　　　　　B.停留时间长

　　C.活性污泥絮体在斜管（板）上不易脱落，容易堵塞

　　D.耐冲击负荷能力较差

二、知识应用

（一）单选题

1.根据浅层沉降原理，若保持进水流量 Q 和 u_0（沉淀效率）不变，将沉淀池分为 n 层，则（　　）。

A. 沉淀池的长度增加为原来的 n 倍　　　B. 沉淀池的长度可减少为原来的 $1/n$

C. 沉淀池的长度可减少为原来的 $(1/2)n$　　D. 沉淀池的长度增加为原来的 $2n$ 倍

2. 根据浅层沉降原理，若保持沉淀池的池长 L 和 u_0（沉淀效率）不变，将沉淀池分为 n 层，则（　　　）。

A. 流量可增加为原来的 n 倍　　　　　　B. 流量可减少为原来的 $1/n$

C. 流量可减少为原来的 $1/(2n)$　　　　　D. 流量可增加为原来的 $2n$ 倍

3. 若斜板（斜管）沉淀池中的斜板或者斜管过长，会增加工程的造价，而沉淀的效率反而提高有限。因此，目前工程上采用的斜板或斜管长度一般为（　　　）。

A. $1.5\sim3.0m$　　　B. $0.2\sim0.7m$　　　C. $0.3\sim0.5m$　　　D. $0.8\sim1m$

4. 在颗粒沉速 u_0、沉降单元数 n 和倾角 θ 一定时，三种类型的斜板（斜管）沉淀池的处理能力由大到小的顺序为（　　　）。

A. 同向流＞异向流＞横向流　　　　　　B. 横向流＞同向流＞异向流

C. 异向流＞同向流＞横向流　　　　　　D. 异向流＞横向流＞同向流

（二）多选题

1. 根据浅层沉降理论，平流沉淀池可以分割成多层，层高越小沉淀效果就越好。但在实际工程中，理论上的浅层沉淀池难以实现，原因是（　　　）。为了解决这个难题，将分层的隔板全部改成倾斜设置，这样，污泥能够得到有效的排出，也可实现浅层沉降理论的运用，提高沉淀池的沉降效率。

A. 沉淀池无法进行分割，不能施工

B. 在层高很小时，无法进行排泥，容易发生堵塞

C. 在层高很小时，沉降效率不高

D. 在层高很小时，过水的流态并不稳定

2. 对于升流式异向流斜板（斜管）沉淀池的设计，下列说法正确的是（　　　）。

A. 斜板（斜管）沉淀池应设置冲洗设施

B. 斜管孔径（或斜板净距）宜为 $200\sim300mm$

C. 斜板（斜管）区上部水深宜为 $0.7\sim1.0m$

D. 斜板（斜管）区底部缓冲层高度宜为 $1.0m$

三、知识拓展

1. 简述浅层沉降原理，斜管（斜板）沉淀池是如何由此推导出来的？

2. 简述斜管（斜板）沉淀池的结构特点及其适用范围。

四、知识回顾

（一）基本概念

1. 浅层沉降理论。

2. 根据浅层沉降理论，平流沉淀池可以分割成许多层，层高越小沉淀效果就越好。但是在实际工程中，由于排泥和进水的方式在很浅的沉淀池中将是难以实现的，因此，为了解决这个难题，将分层的隔板全部改成倾斜设置，这样，污泥能够得到有效的排出，也可以实现浅层沉降理论的运用，提高沉淀池的沉降效率。

3. 按照水流和污泥流动的方向，斜管（板）沉淀池一般可分为同向流、异向流和横向流三种形式。

（二）重点内容

1. 斜管（板）沉淀池优点：缩短了沉淀距离，容积利用率高，沉降效率高于普通沉淀

池；停留时间短；占地面积小。斜管（板）沉淀池缺点：构造复杂，须定期更换，活性污泥絮体在斜管（板）上不易脱落，容易堵塞；耐冲击负荷能力较差。

　　2.斜管（板）沉淀池适用范围：小型污水处理厂或混凝沉淀等深度处理工艺。

2.2　混凝澄清法　〈

2.2.1　胶体结构

⊙观看视频2.2.1

胶体结构

一、知识点挖掘

（一）单选题

　　1.在污水中预先投加化学药剂来破坏胶体的稳定性，使废水中的胶体和细小悬浮物聚集成具有可分离性的絮凝体，再加以分离去除的过程叫作（　　）。

　　　　A.沉淀　　　　　　B.混凝澄清　　　　　C.过滤　　　　　　D.吸附

　　2.胶体粒子的中心，是由数百以至数万个分散相固体物质分子组成的（　　）。

　　　　A.胶核　　　　　　B.胶团　　　　　　　C.电位离子　　　　D.反离子

　　3.在胶核的表面有一层带同号电荷的离子，形成了（　　）层，其构成了胶体双电层结构的内层，所带有的电荷称为胶体粒子的表面电荷，其电性正负和数量多少决定了双电层总电位的符号和胶体粒子的整体呈现为电中性。

　　　　A.胶核　　　　　　B.胶团　　　　　　　C.电位离子　　　　D.反离子

　　4.胶体微粒的双电层结构中"双电层"指的是（　　）。

　　　　A.吸附层、扩散层　　　　　　　　　　B.反离子层、扩散层

　　　　C.胶核的电位离子层、反离子层　　　　D.胶核的电位离子层、吸附层

　　5.在胶粒与扩散层之间，由于胶粒有剩余电荷的存在，从而产生的电位叫作界面动电位，也常常称为（　　）。

　　　　A.θ电位　　　　　B.π电位　　　　　C.Φ电位　　　　　D.ζ电位

　　6.胶粒和扩散层一起构成了电中性的胶体粒子，这个结构叫作（　　）。

　　　　A.胶核　　　　　　B.胶团　　　　　　　C.电位离子　　　　D.反离子

　　7.根据电学基本定律导出ζ电位的表达式，并得出结论，在电荷密度和水温一定时，ζ电位取决于扩散层的厚度δ，（　　）。

　　　　A.δ值越大，ζ电位也越低，胶粒间的静电斥力就越小，胶体的稳定性越弱

　　　　B.δ值越大，ζ电位也越低，胶粒间的静电斥力就越大，胶体的稳定性越强

　　　　C.δ值越大，ζ电位也越高，胶粒间的静电斥力就越小，胶体的稳定性越弱

　　　　D.δ值越大，ζ电位也越高，胶粒间的静电斥力就越大，胶体的稳定性越强

（二）判断题

　　1.粒径大于0.1mm的泥砂一般需要投加一定量的混凝剂进行去除。　　　　　　　（　　）

　　2.当城市污水处理厂的二沉池出水中总磷含量不达标时，可以利用混凝澄清法进行进一步除磷。　　　　　　　　　　　　　　　　　　　　　　　　　　　　　　（　　）

3. 胶核表面的电位离子与溶液之间的电位差，叫作界面动电位，也常常称为 ζ 电位。

4. 胶体因 ζ 电位降低或消除，从而失去稳定性的过程称为脱稳。　　　　　（　　）

5. 对于特定的胶体，ζ 电位是固定不变的，而 Φ 电位则随温度、pH 值及溶液中的反离子强度等外部条件而变化。　　　　　　　　　　　　　　　　　（　　）

（三）多选题

1. 混凝澄清法主要的去除对象是污水中的（　　）。
    A. 密度较大的固体颗粒　　　　　　　　B. 溶解性有机物
    C. 细小颗粒　　　　　　　　　　　　　D. 胶体微粒

2. 对于胶体微粒和细微悬浮颗粒的粒径，下列说法正确的是（　　）。
    A. 胶体微粒的粒径为 $1\sim100nm$　　　　B. 胶体微粒的粒径为 $1\sim100\mu m$
    C. 细微悬浮物的粒径为 $100\sim1000\mu m$　D. 细微悬浮物的粒径为 $100\sim1000nm$

3. 混凝澄清法是给水和污水处理中应用得非常广泛的方法，可以实现的效果有（　　）。
    A. 降低原水的浊度　　　　　　　　　　B. 降低原水的色度
    C. 降低污水中的总氮　　　　　　　　　D. 改善污泥的脱水性质

4. 混凝澄清法既可以自成独立的处理系统，又可以与其他单元过程组合，形成联合处理系统。在联合处理系统中，混凝澄清法的功能可以是（　　）。
    A. 预处理工艺　　　　　　　　　　　　B. 中间处理工艺
    C. 最终处理工艺　　　　　　　　　　　D. 污泥脱水前的浓缩

5. 所谓胶体颗粒的"双电层"结构指的是（　　）。
    A. 电位离子层　　B. 胶核　　　　C. 反离子层　　　　D. 扩散层

二、知识应用

（一）单选题

1. 混凝澄清法由于（　　）的原因，在确定处理工艺方案时，必须根据处理要求进行技术经济和环境影响的全面分析。
    A. 处理效果欠佳　　　　　　　　　　　B. 基建投资和运行费用较高
    C. 操作困难　　　　　　　　　　　　　D. 技术不够成熟

2. 以下污水处理技术中，不属于物化法的是（　　）。
    A. 混凝澄清法　　　　　　　　　　　　B. 离子交换法
    C. 高级氧化法　　　　　　　　　　　　D. 活性污泥法

（二）多选题

1. 下列在污水中的物质，属于胶体颗粒的是（　　）。
    A. 黏土颗粒　　　　B. 大部分细菌　　　C. 蛋白质　　　　D. 腐殖质

2. 胶体的结构比较复杂，一般认为是由（　　）几个部分所组成。
    A. 电位离子层　　　B. 胶核　　　　　　C. 吸附层　　　　D. 扩散层

3. 胶体颗粒在水中能够长期保持分散的状态而不下沉，即胶体是具有稳定性的，其原因是（　　）。
    A. 污水中的细小悬浮颗粒和胶体微粒质量很轻，这些颗粒在污水中受到水分子热运动的碰撞而做无规则的布朗运动
    B. 颗粒本身是带电的，同类的胶体颗粒带有同性的电荷，他们彼此之间存在着静电斥力，颗粒间不能相互靠近聚合成为较大的颗粒而得到下沉
    C. 带电胶粒将极性水分子吸引到周围形成水化膜，阻止胶体颗粒与带相反电荷的离

子进行中和，妨碍了颗粒之间接触并凝聚下沉

    D. 以上说法均不对

4. 降低 ζ 电位、从而使胶体脱稳的途径有（　　　）。

    A. 利用微气泡进行曝气

    B. 投加相反电荷的离子

    C. 增加溶液中离子浓度，压缩双电层中的扩散层

    D. 降低决定电位的粒子浓度

三、知识拓展

1. 简述胶体颗粒的结构。

2. 混凝澄清法的实质是什么？

四、知识回顾

（一）基本概念

1. 混凝澄清法：是指在混凝剂的作用下，使废水中的胶体和细微悬浮物凝聚为絮凝体，然后予以分离去除的水处理方法。

2. 胶体由胶核、吸附层、扩散层三部分组成。

3. 吸附层与扩散层之间的交界面称为滑动面，滑动面以内的部分称为胶粒，胶粒与扩散层之间由于胶粒剩余电荷的存在而产生的电位称为界面动电位，也叫 ζ 电位。

4. 胶核表面的电位离子与溶液之间的电位差称为总电位或 Φ 电位。

5. 胶体颗粒在水中能够长期保持分散状态而不下沉的特性称为胶体的稳定性。胶体因为 ζ 电位降低或消除，从而失去稳定性的过程称为脱稳。

（二）重点内容

1. 混凝澄清法主要的去除对象是污水中的细小颗粒和胶体微粒，比如黏土、细菌、病毒等。

2. 要使胶体颗粒能够凝聚下沉，就首先需要破坏胶体的稳定性，也就是让胶体脱稳，可以通过压缩胶粒扩散层的厚度、降低 ζ 电位来达到，这也就是水处理过程中混凝澄清法的实质。

3. 降低 ζ 电位的途径：①降低决定电位的粒子浓度；②投加相反电荷的离子；③增加溶液中离子浓度，压缩双电层中的扩散层。

2.2.2　混凝机理

⊙ 观看视频 2.2.2

混凝机理

一、知识点挖掘

（一）单选题

1. 在混凝的四种机理中，投加具有吸附活化部位的水溶性链状高分子聚合物，通过具有的静电引力、范德华力和氢键力等，将胶体微粒搭桥联结成絮凝体，从而沉降下来，叫作（　　　）。

    A. 压缩双电层　　　　B. 电性中和　　　　　　C. 吸附桥联　　　　D. 网罗卷带

2. 在混凝的四种机理中，于胶体分散系里投加能产生高价反离子的活性电解质，增大溶液中的反离子强度从而减小扩散层厚度，使 ζ 电位减少的过程叫作（　　　）。

A. 压缩双电层　　　　B. 电性中和　　　　　C. 吸附桥联　　　　D. 网罗卷带

3. 在混凝的四种机理中，具有吸附活化部位的水溶性链状高分子聚合物，通过静电引力、范德华力和氢键力等，将微粒搭桥联结成絮凝体的作用叫作（　　）。

A. 压缩双电层　　　　B. 电性中和　　　　　C. 吸附桥联　　　　D. 网罗卷带

4. 铁盐、铝盐水解产生各种络合离子不仅可以压缩双电层，而且可进入固液界面，中和电位离子，使 Φ 电位降低，ζ 电位也随之减小，达到胶粒脱稳和凝聚，这就是（　　）。

A. 压缩双电层　　　　B. 电性中和　　　　　C. 吸附桥联　　　　D. 网罗卷带

5. 基于在混凝的四种机理，胶体被压缩双电层而脱稳的过程叫作（　　）。

A. 凝聚　　　　　　　B. 絮凝　　　　　　　C. 沉淀　　　　　　D. 混凝

6. 胶体由于高分子聚合物的吸附架桥作用，聚集成大颗粒絮体的过程叫作（　　）。

A. 凝聚　　　　　　　B. 絮凝　　　　　　　C. 沉淀　　　　　　D. 混凝

（二）判断题

1. 根据电性中和的原理，在水中投加铁盐、铝盐的量越多对混凝的效果越好。（　　）

2. 四种混凝机理并不是独立存在的，在水处理中往往是同时或交叉发挥作用，只是在一定的情况下以某种机理为主而已。（　　）

（三）多选题

1. 混凝是一种复杂的物理化学现象，其机理主要包括（　　）。

A. 压缩双电层　　B. 电性中和　　　C. 吸附架桥　　　D. 网捕

2. 网捕是具有吸附活化部位的水溶性链状高分子聚合物，通过（　　）等，将微粒搭桥联结成絮凝体。

A. 静电引力　　　　　　　　　　　B. 范德华力和氢键力

C. 氢键力　　　　　　　　　　　　D. 重力

二、知识应用

单选题

1. 一般来说，低分子的电解质混凝剂，以（　　）机理为主，同时其他机理也起着重要的作用。

A. 压缩双电层　　　　B. 电性中和　　　　　C. 吸附桥联　　　　D. 网罗卷带

2. 对于有机高分子混凝剂，以（　　）机理为主。

A. 压缩双电层　　　　B. 电性中和　　　　　C. 吸附桥联　　　　D. 网罗卷带

三、知识拓展

简述混凝的四种主要机理，并比较它们的不同之处。

四、知识回顾

（一）基本概念

混凝是一种复杂的物理化学现象，其机理主要包括四种：压缩双电层、电性中和、吸附桥联、网罗卷带。

（二）重点内容

1. 压缩双电层：是指在胶体分散系中投加能产生高价反离子的活性电解质，通过增大溶液中的反离子强度来减小扩散层厚度，从而使 ζ 电位降低的过程。

2. 电性中和：当投加的电解质为铁盐、铝盐时，它们能在一定条件下离解和水解，生成各种络离子，这些络离子不但能压缩双电层，还能通过胶核外围的反离子层进入固液界面，并中和电位离子所带电荷，使 Φ 电位降低，ζ 电位也随之减小，达到胶粒脱稳和凝聚。

3.吸附桥联（也可称为吸附架桥）：是指链状高分子聚合物在静电引力、范德华力和氢键力等作用下，通过活性基团与胶粒和细微悬浮物等发生吸附架桥的现象，将微粒搭桥联结成一个个絮凝体（俗称矾花）。

4.网罗卷带（也可称为网捕）：当用铁、铝盐等高价金属盐类作为混凝剂，且投加量和介质条件足以使它们迅速生成难溶性氢氧化物时，沉淀就能把胶粒或细微悬浮物作为晶核或吸附质而将其一起去除。

2.2.3　混凝剂及其作用机理

⊙观看视频 2.2.3

混凝剂及其作用
机理

一、知识点挖掘

（一）单选题

1.在水处理过程中，能够起凝聚和絮凝作用的药剂统称为（　　）。
　　A.氧化剂　　　　　　B.沉淀剂　　　　　　C.混凝剂　　　　　　D.消毒剂

2.聚丙烯酰胺，通常也叫作（　　），它是人工合成的有机高分子混凝剂。
　　A.PAC　　　　　　　B.PAM　　　　　　　C.PFS　　　　　　　D.PAS

3.下列药剂中，属于人工合成有机高分子聚合物混凝剂的是（　　）。
　　A.聚丙烯酰胺　　　　B.甲壳素　　　　　　C.淀粉　　　　　　　D.聚合氯化铝

4.下列混凝剂中，（　　）的缺点是腐蚀性大，在酸性水中易生成 HCl 气体而污染空气
　　A.聚丙烯酰胺　　　　B.三氯化铁　　　　　C.聚合氯化铝　　　　D.聚合硫酸铁

5.盐基度的大小，直接决定着混凝剂的化学组成、混凝效果及诸如聚合度、分子量、分子电荷数、凝聚值、稳定性和溶液的 pH 值等许多重要性质。当原水水质一定时（　　）。
　　A.混凝效果和盐基度无关　　　　　　　B.盐基度越大，则混凝效果越差
　　C.盐基度越大，混凝效果不变　　　　　D.盐基度越大，则混凝效果越高

（二）判断题

1.目前常用的混凝剂有无机金属盐和有机高分子聚合物两大类。（　　）

2.有机高分子聚合物混凝剂，又可以分为人工合成和天然的两种。（　　）

3.聚合氯化铝（PAC）对水温、pH 值和碱度的适应性强，絮体生成快且密实，使用时需要加碱性助剂，腐蚀性较大。最佳 pH 值为 6.0～8.5，性能优于其他铝盐。（　　）

4.盐基度也叫碱化度，是指产品分子中 H 与金属原子的当量百分比。（　　）

5.为了提高混凝效果，改善絮体结构，特别是在原水水质状况与混凝剂所要求的适宜条件不相适应的情况下，就需要添加一些辅助药剂，这些药剂统称为絮凝剂。（　　）

（三）多选题

1.以下药剂中，属于无机金属盐类混凝剂的是（　　）。
　　A.三氯化铁　　　　　B.聚合硫酸铝　　　　C.硫酸铜　　　　　　D.聚合氯化铝

2.在水处理中，选择混凝剂的时候应符合的要求是（　　）。
　　A.混凝效果好　　　　B.对人体无危害　　　C.使用方便　　　　　D.货源充足，价格低廉

3.在水处理中，三氯化铁作为一种常见的混凝剂，其优点是（　　）。
　　A.混凝效果不受水温影响　　　　　　　B.易溶解，絮体大而密实，沉降快
　　C.腐蚀性小　　　　　　　　　　　　　D.在 pH 值为 3 时效果良好

4.天然高分子絮凝剂的应用远不如人工合成的广泛，主要是因为（　　）。

    A.价格成本非常高

    B.电荷密度比较小，分子量比较低

    C.产量很低，不容易得到

    D.容易发生降解而失去活性

5.铁和铝的聚合盐，是具有一定碱化度的无机高分子聚合物，与普通铁、铝盐相比，具有的优势是（　　），因此应用范围广泛。

    A.投加剂量小、絮凝体生成快

    B.价格成本低

    C.对水质的适应范围广

    D.水解时消耗水中的碱度少

6.盐基度的大小会直接影响到混凝的效果，对于混凝剂盐基度的要求，下列说法正确的是（　　）。

    A.对于聚合硫酸铁，要求盐基度为 $10\% \sim 13\%$

    B.对于聚合硫酸铁，要求盐基度为 $30\% \sim 43\%$

    C.对于聚合氯化铝，要求盐基度为 $25\% \sim 35\%$

    D.对于聚合氯化铝，要求盐基度为 $45\% \sim 85\%$

7.根据聚合物所带基团能否离解及离解后所剩离子的电性，有机高分子絮凝剂可以分为（　　）几种类型。

    A.阴离子型   B.阳离子型   C.原子型   D.非离子型

8.将混凝机理运用于水处理实际时需要注意的问题是（　　）。

    A.混凝效果最佳时，ζ 电位不一定为零

    B.必须根据原水中形成浊度物质的性质控制相适宜的 pH 值

    C.必须在尽可能短的时间内把混凝剂均匀地混合到原水中

    D.对于混凝的反应过程应该是先缓慢混合后加速混合

9.按照其作用，助凝剂主要可以分为（　　）。

    A. pH 值调整剂   B.还原剂   C.絮体结构改良剂   D.氧化剂

二、知识应用

（一）单选题

1.某混凝剂的化学式为 $\left[Al_2(OH)_n Cl_{6-n}\right]_m$，根据测定，其中的 $n=4$，则该混凝剂的盐基度是（　　）。

    A. 42.3% B. 66.7% C. 73.8% D. 84.5%

2.混凝剂的凝聚能力常用（　　）来衡量，其含义是使胶体开始脱稳凝聚所需要的最低混凝剂剂量。

    A.盐基度   B. pH 值   C.凝聚值   D.分子量

（二）多选题

1.铁和铝的聚合盐，其混凝效果除了与水质有关外，主要还取决于产品的（　　）。

    A.矿化度   B.盐基度   C.碱化度   D.有效成分

2.下列有机高分子絮凝剂中，属于阴离子型的是（　　）。

    A.部分水解聚丙烯酰胺

    B.聚丙烯酰胺

    C.聚氧化乙烯

    D.聚苯乙烯磺酸钠

3.在污水处理中，当用 $FeSO_4$ 作为混凝剂时，则常常使用（　　）作为助凝剂，将 Fe^{2+} 氧化成 Fe^{3+}，以提高混凝效果。

    A. H_2 B. O_2 C. Cl_2 D. H_2SO_4

4.以下助凝剂中，主要作为絮体形成核心来加大絮体的密度，改善其沉降性能和污泥的脱水性能的是（　　）

A. 水玻璃 　　　　 B. 活性硅酸 　　　　 C. 粉煤灰 　　　　 D. 黏土

三、知识拓展

1. 以 $Al_2(SO_4)_3$ 为例，简述混凝剂的作用机理。

2. 水处理中常用的混凝剂有哪些？并说明它们的特点。

四、知识回顾

（一）基本概念

1. 混凝剂是能够起凝聚和絮凝作用的药剂的统称。

2. 若混凝剂不能起到良好效果时，需要投加辅助药剂，这些辅助药剂称为助凝剂。按其作用可分为三类：pH 调整剂，絮体结构改良剂，氧化剂。

（二）重点内容

1. 混凝剂的选择应符合以下要求：混凝效果好；对人体无危害；使用方便；货源充足，价格低廉。

2. 目前常用的混凝剂有无机金属盐和有机高分子聚合物两大类。前者主要有铁系（如三氯化铁 FC）和铝系（如聚合氯化铝 PAC）等高价金属盐，后者则又分为人工合成（如聚丙烯酰胺 PAM）和天然（如淀粉）的两类。

2.2.4　混凝条件及混凝试验

⊙**观看视频 2.2.4**

混凝条件及混凝试验

一、知识点挖掘

（一）单选题

1. 当原水中碱度不足以中和混凝剂水解反应产生的 H_3O^+ 时，为了防止 pH 值急剧下降，常常人为加碱以提高碱度，这个过程称为（　　　）。

A. 酸化 　　　　 B. 活化 　　　　 C. 碱化 　　　　 D. 水化

2. 一般情况下，混凝法去除浊度的最佳 pH 值为（　　　），对应混凝剂水解产物主要是低正电荷高聚合度的多核羟基络离子和氢氧化物。

A. 4.5～5.5 　　　 B. 6.5～7.5 　　　 C. 9.5～10.5 　　　 D. 11.5～12.5

3. 整个混凝过程可以分为（　　　）两个阶段。

A. 混合和反应 　　 B. 混合与沉淀 　　 C. 反应与沉淀 　　 D. 氧化与还原

4. 对于混凝过程中混合阶段的要求是（　　　）。

A. 要求混凝剂与废水变速均匀混合 　　 B. 要求混凝剂与废水缓慢均匀混合

C. 要求混凝剂与废水迅速均匀混合 　　 D. 要求混凝剂与废水缓慢不均匀混合

（二）判断题

1. 混凝的过程是混凝剂和水、胶体微粒，还有细微悬浮物之间相互作用的、复杂的生化过程。　　　　　　　　　　　　　　　　　　　　　　　　　　　　　　（　　　）

2. 为了获得易于分离的絮凝体和尽可能低的出水浊度，就必须正确控制混凝过程的工艺条件，这些条件主要有 pH 值、水温、混凝剂种类及用量、原水水质、水力条件等。（　　　）

3. 当铁盐、铝盐混凝剂加入水中后，发生水解反应产生 H^+，降低了 pH 值，因此会对混凝效果产生影响。　　　　　　　　　　　　　　　　　　　　　　　　　（　　　）

4.混凝过程一般可以分成混合和反应两个阶段，在反应阶段需要剧烈的搅拌，而在混合阶段的搅拌强度需要逐渐降低。　　　　　　　　　　　　　　　　　　　　（　　）

5.水中腐殖酸类有机物在弱酸性的条件下去除率较高，最佳 pH 值一般为 6.0 ± 0.5。

（　　）

6.混凝过程是一个相当复杂的物理化学过程，对于污水处理中需要投加的最佳混凝剂量，通过理论计算即可得出。　　　　　　　　　　　　　　　　　　　　　　（　　）

7.很多情况下，将无机混凝剂与高分子混凝剂并用，可明显提高混凝效果。　（　　）

8.在混凝的反应阶段，既要创造足够的碰撞机会和良好的吸附条件，又要防止生成的絮体被打碎。因此，搅拌强度逐渐减小，反应时间要长。　　　　　　　　　　　　（　　）

（三）多选题

1.低水温条件下，絮凝体形成速度缓慢，絮凝颗粒细小、松散、沉降性能差，因此即便加大混凝剂的投量也难以获得良好的混凝效果。究其原因主要有（　　）。

　　A.无机盐混凝剂水解是吸热反应，低温时混凝剂水解困难

　　B.低温水的黏度大，使水中颗粒的布朗运动强度减弱，碰撞概率减小，不利于脱稳凝聚

　　C.胶粒水化作用在低温时增强，妨碍胶体凝聚

　　D.低温时水的黏度大，水流阻力增大，影响絮体的成长

2.混凝剂的投加量时影响混凝效果的主要因素之一，它与出水剩余浊度之间的关系说法正确的是（　　）。

　　A.当投加剂量不足时，未起到脱稳作用，故剩余浊度较高

　　B.当投加剂量刚好合适时，能够产生较好的凝聚作用，出水剩余浊度呈现最少状态

　　C.当投加剂量过多时，会引起胶粒电性改变，产生再稳定现象，出水浊度增加

　　D.以上说法均不正确

3.混凝剂的以下哪些方面对于混凝效果会产生影响？（　　）

　　A.混凝剂种类　　　　B.混凝剂投加量　　　　C.混凝剂颜色　　　　D.混凝剂投加顺序

4.原水水质是影响混凝效果的重要因素，其机理主要表现在（　　）几个方面。

　　A.水中微粒的浓度。微粒浓度小，碰撞概率小，凝聚作用差

　　B.水中微粒的浓度。微粒浓度大，碰撞概率大，凝聚作用差

　　C.水中的有机物。颗粒态有机物的存在会阻碍水中微粒的脱稳凝聚

　　D.水中的有机物。颗粒态有机物的存在会促进水中微粒的脱稳凝聚

二、知识应用

（一）单选题

1.用硫酸铝作为混凝剂的时候，有其最佳的 pH 值范围，如果 pH 值过高，硫酸铝水解生成的氢氧化铝胶体会溶解，生成的偏铝酸根离子对于含有负电荷胶体微粒的污水没有作用。则下列 pH 值合适的是（　　）。

　　A. pH=2.5　　　　B. pH=4.5　　　　C. pH=7.5　　　　D. pH=10.5

2.当进行混凝或其他沉淀处理时，在水中保持一定数量的泥渣或设置泥渣层，其作用是（　　）。

　　A.作为滤层，过滤已经形成好的絮凝体

　　B.保持其中的微生物具有良好的活性

　　C.为了使经过的水流能够均匀分布

　　D.作为接触介质，利用其巨大的表面活性，起吸附核心作用

（二）多选题

1.为了提高低温水的混凝效果，通常可以采用的方法有（　　　）。

    A.采用受水温影响小的铝盐混凝剂   B.采用受水温影响小的铁盐混凝剂

    C.增加混凝剂的投量并投加絮凝剂   D.采用加热原水改善混凝效果

2.某混凝工艺中，发现原水中悬浮颗粒的浓度较小，从而导致了混凝效果不佳，以下方法中可以用来改善这种情况的是（　　　）。

    A.增加原水的温度   B.提高混凝剂的投加量

    C.提高原水的 pH 值   D.往水中添加黏土颗粒

3.混凝过程中的水力条件对絮凝体的形成有重要的影响，主要表现在（　　　）方面。

    A.搅拌强度   B.搅拌方向   C.搅拌设备   D.搅拌时间

三、知识拓展

1.简述影响混凝效果的因素有哪些？

2.叙述确定最佳混凝剂投量和 pH 值的实验方法。

四、知识回顾

重点内容

1.混凝的过程是混凝剂和水、胶体微粒还有细微悬浮物之间相互作用的、复杂的物化过程。pH 值、水温、混凝剂种类及用量、原水水质、水力条件等均会影响到混凝的效果。

2.对于某一具体水质的最佳混凝处理条件只能通过试验来确定，通常用六联搅拌器来进行混凝试验，以获得最佳的混凝剂量和最佳 pH 值。

2.2.5　混凝工艺和设备

⊙**观看视频 2.2.5**

混凝工艺和设备

一、知识点挖掘

（一）单选题

1.在城市污水的深度处理中运用混凝构筑物时，应该尽量不要采用隔板混合池以及反应池，原因是（　　　）。

    A.板条上容易滋生生物膜，发生周期性脱落而影响出水的水质

    B.水力条件不好，混合不均匀

    C.隔板混合池混凝效果差，对污染物去除率不高

    D.隔板混合池形成的絮体较小，难以进一步提高水质

2.在污水处理的混凝工艺中，反应池的功能是完成混凝过程中（　　　）的单元。

    A.混合   B.脱稳   C.絮凝   D.沉淀

3.（　　　）是决定澄清池处理效果的关键，也是所有澄清池的共同特点。

    A.保持池底拥有浓度均匀稳定的泥渣区   B.保持进水与混凝剂的完全混合

    C.保持进水流量的均匀稳定性   D.保持悬浮状态的、浓度均匀稳定的泥渣区

4.机械加速澄清池的池体一般可以分为（　　　）四个功能区。

    A.混合室、反应室、絮凝室、分离室   B.混合室、反应室、混凝室、沉淀室

    C.混合室、反应室、絮凝室、沉淀室   D.混合室、反应室、导流室、分离室

（二）判断题

1. 完成混凝剂与原水混合的设备称为混合器；完成反应过程的设备叫作反应池。（　　）

2. 澄清池是将在絮凝池和沉砂池中完成的过程综合于一体的构筑物。　　　　（　　）

3. 对于混凝过程中混合器的基本要求是，在强烈的水流紊动中慢速完成混凝剂和原水的均匀混合。　　　　　　　　　　　　　　　　　　　　　　　　　　　　　　（　　）

4. 混凝剂的投加方式有固体投加（干投）和液体投加（湿投）两种，一般采用固体投加。
　　　　　　　　　　　　　　　　　　　　　　　　　　　　　　　　　　　　（　　）

5. 机械混合式借助电动机带动桨板或螺旋桨进行强烈搅拌的一种有效的混合方法。
　　　　　　　　　　　　　　　　　　　　　　　　　　　　　　　　　　　　（　　）

6. 水泵混合是将混凝剂溶液在输水泵的吸水管中加入，利用叶轮旋转产生的涡流达到混合的目的，但水泵距离反应装置不能太近，不然容易在输水管中形成细碎的絮体。（　　）

7. 机械搅拌反应池用隔板分格串联，每个均设置搅拌机，分格越多，絮凝效果越好，但造价越高、维修量越大。　　　　　　　　　　　　　　　　　　　　　　　　　（　　）

（三）多选题

1. 按照动力来源的不同，混合器的类型可以分为（　　　）。

　　A. 人工搅拌混合器　　　　　　　　　　B. 水力混合器

　　C. 自动搅拌混合槽　　　　　　　　　　D. 机械搅拌混合槽

2. 污水与混凝剂进行充分的混合，是进行反应和混凝沉淀的一个前提。一般来说，混合的基本形式有（　　　）。

　　A. 水泵混合　　　　B. 重力混合　　　　C. 管道混合　　　　D. 混合池混合

3. 在混凝过程中，水与药剂混合后即进入反应池进行反应，反应设备有水力搅拌和机械搅拌两类，常用的有（　　　）。

　　A. 加速反应池　　　B. 隔板反应池　　　C. 机械搅拌反应池　D. 涡流反应池

4. 按照泥渣与废水接触方式的不同，澄清池可以分为（　　　）两大类，前者是让泥渣在竖直方向上不断循环，在运动中捕集水中的微絮体，后者是通过池内形成的悬浮泥渣层截留絮体。

　　A. 泥渣循环分离型　B. 泥渣循环分离型　C. 悬浮泥渣过滤型　D. 泥渣混合分离型

5. 下列常用的澄清池中，属于泥渣循环分离型的是（　　　）。

　　A. 普通悬浮澄清池　B. 机械加速澄清池　C. 水力循环澄清池　D. 脉冲式澄清

6. 下列常用的澄清池中，属于悬浮泥渣过滤型的是（　　　）。

　　A. 普通悬浮澄清池　B. 机械加速澄清池　C. 水力循环澄清池　D. 脉冲式澄清池

7. 澄清池的处理效果除与池体各部分的结构尺寸是否合理有关外，还主要取决于（　　　）。

　　A. 搅拌强度　　　　B. 搅拌时间　　　　C. 泥渣回流量　　　D. 泥渣浓度

二、知识应用

（一）单选题

1. 在采用液体投加方式投加混凝剂时，其工艺流程正确的是（　　　）。

　　A. 溶液池—溶解池—定量控制设备—投加设备—混合设备

　　B. 溶解池—溶液池—定量控制设备—投加设备—混合设备

　　C. 溶解池—溶液池—定量控制设备—混合设备—投加设备

　　D. 溶解池—混合设备—定量控制设备—投加设备—溶液池

2. 无机盐类混凝剂的溶解池、溶液池、搅拌装置和管配件等都应该考虑（　　　），尤其是在使用 $FeCl_3$ 时必须注意。

　　A. 防氧化措施　　　B. 防漏措施　　　　C. 防电措施　　　　D. 防腐措施

（二）多选题

1.采用湿投方式投加混凝剂，其投加方式有（　　）。

　　A.泵前投加　　　　B.高位溶液池重力投加　　　C.水射器投加　　　D.计量泵投加

2.若混凝剂投加采用的是泵前重力投加方式，通过水泵叶轮的高速旋转可以达到快速而剧烈混合的目的，其优点是（　　）。

　　A.混凝效果好　　　　　　　　　　　B.设备简单、节省动力

　　C.不会腐蚀水泵叶轮　　　　　　　　D.不需要另建混合设备

3.混凝过程采用机械混合的优点是（　　）。

　　A.减少了动力消耗，降低了成本　　　B.适用于各种规模的水厂

　　C.机械搅拌的强度可以调节　　　　　D.可以适应水量和水温等条件的变化

4.在城市污水三级处理中应用混凝单元时，应尽量不要采用（　　），以防止因滋生生物膜后发生周期性脱落而影响出水水质。

　　A.隔板混合池　　　B.管道混合器　　　C.折板反应池　　　D.水泵混合

三、知识拓展

1.混凝沉淀的处理工艺包括了哪些流程？各部分的功能和特点是怎样的？

2.混凝剂的投加形式有哪些，并叙述其投加过程。

四、知识回顾

（一）基本概念

1.整个混凝沉淀处理工艺流程包括混凝剂的配制与投加、混合、反应及沉淀分离几个部分。

2.完成混凝剂与原水混合的设备称为混合器。完成反应过程的设备叫作反应池。能够同时实现完全混合、反应和絮体沉降过程的构筑物叫澄清池。

（二）重点内容

1.混凝剂的投加分为固体投加和液体投加两种形式。一般采用液体投加，此时，混凝剂的配制在溶解池和溶液池内进行。

2.对混合器的基本要求是，在强烈的水流紊动中迅速完成混凝剂和原水的均匀混合。混合设备的形式主要有水泵混合、管道混合、机械搅拌混合三种。

3.混凝反应池分为机械搅拌池和水力搅拌池两类。

2.3　浮力浮上法 ＜

2.3.1　浮力浮上法的原理

⊙观看视频 2.3.1

一、知识点挖掘

浮力浮上法的原理

（一）单选题

1.借助于水的浮力，使水中不溶态污染物浮出水面，然后用机械加以刮除的水处理方

法，叫作（　　）。

  A. 混凝澄清法 B. 浮力浮上法 C. 重力沉降法 D. 氧化还原法

  2. 自然浮上法主要用于粒径大于 $50\sim60\mu m$ 的可浮油分离，因而又称为（　　）。

  A. 浮选 B. 气浮 C. 隔油 D. 破乳

  3. 如果分散相物质是强亲水性物质，就必须首选投加药剂，使亲水性粒子的表面性质由亲水性转变为疏水性，降低水的表面张力，提高气泡膜的弹性和强度，使微气泡不易破裂，然后再利用气浮法加以除去，这就是（　　）。

  A. 浮选 B. 气浮 C. 隔油 D. 破乳

  4. 隔油池单格有效长度与有效宽度之比不小于（　　），有效水深与有效长度之比一般采取（　　）左右。

  A. 1.0，1/2 B. 2.0，1/5 C. 3.0，1/50 D. 4.0，1/10

  5. 平流式隔油池的除油效果（　　）斜板式隔油池。

  A. 大于 B. 等于 C. 小于 D. 无法比较

  6. 气浮是利用细微气泡首先与水中的悬浮颗粒黏附在一起，形成了密度小于水的（　　）的复合体，最终悬浮颗粒随着气泡一起浮升到水面，然后用刮渣设备从水面上刮除的过程。

  A. 气泡和水 B. 气泡和颗粒 C. 水和颗粒 D. 颗粒和颗粒

  7. 乳化油的去除首先要进行（　　），也就是破坏油粒周围的保护膜，使油、水发生分离。

  A. 沉淀 B. 气浮 C. 隔油 D. 破乳

  8. 溶解于水中的空气量和通入空气量之百分比，称为（　　）。

  A. 溶解效率 B. 溶解氧率 C. 曝气效率 D. 溶气效率

（二）判断题

  1. 油类在水中的存在形式可以分为浮油、分散油、乳化油和溶解油 4 类。（　　）

  2. 斜板式隔油池具有构造简单、运行管理方便、油水分离效果稳定的优点，但池体较大，占地多是其不足之处。（　　）

  3. 废水进入隔油池需要提升时，宜采用离心泵，不宜采用容积式泵，因为容积式泵的搅动不仅使油珠粒径变小，而且会使油珠形成水包油的乳化液。（　　）

  4. 平流式隔油池的构造包括：进水区、出水区、浮上区、刮泥装置、撇油装置以及排泥装置。（　　）

  5. 破乳的方法可以分为物理法和化学法两种，物理法是通过高压静电，剧烈的曝气等来进行破乳，而化学法则是通过投加破乳剂来进行破乳。破乳剂又可以分为阳离子型、阴离子型、非离子型、两型离子型和三型离子型。（　　）

（三）多选题

  1. 根据分散相物质的亲水性强弱和密度大小，以及由此而产生的不同处理机理，浮力浮上法可以分为（　　）。

  A. 自然浮上法 B. 气泡浮升法 C. 药剂浮选法 D. 搅拌浮上法

  2. 用自然浮上法去除可浮油的构筑物，称为隔油池，常用的隔油池有（　　）。

  A. 竖流式隔油池 B. 平流式隔油池 C. 斜管式隔油池 D. 斜板式隔油池

  3. 斜板式隔油池的除油效率比平流式隔油池还要高，一般可以去除直径大于 $60\mu m$ 的油珠，常见的形式主要有（　　）。

  A. 平行板式隔油池   B. 圆弧板式隔油池

C. 多廊道式隔油池　　　　　　　　　　D. 波纹板式隔油池

4. 实现气浮分离必须具备的条件是（　　）。

A. 必须在水中产生足够数量的细微气泡

B. 必须使待分离的污染物形成不溶性的固态或液态悬浮体

C. 必须使悬浮颗粒密度大于水

D. 必须使气泡能够与悬浮粒子相黏附

5. 废水中乳化油的去除首先要进行破乳，破乳的机理主要有（　　）。

A. 在废水中产生足够数量的细微气泡，让气泡与乳状液微粒形成密度小于水的复合体

B. 通过投加药剂使待分离的乳状液微粒形成不溶性的固态或液态悬浮体

C. 使乳状液微粒的双电层受到压缩或表面电荷得到中和，从而使微粒由排斥状态转变成能接触碰撞聚集的状态

D. 使乳化剂的界面膜破裂，或者用另一种不会形成牢固界面膜的表面活性剂来代替，使微粒得到释放和聚集

6. 溶气效率与温度、溶气压力及气液两相动态接触面积均有关系，为了在较低溶气压力下获得较高溶气效率，可以（　　）。

A. 增大气液传质面积　　　　　　　　　B. 增加搅拌装置

C. 增加通入空气的量　　　　　　　　　D. 在剧烈湍动中将空气分散于水

7. 溶气水的释气过程是在溶气释放器内完成的，高效释放器共有的特点是（　　）。

A. 使溶气水在尽可能长的时间内缓慢匀速降低压力

B. 使溶气水在尽可能短的时间内达到最大压力降

C. 主消能室具有尽可能低的紊流速度梯度

D. 主消能室具有尽可能高的紊流速度梯度

8. 要获得良好的气浮效果，对于细微气泡的性质要求是（　　）。

A. 气泡的稳定时间越长，越有利于气浮效果的提升

B. 气泡直径越小，分散度越高，对水中悬浮粒子的黏附能力和黏附量就越大

C. 气泡密度越大，气泡与悬浮粒子碰撞的概率就越大

D. 气泡尽可能均匀，大气泡增多会使气泡与悬浮粒子的黏附能力和黏附量降低

二、知识应用

（一）单选题

1. 在污水中含有可浮油的时候，一般利用（　　）工艺即可。

A. 浮选　　　　　　B. 气浮　　　　　　C. 隔油　　　　　　D. 破乳

2. （　　）是指在气、液、固三相交点处所作的气-液界面的切线，此切线在液体一方的与固-液交界线之间的夹角θ，是润湿程度的量度。

A. 接触角　　　　　B. 切线角　　　　　C. 固液角　　　　　D. 气液角

（二）多选题

1. 油类对生态系统和自然环境都会产生严重的影响，其危害表现在（　　）。

A. 水体中的可浮油，会形成油膜阻碍大气复氧，断绝水体氧的来源

B. 水体中的乳化油，由于需氧微生物的作用，在分解过程中消耗水中的 DO

C. 含油废水具有毒性，毒害水生动植物

D. 含油废水流到土壤，也会在土壤形成油膜，阻碍微生物的增殖，破坏土层结构

2. 隔油池宜设置由非燃料材料制成的盖板，其作用是（　　）。

A. 防臭　　　　　　B. 防火　　　　　　C. 防雨　　　　　　D. 保温

3. 根据接触角的概念，以下（　　　）是属于亲水性物质。

A. 接触角＝60°　　B. 接触角＝75°　　C. 接触角＝100°　　D. 接触角＝120°

4. 浮选剂是浮选中所用到的药剂的总称，按照功能的不同可以分为（　　　）。

A. 捕收剂　　　　　B. 反应剂　　　　　C. 调整剂　　　　　D. 起泡剂

三、知识拓展

1. 简述隔油、气浮、浮选的原理。

2. 如何除去废水中的乳化油？并简述乳化及破乳的机理。

四、知识回顾

（一）基本概念

1. 浮力浮上法：借助于水的浮力，使水中不溶态污染物浮出水面，然后用机械加以刮除的水处理方法。

2. 根据分散相物质的亲水性强弱和密度的大小，浮力浮上法可以分成自然浮上法、气泡浮升法和药剂浮选法三种。

3. 隔油：利用自然浮上法去除可浮油的方法。常用的隔油池有平流式隔油池和斜板式隔油池。

4. 气浮：细微气泡首先与水中的悬浮颗粒相黏附，形成密度小于水的"气泡-颗粒"复合体，悬浮颗粒再随气泡一起浮升到水面。

5. 浮选：如果水中是强亲水性物质，必须首先投加浮选药剂，将粒子表面性质转成疏水性，再用气浮加以去除。

（二）重点内容

1. 实现气浮分离的条件：①水中产生足够数量的微气泡；②水中待分离的污染物形成悬浮物；③使气泡和悬浮物相黏附。

2. 乳化机理：乳化剂的疏水基伸入油粒内部，亲水基伸向水，使得油粒表面具有双电层结构的亲水性保护膜。保护膜所带的同号电荷互相排斥，使油粒不能接触碰撞和集聚变大，从而形成稳定的水包油型浑浊乳状液。

3. 破乳机理：压缩双电层或中和表面电荷，使得乳化剂界面破裂，或被其他表面活性剂替换，使油粒释放和并聚。破乳方法主要分为物理法（如高压静电，剧烈搅拌等）和化学法（如投加破乳剂等）两种。

2.3.2　气浮的运用

⊙ 观看视频 2.3.2

气浮的运用

一、知识点挖掘

（一）单选题

1. （　　　）是在加压的条件下，使空气溶入到水中，形成空气的过饱和状态，然后减到常压，使溶解于水中的空气析出，以微小气泡的形式释放到水中，从而实现气浮。

A. 散气气浮法　　B. 隔油气浮法　　C. 溶气气浮法　　D. 电解气浮法

2. （　　　）是利用机械剪切力，将混合在水中的空气粉碎成细微的气泡，从而实现气浮的方法。

  A. 散气气浮法   B. 隔油气浮法   C. 溶气气浮法   D. 电解气浮法

  3.（　　）是利用不溶性的阳极和阴极，在上面通过直流电，直接将废水电解。阳极和阴极上会产生氢和氧的微小气泡，将废水中的污染物细小颗粒黏附并上浮到水面，产生泡沫层，然后将泡沫刮掉，从而实现污染物的去除。

  A. 散气气浮法   B. 隔油气浮法   C. 溶气气浮法   D. 电解气浮法

  4. 气浮池可以用隔墙分为接触室和分离室两个区域。接触室也称为捕捉区，其功能主要是（　　）。

  A. 是悬浮物以微气泡为载体上浮分离的区域

  B. 是悬浮物以微气泡为载体沉淀分离的区域

  C. 是溶气水与废水混合、发生反应形成新物质的区域

  D. 是溶气水与废水混合、微气泡与悬浮物黏附的区域

  5. 电解气浮法具有去除污染物的范围广、泥渣量少、工艺简单、设备小等优点，但它最主要的缺点在于（　　）。

  A. 效果差   B. 能耗高   C. 占地面积大   D. 操作不方便

（二）判断题

  1. 空压机供气的优点是气量、气压稳定，并有加大的调节余地，但噪声大，投资较高。

  （　　）

  2. 泵前插管进气的特点是设备简单，操作维修方便，气水混合溶解充分，但由于射流器阻力损失大而使得能耗偏高。（　　）

  3. 电解气浮法的电解过程所产生的气泡要远远小于散气气浮法和溶气气浮法所产生的气泡，效果较好，同时还有氧化、脱色和杀菌的作用。（　　）

（三）多选题

  1. 根据气泡产生方式的不同，我们一般可以将气浮工艺分为（　　）。

  A. 散气气浮法   B. 隔油气浮法   C. 溶气气浮法   D. 电解气浮法

  2. 按照加压水（即溶气水）的来源和数量，压力溶气气浮包括了（　　）几种基本流程。

  A. 全部进水加压   B. 部分进水加压

  C. 全部回流水加压   D. 部分回流水加压

  3. 压力溶气气浮的供气方式可以分为（　　）。

  A. 泵后插管进气 B. 空压机供气 C. 射流进气   D. 泵前插管进气

  4. 气浮池按照结构形式的不同一般可以分为（　　）。

  A. 平流式气浮池 B. 隔板式气浮池 C. 辐流式气浮池 D. 竖流式气浮池

二、归纳总结

（一）单选题

  1.（　　）是利用扩散板或者微孔扩散装置上面的微孔，将压缩空气分散成细小气泡的一种方法。

  A. 射流气浮   B. 扩散曝气气浮 C. 涡流气浮   D. 剪切气浮

  2. 散气气浮中的剪切气泡气浮法适用于（　　）。

  A. 处理水量不大、污染物浓度比较高的废水

  B. 处理水量较大、污染物浓度比较高的废水

  C. 处理水量不大、污染物浓度比较低的废水

D. 处理水量较大、污染物浓度比较低的废水

（二）多选题

1. 按照粉碎气泡方法的不同，散气气浮又可以分为（　　）。

　　A. 射流气浮　　　　B. 扩散曝气气浮　　C. 涡流气浮　　　　D. 剪切气浮

2. 扩散曝气气浮的优点是简单易行，但是也存在（　　）等不足之处。

　　A. 空气扩散装置的微孔容易堵塞　　　　B. 气泡较大，气浮效果不高

　　C. 气泡不均匀　　　　　　　　　　　　D. 施工和管理均比较困难

三、知识拓展

简述气浮池的工作原理及设计计算步骤。

四、知识回顾

基本概念

1. 根据气泡产生方式的不同，气浮工艺一般可以分为三种类型：散气气浮法、溶气气浮法和电解气浮法。

2. 散气气浮法是利用机械剪切力，将混合在水中的空气粉碎成细微的气泡，从而实现气浮的方法。

3. 溶气气浮法是在加压的条件下，使空气溶入到水中，形成空气的过饱和状态，然后减到常压，使溶解于水中的空气析出，以微小气泡的形式释放到水中，从而实现气浮。

4. 电解气浮法是利用不溶性的阳极和阴极，在上面通过直流电，直接将废水电解。阳极和阴极上会产生氢和氧的微小气泡，将废水中的污染物细小颗粒黏附并上浮到水面，产生泡沫层，然后将泡沫刮掉，从而实现污染物的去除。

2.4 　格栅

2.4.1 　格栅的结构及分类

◉ 观看视频2.4.1

格栅的结构及分类

一、知识点挖掘

（一）单选题

1. 污水处理系统中设置格栅的主要作用是（　　）。

　　A. 拦截污水中较大尺寸的悬浮物和漂浮物

　　B. 拦截污水中的无机颗粒

　　C. 拦截污水中的有机颗粒

　　D. 提高污水与空气接触面积，使有害气体挥发

2. 根据格栅上所截留的污染物质的清除方法，可以将格栅分成（　　）。

　　A. 粗格栅、细格栅　　　　　　　　　B. 人工清渣格栅、机械清渣格栅

　　C. 平面格栅、曲面格栅　　　　　　　D. 固定曲面格栅、旋转鼓筒式格栅

3. 在城市污水处理厂中，常设置在泵站之前的处理构筑物有（　　）。

A. 沉砂池　　　　　B. 初沉池　　　　　C. 格栅　　　　　D. 上述三种均可

4. 格栅所截留的悬浮物和漂浮物的数量，因（　　）不同而有很大的区别。

A. 污水色度　　　　B. 污水温度　　　　C. 污水 pH 值　　　D. 所选用的栅条间隙宽度

5. 人工清渣格栅适用于小型的污水处理厂，为了使工人易于清渣工作，避免清渣过程中的栅渣掉回到水中去，人工清渣格栅的安装倾角一般应该在（　　）为宜。

A. 20°～30°　　　B. 30°～60°　　　C. 45°～70°　　　D. 60°～90°

6. 在大型污水处理厂中需要采用大型格栅，同时为了改善劳动和卫生条件，必须采用机械自动清渣，其安装角度为（　　）。

A. 20°～30°　　　B. 30°～60°　　　C. 45°～70°　　　D. 60°～90°

7. 对于每日栅渣量大于 1t 的格栅，还应设置（　　），以便将栅渣就地粉碎后再与污泥一并处理。

A. 破碎机　　　　　B. 压缩机　　　　　C. 搅拌机　　　　　D. 沉淀设备

（二）判断题

1. 在污水处理厂中，根据污水水质的具体情况，可以不设置格栅。　　　　　　（　　）

2. 格栅按照形状的不同可以分为平面格栅和曲面格栅两类。　　　　　　　　（　　）

3. 污水处理厂一般采用细格栅。　　　　　　　　　　　　　　　　　　　　（　　）

4. 回转式格栅具有自动化程度高，排渣干净，分离效率好、能耗低，无噪声，耐腐蚀性好等优点。　　　　　　　　　　　　　　　　　　　　　　　　　　　　　　（　　）

5. 为了使废水进行充分混合，只能在调节池内采用机械搅拌设施。　　　　　（　　）

6. 粗格栅的栅条间距在机械清渣时一般为 16～25mm，人工清渣时为 25～40mm，在特殊情况下，最大间隙可以达到 100mm。　　　　　　　　　　　　　　　　　　（　　）

（三）多选题

1. 调节池的功能有（　　）。

A. 调节水质　　　　B. 降解有机物　　　C. 去除氨氮　　　　D. 调节水量

2. 格栅是污水处理工艺中必不可少的构筑物，它的作用是（　　）。

A. 净化水质　　　　B. 均化水质　　　　C. 保护设备　　　　D. 平衡水量

3. 格栅不能去除污水中的（　　）。

A. 塑料袋　　　　　B. 溶解性有机物　　C. 树枝　　　　　　D. 氨氮

4. 下列格栅中属于曲面格栅的有（　　）。

A. 固定曲面格栅　　B. 齿耙式格栅　　　C. 回转式格栅　　　D. 旋转鼓筒式格栅

二、归纳总结

单选题

1. 若格栅安装在水泵之前，泵站又在地下比较深，泵前格栅机械清除或人工清除都比较复杂，此时正确的做法是（　　），保证后续工作的顺利进行。

A. 由于泵站在地下较深，设置格栅会导致成本大为增加，因此，在泵前不必设置格栅，仅在后续处理构筑物之前设置格栅即可

B. 可在泵前设置人工清渣粗格栅，将污水中的杂质大部分去除，用以保护水泵的安全

C. 可在泵前设置机械细格栅，将污水中的杂质尽量全部去除，用以保护水泵的安全

D. 可在泵前设置仅为保护水泵正常运转的、空隙宽度比较大的粗格栅，用来减小栅渣量，并在处理构筑物前设置细格栅

2.格栅的栅渣通过机械输送、压榨脱水后外运的方式进行处置，一般粗格栅的栅渣采用（　　），而细格栅的栅渣采用（　　）。

  A. 螺旋式输送机；带式输送机   B. 带式输送机；螺旋式输送机

  C. 抓斗式输送机；轮式输送机   D. 轮式输送机；抓斗式输送机

三、知识拓展

1.按照不同方式格栅都有哪些分类？

2.简述不同类型的格栅的结构特点及适用范围。

四、知识回顾

基本概念

1.格栅：由一组（或多组）相平行的金属栅条与框架组成，倾斜安装在进水的渠道或进水泵站集水井的进口处，以拦截污水中粗大的悬浮物及杂质，保障后续污水处理设施的正常运行。因此，格栅拥有净化水质和保护设备的双重作用。

2.格栅的分类：①按照形状可以分为平面格栅和曲面格栅；②按照格栅上截留污物的清除方法，分为人工清渣格栅和机械格栅，人工清渣格栅的安装倾角一般以 30°～60°为宜，机械清渣格栅的安装倾角以 60°～90°为宜；③按照栅条间隙的大小分为细格栅和粗格栅。

2.4.2　格栅的设计

⊙观看视频 2.4.2

格栅的设计

一、知识点挖掘

（一）单选题

1.采用机械清渣的格栅，下列哪个安装角度比较合适？（　　）

  A. 70°   B. 50°   C. 45°   D. 30°

2.格栅每天栅渣量大于（　　）m^3 时，一般采用机械清除的方法。

  A. 2   B. 1   C. 0.5   D. 0.2

3.格栅的设计内容不包括（　　）。

  A. 尺寸计算   B. 水力计算   C. 闸板计算   D. 栅渣量计算

4.机械格栅的数量不宜少于（　　），如果是 1 台的情况，则应该设置人工清渣格栅以备用。

  A. 2 台   B. 3 台   C. 4 台   D. 5 台

（二）判断题

1.在格栅的上部可以不设置工作平台，若需设置，则其高度应该高出格栅前最高设计水位 0.5m，工作平台上应该设有安全和冲洗的设施。   （　　）

2.格栅间所散发的臭味比较大，格栅除污机、栅渣输送机和压榨脱水机的进出料口最好采用密封的形式。还需要根据污水提升泵站、污水厂周边的环境情况，来确定是否需要设置除臭装置。   （　　）

3.机械格栅的动力装置一般应该设置在室外，或者采取其他的保护设施，避免与水接触。

     （　　）

4.格栅的设计应该确保所设置的格栅可以正常安装以及运行使用，格栅间内最好配制必要的起重设备，以进行格栅附属设备的检修及栅渣的日常清除。   （　　）

（三）多选题

格栅渠道的宽度要设置得当，使水流的速度变得合适，原因是（　　），通常采用的过栅流速为 0.6～1m/s，而格栅前渠道内的水流速度一般采用 0.4～0.9m/s。

A. 泥沙不至于沉积在沟渠的底部

B. 能够使泥沙沉积在沟渠的底部

C. 截留下来的污染物不至于冲过格栅

D. 让部分固体污染物被水流作用冲过格栅

二、知识应用

（一）单选题

1. 某污水处理厂的格栅设计参数如下，最大设计流量 Q 为 0.2m³/s，倾角 θ 取 60°，选用机械清渣，栅条间隙 b 取 0.02m，过栅流速 v 取 0.9m/s，栅前水深 h 取 0.4m。则该格栅的栅条间隙数 n 是（　　）。

A. 22　　　　　　B. 24　　　　　　C. 25　　　　　　D. 28

2. 某污水处理厂的格栅设计参数如下，栅条宽度 S 取 0.01m，栅条间隙数 n 为 24，栅条间隙 b 取 0.02 m。则该格栅的栅渠格栅段宽度是（　　）。

A. 2.25m　　　　　B. 1.56m　　　　　C. 1.22m　　　　　D. 0.71m

（二）多选题

为了改善格栅间的操作条件和确保操作人员的安全，应该设置（　　）。

A. 隔音装置　　　　　　　　　　B. 通风设施

C. 空调　　　　　　　　　　　　D. 有毒有害气体的监测与报警装置

三、知识拓展

叙述格栅设计计算的步骤。

四、知识回顾

重点内容

熟悉格栅的设计计算方法。格栅的设计内容主要包括尺寸计算、水力计算、栅渣量计算和清渣设备的选用等。

2.5　过滤

⊙**观看视频 2.5**

过滤

一、知识点挖掘

（一）单选题

1. 通过粒状介质层分离不溶性污染杂质的方法称为（　　）。

A. 沉淀　　　　　　B. 过滤　　　　　　C. 吸附　　　　　　D. 混凝

2. 在滤池滤料厚度相同时，一般双层滤料比单层滤料具有更大的含污能力，其主要理由是（　　）。

A. 两种滤料完全混杂，具有更好的筛滤作用

B. 两种滤料交界处混杂，具有更好的筛滤作用

C. 双层滤料比单层滤料具有更大的比表面积，截污能力增大

D. 上层粗滤料有较大的颗粒间空隙，不易阻塞，截污能力增大

3. 滤池滤料的有效粒径是指（　　　）。

　　A. 当量粒径　　　　　　B. d_{10}　　　　　　C. 平均粒径　　　　　　D. d_{100}

4. 指滤料的粒径范围以及在此范围之内各种粒径的滤料在数量上的百分比，叫作滤料的（　　　）。

　　A. 分层　　　　　　　B. 分布　　　　　　C. 级配　　　　　　D. 级别

5. 单层滤料层中颗粒的级配特点是上细下粗，当废水由上而下流经滤料层时，直径较大的固体污染物首先被截留在层顶的空隙中，形成一层主要由污染物组成的薄膜，这种过滤作用叫作（　　　）。

　　A. 筛滤作用　　　　B. 阻力作用　　　　C. 沉降作用　　　　D. 吸附混凝作用

6. 在保证出水水质的前提下，过滤周期内单位体积滤料中能截留的污染物量叫作（　　　），用 kg/m^3 或 g/cm^3 表示。

　　A. 滤料的去污能力　　B. 滤料的纳污能力　　C. 滤料的截留能力　　D. 滤料的承载能力

（二）判断题

1. 按照滤料的种类不同，滤池可以分为单层滤池、双层滤池和多层滤池。　　　　　　　　（　　　）

2. 能使10%的滤料通过的筛孔直径叫有效直径，以 d_{10} 表示；用 d_{80} 表示能使80%的滤料通过的筛孔直径，d_{10} 与 d_{80} 的比值称为滤料的不均匀系数。　　　　　　（　　　）

3. 充分发挥深层滤料的纳污能力的过滤方式，称为深层过滤；以表层筛滤作用为主的过滤方式，称为表层过滤。　　　　　　　　　　　　　　　　　　　　　　（　　　）

4. 影响滤池过滤性能的因素主要有两个方面：废水水质、滤层构造及工艺参数。（　　　）

5. 普通快滤池由上至下由四部分组成：浑水渠和洗水槽、滤层、垫层、配水系统。　　　　　　　　　　　　　　　　　　　　　　　　　　　　　　（　　　）

6. 过滤工艺包括过滤和反洗两个基本阶段。过滤即截留污染物，反洗即把污染物从污水中洗去，使之恢复过滤能力。　　　　　　　　　　　　　　　　　　（　　　）

（三）多选题

1. 根据过滤材料的不同，过滤的类型可以分为（　　　）。

　　A. 颗粒材料过滤　　B. 复合材料过滤　　C. 单孔材料过滤　　D. 多孔材料过滤

2. 过滤技术一直是给水处理中为获得优质水而经常采用的关键工序，随着水资源的短缺，废水再生问题提上了议程，过滤技术在废水处理中的应用也开始广泛起来，废水进行过滤处理的主要目的是（　　　）。

　　A. 去除二沉池未去除的细小生物絮体或混凝沉淀池未去除的细小化学絮体

　　B. 提高 SS、COD、细菌等的去除率

　　C. 进一步提高氮磷等营养物质的去除率

　　D. 为后续工艺创造良好的水质条件

3. 在水处理的过滤工艺中，粒状介质截留污染物的机理主要有（　　　）。

　　A. 阻力作用　　　　B. 筛滤作用　　　　C. 沉降作用　　　　D. 吸附混凝作用

4. 下列哪些可以作为滤池的滤料（　　　）。

　　A. 石英砂　　　　　B. 无烟煤　　　　　C. 石榴石　　　　　D. 聚氯乙烯球

5. 滤料是滤池中最重要的组成部分，是完成过滤的主要介质。滤料的选择应满足的要求是（　　　）。

A. 有足够的重量　　　　　　　　　　B. 有足够的机械强度

C. 有较好的化学稳定性　　　　　　　D. 有合理的级配和足够的空隙率

6. 优良的滤池应具备的性能是（　　　）。

A. 滤料层的纳污能力大，过滤水头损失小，工作周期长

B. 过滤水头损失大，能耗低

C. 出水水质符合回用或外排要求

D. 反洗耗水量少，效果好，反洗后滤料分层稳定

二、知识应用

（一）单选题

1. 某滤池的滤料通过过筛实验测得有效直径为 0.50mm，d_{80} 为 1.20mm，则该种滤料的不均匀系数为（　　　）。

A. 1.70　　　　　B. 0.60　　　　　C. 2.40　　　　　D. 1.20

2. 某污水厂购买了 $5m^3$ 的滤料准备用于滤池，经过检测，该滤料中的空隙为 $1.2m^3$，则其空隙率应该是（　　　）。

A. 0.19　　　　　B. 4.17　　　　　C. 7.50　　　　　D. 0.24

（二）多选题

1. 以下哪些滤池比较适合用于污水处理（　　　）。

A. 单层滤料滤池　　B. 双层滤料滤池　　C. 三层滤料滤池　　D. 混合滤料滤池

2. 按照在过滤周期内滤速的分布形态，滤池的基本运行方式有（　　　）。

A. 恒压过滤　　　　B. 恒速过滤　　　　C. 降压过滤　　　　D. 降速过滤

三、知识拓展

1. 简述过滤的机理。

2. 常用的滤料都有哪些？它们有何优缺点？

四、知识回顾

（一）基本概念

1. 通过粒状介质层分离不溶性污染杂质的方法称为过滤。

2. 根据过滤材料的不同，过滤可分为颗粒材料过滤和多孔材料过滤两大类。

3. 按照滤池（料）的种类不同，滤池可分为单层滤池、双层滤池和多层滤池；按作用水头来分，有重力滤池和压力滤池；从进、出水以及反冲洗水的供给与排出方式又可以分为快滤池、虹吸滤池和无阀滤池等。

4. 级配是指滤料的粒径范围以及在此范围之内各种粒径的滤料在数量上的百分比。

5. 滤料的性能指标

① 有效直径。指能使 10% 的滤料通过的筛孔直径，以 d_{10} 表示，即粒径小于 d_{10} 的滤料占总量的 10%。

② 不均匀系数。用 d_{80} 表示能使 80% 的滤料通过的筛孔直径，d_{80} 与 d_{10} 的比值称为滤料的不均匀系数。

③ 滤料的纳污能力。在保证出水水质的前提下，过滤周期内单位体积滤料中能截留的污染物量，用 kg/m^3 或 g/cm^3 表示。

④ 滤料的空隙率。指一定体积的滤料层中，空隙所占的体积与总体积的比值。

⑤ 滤料的比表面积。指单位重量或单位体积滤料所具有的表面积，以 cm^2/g 或 cm^2/cm^3 表示。

（二）重点内容

1. 滤池截留水中固体悬浮物的机理主要有筛滤作用、沉降作用和吸附凝聚作用三种。

2. 影响滤池过滤性能的因素主要有两个方面：废水水质、滤层构造及工艺参数。

3. 滤料是滤池中最重要的组成部分，是完成过滤的主要介质。滤料的选择应满足以下要求：①有足够的机械强度；②有较好的化学稳定性；③有合理的级配和足够的空隙率。

4. 目前滤池中常用的滤料有石英砂、无烟煤、陶粒、高炉渣以及聚氯乙烯和聚苯乙烯塑料球等。

第 3 章
污染物的生物化学转化法

预习任务 视 频 3.1.1～3.1.10、3.2.1～3.2.5、3.3.1～3.3.3、3.4.1～3.4.2。

学习知识点

活性污泥法概念、活性污泥的性能指标及影响因素、活性污泥主要设计和运行参数、生物处理动力学模型、动力学模型的应用、活性污泥法运行方式、曝气原理与曝气池结构、活性污泥法系统的工艺设计。

3.1 活性污泥法

3.1.1 废水生物处理

⊙ **观看视频 3.1.1**

一、知识点挖掘

废水生物处理

(一) 填空题

1. 根据在废水生物处理中是否需要____，将废水生物处理分为好氧生物处理和厌氧生物处理。

2. 在好氧生物处理中有机物可以被彻底氧化分解成_____和_____。

3. 厌氧分解过程中，有机物分解不彻底，代谢产物中包括各种简单____和____、____等致臭物质。

(二) 单选题

1. 废水生物处理是通过（　　）新陈代谢作用，将废水中有机物的一部分转化为微生物的细胞物质，另一部分转化为比较稳定的化学物质的方法。

    A. 氧化剂　　　　B. 微生物　　　　C. 还原剂　　　　D. 动植物

2. 对于生活污水或与之相类似的工业废水，BOD_5 有（　　）转化为新的细胞物质。

    A. $10\%\sim20\%$　　B. $20\%\sim30\%$　　C. $50\%\sim60\%$　　D. $80\%\sim90\%$

（三）判断题

1. 要实现废水的生物处理，必须具备三大基本要素，那就是：作用者、作用对象和环境条件。 （ ）

2. 好氧生物处理时，有机物被微生物吸收后，一部分被氧化分解成简单无机物。（ ）

3. 有机物被氧化分解时释放出能量，可被微生物用作生命活动的能源。 （ ）

4. 当废水中微生物的营养物质充足时，微生物既能获得足够的能量，又能大量合成新的细胞质时，微生物就不断地生长。 （ ）

5. 当废水中营养物质缺乏时，微生物只能依靠分解细胞内贮藏的物质，甚至把细胞质也作为营养物质利用，以获得生命活动所需的最低限度的能量，即内源呼吸。这种情况下，微生物无论重量还是数量都在不断增加。 （ ）

6. 在好氧处理过程中，有机物用于氧化与合成的比例，随废水中有机物性质而异。 （ ）

7. 厌氧生物处理的典型代表是有机物厌氧甲烷发酵。 （ ）

（四）多选题

1. 好氧生物处理中，有机物被转化成（ ）等无机物。

　A. CO_2 　　　B. H_2O 　　　C. NH_3 　　　D. SO_4^{2-} 　　　E. PO_4^{3-}

2. 厌氧生物处理中，有机物依次被转化成为数众多的中间产物，以及（ ）等最终产物，产物成分复杂，有异臭。

　A. CO_2 　　　B. H_2 　　　C. H_2S 　　　D. NH_3 　　　E. CH_4（甲烷）

二、归纳总结

（一）填空题

1. 有机物的厌氧分解过程的第一阶段中，发酵细菌（产酸细菌）将废水中的复杂有机物转化成简单_____（如有机酸、醇类等）和_____、_____、_____等无机物。

2. 有机物的厌氧分解过程的第二阶段中，_____菌将简单有机物转换成氢和乙酸。

3. 有机物的厌氧分解过程的第三阶段，甲烷细菌将乙酸（以及甲醇、甲酸和甲胺）、二氧化碳和氢气转化成_____和_____等。

（二）单选题

1. 一般废水中有机物浓度若低于（ ），比较适于好氧生物处理；浓度更高时，多考虑采用厌氧生物处理。

　A. 100mg/L 　　　B. 500mg/L 　　　C. 1000mg/L 　　　D. 3000mg/L

2. 在好氧生物处理中有机物可以被彻底氧化分解为（ ）和水。

　A. 甲烷 　　　B. 二氧化碳 　　　C. 氧气 　　　D. 氮氧化物

（三）判断题

1. 由于微生物从有机物的好氧氧化中可以得到较多的能量，因此好氧生物处理通常对废水中的有机物氧化分解彻底且速率快。 （ ）

2. 在典型的厌氧生物处理中，有机物的生物氧化表现出明显的阶段性。 （ ）

3. 在废水生物处理中微生物的生长状态有两种：一种是悬浮生长，另一种是附着生长。 （ ）

（四）多选题

1. 生物处理的作用者主要是微生物，特别是细菌，当然还有（ ）。

　A. 放线菌 　　　B. 真菌 　　　C. 原生动物

　D. 微型后生动物 　　　E. 藻类

2.生物处理的作用对象则是废水中可以充作微生物营养的物质，可生化降解的有机物，可被生物氧化或还原的无机物，如有机物和一些无机盐，包括（　　　）等。

　　A.氨　　　　　　　　B.硝酸盐　　　　　　C.亚硝酸盐　　　　　D.磷酸盐

3.因微生物在活着的状态下才能进行新陈代谢，因此在生物处理工程中就必须创造和保持微生物正常代谢所需要的环境条件，如（　　　）等。

　　A.温度　　　　　　　B. BOD_5 负荷　　　　C. COD 负荷
　　D.氧　　　　　　　　E. pH　　　　　　　　F.碱度

三、知识拓展

在日常生活中我们会发现一个现象：当"异物"进入自然水体后，经过一段时间，水质会恢复到原来的状态，这是为什么呢？

四、知识回顾

（一）基本概念

1.废水生物处理：是通过微生物的新陈代谢作用，将废水中有机物的一部分转化为微生物的细胞物质，另一部分转化为比较稳定的化学物质的方法。

2.好氧生物处理：主要依赖好氧菌和兼性厌氧菌的生化作用来完成污染物的降解和转化。

3.厌氧生物处理：主要依赖厌氧菌和兼性厌氧菌的生化作用完成处理过程。

（二）重点内容

好氧处理与厌氧处理的区别：

（1）参与的微生物种群不同。好氧生物处理，可以由一大类群好氧微生物一次完成；而厌氧生物处理是由数群代谢特征差异很大的厌氧和兼性厌氧微生物接替完成。

（2）代谢产物不同。好氧生物处理中，有机物被转化成 CO_2、H_2O、NH_3、SO_4^{2-}、PO_4^{3-} 等无机物。厌氧生物处理中，有机物依次被转化成为数众多的中间产物，以及 CO_2、H_2、H_2S、NH_3 及 CH_4（甲烷）等最终产物，产物成分复杂，有异臭。一些气体产物如 CH_4（甲烷）可作燃料。

（3）反应速率不同。好氧生物处理由于以氧作为氢受体，有机物转化速率快，处理单位废水所需处理设备小；厌氧生物处理反应速率慢，处理单位废水所需设备较大。

（4）对环境条件要求不同。好氧生物处理要求充分供氧，对其他环境条件要求不大严格；厌氧生物处理要求绝对厌氧环境，对其他环境条件（如 pH 值、温度等）要求甚严。

3.1.2　活性污泥法基本原理（一）——活性污泥法概念

⊙**观看视频 3.1.2**

一、知识点挖掘

活性污泥法概念

（一）填空题

1.这些褐色的絮状污泥，由大量的细菌，还有真菌，原生动物和后生动物，组成了一个特有的_____。

2.曝气池是_____反应的场所，使活性污泥与废水中的有机污染物进行充分接触、吸附和氧化分解有机污染物。

3.二次沉淀池用以_____曝气池出水中的活性污泥。

4.污泥回流系统是将二次沉淀池中的一部分_____回流到曝气池，以供应曝气池赖以进行生化反应所需的微生物。

5.剩余污泥排放系统是将曝气池内_____从剩余污泥排放系统中排出。

（二）单选题

1.活性污泥是由多种好氧微生物与兼性厌氧微生物与废水中的有机的和无机的固体物混凝交织在一起，形成的（　　）。

  A.胶体   B.固体   C.液体   D.絮状体

2.活性污泥法基本原理是：以废水中的（　　）为基质，在溶解氧的条件下，对活性污泥进行连续培养，利用其吸附凝聚和氧化分解作用净化废水中的有机污染物。

  A.有机物   B.活性污泥   C.溶解氧   D.氮磷

3.曝气系统是向曝气池中微生物供给（　　），并起到混合搅拌的作用。

  A.氮气   B.氧气   C.氢气   D.二氧化碳

（三）判断题

1.普通活性污泥法处理系统主要由曝气池、曝气系统、二次沉淀池、污泥回流系统、剩余污泥排放系统这五个部分组成。（　　）

2.活性污泥法的基本原理则是：以废水中的有机物为基质，在无溶解氧的条件下，对活性污泥进行连续培养，利用其吸附凝聚和氧化分解作用净化废水中的有机污染物。（　　）

3.活性污泥结构紧密，表面积很小，对有机污染物有着强烈的吸附和氧化或分解能力。

                        （　　）

二、归纳总结

（一）填空题

1.活性污泥具有良好的_____和_____。

2.根据曝气池内的流态，活性污泥法可分为_____和_____
____。

（二）单选题

在活性污泥法系统中，曝气的作用是向液相供给（　　），并起搅拌和混合作用。

A.溶解氧   B.微生物   C.空气   D.基质

（三）判断题

根据曝气方法可分为：鼓风曝气活性污泥法、机械曝气活性污泥法和鼓风-机械联合曝气活性污泥法。（　　）

（四）多选题

1.构成活性污泥的微生物种群随着废水的（　　）等环境条件，还有反应器运行条件的变化而变化，其中丝状细菌数量的变化对活性污泥的沉降性能有很大的影响。

A.种类   B.化学组成   C.温度

D.浓度   E.溶解氧浓度 F.pH值

2.活性污泥系统主要由（　　）组成。

A.曝气池   B.曝气系统   C.二沉池

D.污泥回流系统 E.剩余污泥排放系统

三、知识拓展

活性污泥是如何被发现的？

四、知识回顾

（一）基本概念

1.活性污泥：是由多种好氧微生物与兼性厌氧微生物与废水中的有机的和无机的固体物混凝交织在一起，形成的絮状体。

2.活性污泥法：是在人工充氧的曝气池中，利用活性污泥去除废水中的有机物，然后在二沉池使污泥与水分离，大部分污泥再回流到曝气池，多余部分则排出。

（二）重点内容

1.活性污泥法基本原理是：以废水中的有机物为基质，在溶解氧的条件下，对活性污泥进行连续培养，利用其吸附凝聚和氧化分解作用净化废水中的有机污染物。

2.活性污泥的特性：正常的活性污泥絮体较大，直径 $0.02\sim0.2mm$，颜色呈茶褐色。絮体边缘清晰，呈现出一定的形态；絮体的主体是细菌的菌胶团，穿插生长着少量的一些丝状菌；絮体上还有微型动物。主要以固着类纤毛虫如钟虫、盖纤虫、累枝虫等为主；还包含少量的游动纤毛虫和轮虫。

3.活性污泥法的优缺点：优点是，活性污泥净化废水的能力强、效率高、占地面积少、臭味轻微；缺点则是，产生剩余污泥量大，另外需要消耗一定的电能来向废水中不断供氧。

3.1.3　活性污泥法基本原理（二）——活性污泥法的性能指标及影响因素

⊙**观看视频 3.1.3**

活性污泥法的性能
指标及影响因素

一、知识点挖掘

（一）填空题

1.在废水处理中，要使活性污泥保持良好状态，_____ 和 _____ 应保持适当的平衡。

2.在吸附阶段，由于活性污泥具有巨大的 _____，且其表面上含有多糖类的黏性物质，导致污水中的有机物转移到活性污泥上去。

3.在氧化阶段，主要是转移到活性污泥上的有机物被 _____ 所利用，将吸附的有机物进行 _____，同时吸附残余物。

（二）单选题

1.活性污泥对污染物的净化过程由（　　）和氧化两个阶段组成。

　A.过滤　　　　　　B.吸附　　　　　　C.还原　　　　　　D.浓缩

2.条件适当时，活性污泥在与废水初期接触的 $20\sim30min$ 内，就可去除（　　）以上的 BOD，如果废水中的悬浮物或者是胶体有机物多，则初期吸附去除的比率就大。

　A. 35%　　　　　　B. 55%　　　　　　C. 75%　　　　　　D. 95%

3.一般活性污泥法中，MLSS 浓度一般为（　　）。

　A. $2\sim4g/L$　　　B. $5\sim7g/L$　　　C. $7\sim9g/L$　　　D. $9\sim10g/L$

4.污泥沉降比（用 SV 表示）该值越小，沉淀性能越好。一般城市污水处理系统曝气池活性污泥的 SV 值在（　　）左右。

　A. 150%～300%　　B. 100%～150%　　C. 75%～100%　　D. 15%～30%

5.正常情况下，城市污水处理系统曝气池活性污泥的 SVI 值在（　　）之间。

A. 10～50　　　　B. 50～150　　　　C. 150～300　　　　D. 300～500

（三）判断题

1. 当废水中的有机物与活性污泥的初期比值一定时，活性污泥经历了对数增殖期、衰减期和内源呼吸期三个阶段。　　　　　　　　　　　　　　　　　　　　　（　　）

2. 如果吸附与氧化分解失去适当的平衡，原吸附的有机物没有完全被氧化分解，则初期吸附量就小。　　　　　　　　　　　　　　　　　　　　　　　　　　　（　　）

3. 如果原吸附于污泥上的有机物代谢彻底，则二次吸附的吸附量就小。　（　　）

4. 若回流污泥经历了长期曝气，使微生物进入了内源呼吸期，活性降低，则再吸附能力也降低，即初期吸附量也就降低。　　　　　　　　　　　　　　　　　　　（　　）

5. 混合液悬浮固体，其物理意义是计量曝气池中活性污泥中微生物量多少的指标。
　　　　　　　　　　　　　　　　　　　　　　　　　　　　　　　　　　（　　）

6. 耗氧速率，其物理意义是反映出活性污泥对基质的氧化活性。在污泥负荷相同下，该值越高，污泥的氧化性能越低。　　　　　　　　　　　　　　　　　　　　（　　）

7. 污泥沉降比（用 SV 表示），其物理意义是反映曝气池正常运行的污泥数量和活性污泥的沉淀性能，用于控制剩余污泥的排放，还能反映出污泥膨胀等异常情况。　（　　）

8. 污泥体积指数（用 SVI 表示），其物理意义是更加准确地反映活性污泥的凝聚沉降和浓缩性能。　　　　　　　　　　　　　　　　　　　　　　　　　　　　（　　）

（四）多选题

反映活性污泥性能的指标有（　　　）。

A. 混合液悬浮固体浓度　　　　　B. 耗氧速率　　　　　C. 污泥沉降比

D. 污泥体积指数　　　　　　　　E. 密度指数

二、归纳总结

（一）填空题

1. 在对数增殖期，此时营养水平＿＿＿，细菌活力＿＿＿，有机物按最大速率降解，但此时难以形成絮凝体，凝聚性能＿＿＿，分离效果＿＿＿，因而处理效果也＿＿＿，这种情况出现在＿＿活性污泥系统。

2. 在衰减期，由于营养条件，活性污泥的增长受到＿＿＿，因而增殖速率逐渐＿＿＿，此时营养相对＿＿＿、能量水平较低，细菌活力低、运动能力弱，彼此容易结合成＿＿＿，污泥的凝聚沉降性能较好。

3. 在内源呼吸期，由于营养＿＿＿，微生物开始代谢自身的＿＿＿。

（二）单选题

1. 一般认为，SVI（　　　）时，沉降性能良好。

A. ＜100　　　　B. 100～200　　　　C. ＞200　　　　D. ＞300

2. 供氧是活性污泥高效运行的重要条件，供氧多少用混合液溶解氧的浓度控制。一般，以去除 BOD 为目标时，DO≥（　　　）；以脱 N 为目标时，硝化段：DO≥2mg/L，反硝化阶段：控制在 0.5 mg/L 以下。

A. 0.2mg/L　　　　B. 1mg/L　　　　C. 2mg/L　　　　D. 20mg/L

（三）判断题

1. 影响活性污泥性能的环境因素主要有：溶解氧、水温、营养物、有毒物质等。（　　）

2. 在活性污泥中复杂的微生物与废水中的有机物形成了复杂的食物链，其增长曲线与纯种细菌的增长曲线相似。　　　　　　　　　　　　　　　　　　　　　　（　　）

3. 传统活性污泥法主要运行的负荷范围选定在微生物衰减阶段。　　　　（　　）

4.活性污泥的性能决定着净化效果的好坏。 　　　　　　　　　　　　（　　　）

三、知识拓展

1.活性污泥的增长有哪些特点呢？

2.活性污泥是如何对污水中的有机物进行净化的？

四、知识回顾

（一）基本概念

1.混合液悬浮固体（也称污泥浓度，用 MLSS 表示）：是指单位体积废水和活性污泥的混合液中干固体的含量，也称混合液污泥浓度。

2.耗氧速率（以 OUR 表示）：是指活性污泥氧化基质时，对溶解氧的摄取速率。

3.污泥沉降比（用 SV 表示）：是指曝气池混合液在 100mL 量筒中，静置沉降 30min后，沉降污泥所占有的体积与混合液总体积之比。

4.污泥体积指数（用 SVI 表示）：是指活性污泥经 30min 静置沉降后，每克悬浮物固体所占有的体积。

5.污泥密度指数（以 SDI 表示）：是指活性污泥经 30min 静置沉降后，100mL 沉降污泥中的活性污泥悬浮固体的克数。

（二）重点内容

活性污泥的性能要求：决定着净化效果的好坏。它要求，在吸附阶段，污泥颗粒松散、表面积大、易于吸附有机物；在氧化分解阶段，污泥的代谢活性高，可以快速分解有机物；在泥水分离阶段，则希望污泥有好的凝聚与沉降性能。

3.1.4　活性污泥法基本原理（三）——活性污泥法主要设计和运行参数

⊙**观看视频 3.1.4**

活性污泥法主要
设计和运行参数

一、知识点挖掘

（一）填空题

1.BOD 负荷有_____和_____两种不同的表示方法。

2.实践证明，污泥负荷是影响活性污泥增长速率、有机物去除速率、氧的利用速率以及污泥_____性能的重要因素。

3.水力停留时间（以 HRT 表示）是指废水在_____内的停留时间。

4.污泥龄短，则吸附的_____被氧化的量就少，耗氧量也小，_____则大。

（二）单选题

容积负荷（以 L_V 表示）：是指单位曝气池有效（　　　）在单位时间内所承受的有机污染物的量。单位是 kg/(m³·d)。

A.容积　　　　　　B.面积　　　　　　C.质量　　　　　　D.功率

（三）判断题

1.污泥负荷（以 L_s 表示）是指单体积的活性污泥在单位时间内所承受的有机污染物的量。

（　　　）

2.污泥平均停留时间是指活性污泥在反应池、二沉池和回流污泥系统内的停留时间，称为污泥平均停留时间，也称为污泥龄。

（　　　）

3.污泥龄长，吸附的有机物被氧化的份额就少，耗氧量小，增加的污泥量大。（　　）

二、归纳总结

（一）填空题

一般冬季活性污泥的沉降性能和压实性能变差，导致回流污泥浓度____，此时污泥回流比就需要比夏季____；另外，当污泥发生膨胀时，回流污泥浓度会急剧____。

（二）单选题

考虑到进入曝气池的废水在水质和水量方面都会存在一定的波动，为稳定达到净化效果，反应池出水的溶解氧浓度最好维持在（　　）的范围。

A. 0.5～1mg/L　　　B. 1～2mg/L　　　　C. 2～3mg/L　　　　D. 5～8mg/L

三、知识拓展

在进行活性污泥法设计时，主要考虑哪些"设计和运行参数"呢？

四、知识回顾

（一）基本概念

1.污泥负荷（是以 L_s 表示）：是指单位重量的活性污泥在单位时间内所承受的有机污染物的量。单位为 kg/(kg·d)。

2.容积负荷（以 L_V 表示）：是指单位曝气池有效容积在单位时间内所承受的有机污染物的量。单位是 kg/(m³·d)。

3.污泥平均停留时间 t_s（以 SRT 表示）：是指活性污泥在反应池、二沉池和回流污泥系统内的停留时间，称为污泥平均停留时间，也称为污泥龄。

（二）重点内容

污泥平均停留时间 t_s（以 SRT 表示）的物理意义：

第一，曝气池中工作着的活性污泥，它的总量与每日排放的污泥量之比（单位为：d）。

第二，运行稳定时，曝气池中活性污泥的量恒定，为此，每日排出的污泥量也等于新增长的污泥量。

第三，污泥龄也就是新增长的污泥在曝气池中的平均停留时间，或污泥增长一倍平均所需要的时间。

第四，污泥龄是控制生化反应效果的重要指标。

3.1.5 活性污泥降解有机物的规律（一）——生物处理动力学模型

⊙观看视频 3.1.5

生物处理动力学模型

一、知识点挖掘

（一）填空题

1.米氏方程是由米切里斯和门坦研究提出的，用于表征____降解速率。

2.艾肯菲尔德关系式是艾肯菲尔德对间歇试验反应器内_____生长情况进行观察后，于1955 年提出的。

3.根据艾肯菲尔德关系，在内源代谢阶段，由于微生物缺乏基质而逐渐____。

（二）单选题

1. 米氏方程提出了生物反应过程中（　　）与酶促反应速率之间的关系式。

    A. 底物浓度　　　　　B. 微生物浓度　　　　C. 微生物增长速度　D. 微生物产出率

2.莫诺特方程以微生物生理学为基础，说明了（　　）微生物增长与基质降解之间的关系。

    A. 微生物比增长速度　　　　　　　　B. 微生物的最大比增长速度

    C. 饱和常数　　　　　　　　　　　　D. 微生物增长

（三）判断题

1.根据米切里斯-门坦酶反应关系，当基质浓度很低时（$S \ll K_s$），基质去除速率为一级反应。　　　　　　　　　　　　　　　　　　　　　　　　　　　（　　）

2.艾肯菲尔德方程分为生长率上升、生长率下降和内源代谢三个阶段。　　（　　）

（四）多选题

前人经过研究，总结出的几个生物处理动力学模型，分别是（　　）。

    A. 米氏方程　　　　　B. 莫诺特方程　　　　C. 艾肯菲尔德方程　D. 劳伦斯-麦卡蒂方程

二、归纳总结

（一）填空题

1.根据米切里斯-门坦酶反应关系，当底物浓度 S 很大时，那么 $S + K_m \approx S$，酶反应速率达最大值，$V = V_{max}$，呈现____级反应，此时，再增加底物浓度，对_____无任何影响，因为酶已被底物所饱和，在这种情况下，只有增加____，才有可能提高反应速率。

2.根据米切里斯-门坦酶反应关系，当基质浓度很低时（$S \ll K_s$），基质去除速度为一级反应。此时，由于酶未被____所饱和，故增加底物浓度，可以提高____速率。但随着底物浓度的____，酶反应速率不再按正比关系上升，呈混合级反应，是一级反应到零级反应的____阶段。

（二）单选题

1. 根据艾肯菲尔德关系，在生长率上升阶段，由于基质浓度高，（　　）生长不受基质浓度限制，只受自身生理机能的限制。

    A. 微生物　　　　　B. 基质　　　　　C. BOD　　　　　　D. COD

2.根据艾肯菲尔德关系，在生长率下降阶段，微生物生长受（　　）浓度的影响，微生物增长与基质浓度的降解遵循一级反应关系式。

    A. 微生物　　　　　B. 基质　　　　　C. BOD　　　　　　D. COD

（三）判断题

1.莫诺特方程仅适用于无毒性的基质，对于有毒性的基质，当其浓度达到一定数值时，微生物生长将受到抑制。　　　　　　　　　　　　　　　　　　　　　（　　）

2.此外，劳伦斯-麦卡蒂以微生物增殖和对底物的利用为基础，于 1970 年建立了活性污泥反应动力学方程式。　　　　　　　　　　　　　　　　　　　　　　（　　）

（四）多选题

活性污泥对有机物的转化过程，也就是生物的代谢过程，包括（　　）等。

    A. 污泥膨胀　　　　　　　　　　　　B. 微生物细胞物质的合成

    C. 有机物的氧化分解　　　　　　　　D. 溶解氧的消耗

三、知识回顾

（一）基本概念

1.米氏方程：是由米切里斯和门坦研究提出的，用于表征基质降解速率。

2.莫诺特方程：类似于以酶促反应为基础的米切里斯-门坦关系式。它以微生物生理学为基础，说明了微生物增长与基质降解之间的关系。

（二）重点内容

活性污泥对有机物的转化过程：也就是生物的代谢过程，包括微生物细胞物质的合成（即，活性污泥的增长）、有机物的氧化分解（包括细胞物质的分解）以及溶解氧的消耗等。

3.1.6　活性污泥降解有机物的规律（二）——动力学模型的应用

⊙**观看视频 3.1.6**

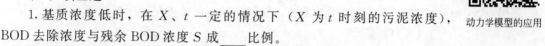

动力学模型的应用

一、知识点挖掘

（一）填空题

1.基质浓度低时，在 X、t 一定的情况下（X 为 t 时刻的污泥浓度），BOD 去除浓度与残余 BOD 浓度 S 成＿＿＿比例。

2.活性污泥法处理过程中，微生物量的增长是＿＿＿＿和＿＿＿＿两种作用的共同结果。也就是说，活性污泥的净增长值，是这两项作用的差值。

3.在冬季水温低时，虽然污泥转化率低，但由于自身分解系数非常小，所以污泥量可能还会有所＿＿＿。

（二）单选题

1.曝气池每日污泥增量 $\Delta X(\mathrm{kg/d})$ 的公式是（　　）。

　　A. $\Delta X = aQS_r - bVX$　　　　　　　　B. $\Delta X = aQS_r - bX$

　　C. $\Delta X = aS_r - bVX$　　　　　　　　D. $\Delta X = aQ - bVX$

2.曝气池需氧量 R_0 的关系式是（　　）。

　　A. $R_0 = a'QS_r + b'VX$　　　　　　　　B. $R_0 = a'QS_r + b'X$

　　C. $R_0 = a'S_r + b'VX$　　　　　　　　D. $R_0 = a'Q + b'VX$

3.当废水进行包括硝化在内的完全氧化处理时，氨氧化为硝酸也需要氧。故曝气池需氧量为（　　）。

　　A. $R_0 = a'QS_r + b'VX + 4.6N_r$　　　　B. $R_0 = a'QS_r + b'X + 4.6N_r$

　　C. $R_0 = a'S_r + b'VX + 4.6N_r$　　　　D. $R_0 = a'Q + b'VX + 4.6N_r$

4.在连续流完全混合式活性污泥法系统，曝气池内处于稳定状态，BOD 去除率 η 为下面关系式（　　）。

　　A. $\eta = (K_2Xt)/(1+K_2t)$　　　　　　B. $\eta = (K_2t)/(1+K_2Xt)$

　　C. $\eta = (K_2Xt)/(1+K_2Xt)$　　　　　D. $\eta = (K_2X)/(1+K_2Xt)$

5.在连续流推流式曝气池内，BOD 去除率按下式（　　）计算：

　　A. $\eta = 1 + \mathrm{e}^{-K_2Xt}$　　　　　　　　B. $\eta = 1 - \mathrm{e}^{-K_2X}$

　　C. $\eta = 1 - \mathrm{e}^{-K_2t}$　　　　　　　　D. $\eta = 1 - \mathrm{e}^{-K_2Xt}$

（三）判断题

1.实际曝气池的污泥增加量，比"污泥增值公式"计算所得的值要小。　　　　（　　）

2.污泥增殖是微生物去除基质 BOD 的必然结果。　　　　　　　　　　　（　　）

3.污泥增值速度与营养的丰富程度有关。　　　　　　　　　　　　　　（　　）

4.确定污泥增殖量对控制曝气池的污泥量以及确定污泥处理设施是极为重要的。（　　）

（四）多选题

下列选项中，（　　）等对污泥增长也有影响。

　　A. 有机负荷　　　　B. 基质浓度　　　　C. 曝气时间　　　　D. 处理水温

二、归纳总结

（一）填空题

1.在活性污泥法中，由于高基质浓度时，污泥絮体分散，所以这种情况仅适用于＿＿＿＿，使其浓度降低。

2.在低基质浓度（$S_0 < 300$ mg/L）下，微生物处于生长速度下降阶段（减速增长阶段），BOD 去除速度与＿＿＿浓度呈一级反应关系。

（二）单选题

在高浓度下，微生物处于生长率上升阶段（对数增长阶段），BOD_5/VSS 达（　　）以上，活性污泥增长速率与残存基质浓度无关，仅与活性污泥浓度呈一级反应。

A. 2　　　　　　B. 5　　　　　　C. 6　　　　　　D. 9

（三）判断题

1.在基质浓度高的时候，BOD_5 去除浓度 S_r 和残余浓度 S 并无关系。　　　　　（　　　）

2.被去除的 BOD 中，一部分被氧化分解以取得能量，另一部分被转化为新的原生质和贮存物质。　　　　　（　　　）

三、知识拓展

为什么实际曝气池的污泥增加量比计算值要大？

四、知识回顾

重点内容

1.曝气池每日污泥增量 ΔX（kg/d）的关系式：$\Delta X = aQS_r - bVX$。

2.曝气池需氧量 R_0 的关系式：$R_0 = a'QS_r + b'VX$。

3.1.7　活性污泥法运行方式

⊙观看视频 3.1.7

活性污泥法运行方式

一、知识点挖掘

（一）填空题

1.受曝气池池型和曝气方式的限制，完全混合式曝气池池体不能太＿＿＿。

2.普通活性污泥法是以＿＿＿式曝气池为核心的活性污泥系统。

3.普通活性污泥法是把活性污泥对基质的＿＿＿＿＿＿＿和＿＿＿＿＿＿＿混在同一个曝气池内进行，适于处理溶解的 BOD。

4.对含有大量＿＿＿的和＿＿＿性的混合基质的废水，因初期吸附量大以及吸附的有机固体物在生物酶作用下变成可溶性物质，再向水中扩散，所以就产生了把＿＿＿＿＿＿和＿＿＿＿＿＿分别在两个曝气池中进行的构想，从而出现了吸附再生法或称接触稳定法。

5.吸附再生法流程有＿＿＿和＿＿＿两种形式。

（二）单选题

1.完全混合式曝气池就是废水与（　　）一起进入曝气池后，就立即混合均匀，使有机物浓度因稀释而立即降低。

    A. 污泥   B. 回流污泥   C. 出水   D. 剩余污泥

2. 完全混合式曝气池对入流水质、水量、浓度等变化有较强的缓冲能力，所以对 BOD 浓度较高的废水，它能获得稳定的处理（　　　）。

    A. 功能   B. 水平   C. 浓度   D. 效果

3. 典型 SBR 工艺的一个完整运行周期由五个阶段组成，依次为：（　　　）

    A. 进水阶段—沉淀阶段—反应阶段—排水阶段—闲置阶段—等待下一次进水

    B. 进水阶段—反应阶段—沉淀阶段—排水阶段—闲置阶段—等待下一次进水

    C. 进水阶段—反应阶段—排水阶段—沉淀阶段—闲置阶段—等待下一次进水

    D. 进水阶段—反应阶段—沉淀阶段—闲置阶段—排水阶段—等待下一次进

（三）判断题

1. 传统活性污泥法曝气池的混合形式，主要有推流式和完全混合式两类。（　　　）

2. 推流式曝气池沿曝气池的长度方向上，微生物的生活环境没有发生变化。（　　　）

3. 完全混合式曝气池整个曝气池氧利用速度一定，供入氧气得不到有效的溶解和利用。（　　　）

4. 完全混合式曝气池整个曝气池的环境条件一定时，可有效地进行处理。（　　　）

5. 整个曝气池氧利用速率一定，供入氧气可以得到有效的溶解和利用。（　　　）

6. 和推流式比较，完全混合式曝气发生短流的可能性小。（　　　）

7. 氧化沟又称连续循环式反应池，因其构筑物呈封闭的沟渠型而得名，故有人称其为无终端的曝气系统。（　　　）

8. 序批式活性污泥法，也称 SBR 法，是一种连续式运行的改良的活性污泥法，采用多个反应池交替运行。（　　　）

（四）多选题

1. 推流式曝气池由于高负荷集中在废水入流端，因而对（　　　）等变化适应性较弱。

    A. 水质   B. 水量   C. 浓度   D. 碱度

2. 延时曝气法属于长时间曝气法，其特点是：（　　　）。

    A. 负荷高   B. 水力停留时间短   C. 负荷低   D. 水力停留时间长

3. 延时曝气法不但能去除废水中的有机污染物而且还能氧化分解转移到污泥中的有机物质和合成的细胞物质，它的处理（　　　）。

    A. 效果稳定   B. 出水水质好   C. 剩余污泥量少   D. 负荷高

4. 氧化沟污水处理技术是延时曝气法的一种，其形式目前主要有（　　　）等。

    A. 普通氧化沟   B. 卡鲁塞尔氧化沟   C. 交替工作式氧化沟

    D. 奥贝尔氧化沟   E. 一体式氧化沟

5. SBR 法耐冲击负荷。在物理空间上，SBR 具有典型的完全混合特征；在时间上，它又是理想的推流式系统，因此尽管 SBR 进水初期底物浓度非常高，但（　　　）对 SBR 影响相对较小。

    A. 水质   B. 负荷波动   C. 毒物   D. pH 值

二、归纳总结

（一）填空题

1. 推流式曝气池沿曝气池的____方向上，微生物的生活环境不断发生____。也就是说，废水在流经曝气池的过程中，由于有机营养物质被_____所摄取，因而不断____，甚至在池尾达到微生物_____的营养水平。

2.推流式曝气池在曝气池废水入流端微生物对氧的消耗量____、利用速度很____，而流出端氧的利用速率很____。

3.氧化沟因进水在氧化沟内与大量的混合液的混合特点，所以，既具有完全混合式的特征，又具有推流式的某些特征，因而_____能力和_____能力均强。

（二）单选题

1.普通活性污泥法的BOD负荷是0.2～0.4kg/(kg·d)，一般在（　　）左右。

　A.0.2　　　　　　　B.0.3　　　　　　　C.0.4　　　　　　　D.0.5

2.普通活性污泥法的（　　）沿着池长逐渐降低，而氧气沿池长均匀供给，这样势必造成了浪费。

　　A.需氧率　　　　　B.污泥量　　　　　C.BOD负荷　　　　D.COD负荷

3.逐步曝气法中（　　）浓度沿池长是变化的，曝气池前段污泥浓度高于平均水平，后段低于平均水平，曝气池出流混合液浓度降低，对二沉池工作有利。

　　A.溶解氧　　　　　B.BOD　　　　　　C.污泥　　　　　　D.COD

（三）判断题

1.针对普通活性污泥法的BOD负荷在池首高的缺点，将废水沿曝气池长度的分数处注入，即形成了逐步曝气法。　　　　　　　　　　　　　　　　　　　　　　（　　）

2.逐步曝气法除了能平衡曝气池供气量外，还能使微生物营养供应均匀。　（　　）

3.良好的活性污泥完成吸附时间相当长，所以合理控制吸附时间十分重要。（　　）

4.氧化沟一般不设初沉池或同时不设二沉池，因而简化了流程。　　　　　（　　）

5.SBR法不需要二沉池和污泥回流设备，布置紧凑，占地少，节约基建投资、运行费用低。　　　　　　　　　　　　　　　　　　　　　　　　　　　　　　　　（　　）

6.SBR法SVI值较低，污泥易于沉淀，不易发生污泥膨胀。　　　　　　（　　）

（四）多选题

经过长期的研究和实践，传统活性污泥法在曝气池的（　　）等方面得到了改进和发展，形成了许多新的类型。

　　A.混合反应形式　　　　B.运行方式　　　　　C.进水点的位置

　　D.活性污泥负荷率　　　E.曝气技术

三、知识拓展

为什么氧化沟抗冲击负荷能力和降解能力均强？

四、知识回顾

（一）基本概念

1.普通活性污泥法：也叫作标准活性污泥法或者叫作传统活性污泥法，是以推流式曝气池为核心的活性污泥系统。

2.渐减曝气法：沿曝气池池长进行渐减的供气方式，以达到供氧与需氧的均衡，这就形成了渐减曝气法。

3.逐步曝气法：针对普通活性污泥法的BOD负荷在池首高的缺点，将废水沿曝气池长度的分数处注入，即形成了逐步曝气法。

4.吸附再生法：对含有大量胶体的和悬浮性的混合基质的废水，因初期吸附量大，以及吸附的有机固体物在生物酶作用下变成可溶性物质，再向水中扩散，所以就产生了把吸附凝聚和氧化分解分别在两个曝气池中进行的构想，从而出现了吸附再生法或称接触稳定法。

5.氧化沟：又称连续循环式反应池，因其构筑物呈封闭的沟渠形而得名，故有人称其为无终端的曝气系统。

6.序批式活性污泥法：是从充排式反应器发展而来的一种间歇式运行的改良的活性污泥法，采用多个反应池交替运行。

（二）重点内容

1.与推流式相比较完全混合式的特点：

① 整个曝气池的环境条件一定时，可有效地进行处理；

② 整个曝气池氧利用速率一定，供入氧气可以得到有效的溶解和利用；

③ 对入流水质、水量、浓度等变化有较强的缓冲能力，所以对 BOD 浓度较高的废水，它能获得稳定的处理效果；

④ 和推流式比较，发生短流的可能性大；

⑤ 受曝气池池型和曝气方式的限制，池体不能太大。

2.普通活性污泥法处理系统：经初次沉淀池去除粗大悬浮的废水，在曝气池内与污泥混合，呈推流式从池首向池尾流动，活性污泥微生物在此过程中连续完成吸附和代谢过程。曝气池混合液在二沉池去除活性污泥悬浮固体后，澄清液作为净化水流出。沉淀的污泥，一部分以回流形式返回曝气池，再起净化作用；另一部分作为剩余污泥排出。

3.SBR 法与活性污泥法相比，突出的优点：

① 不需要二沉池和污泥回流设备，布置紧凑，占地少，节约基建投资、运行费用低；

② SVI 值较低，污泥易于沉淀，不易发生污泥膨胀；

③ SBR 系统各反应器相互独立，每个 SBR 池可根据进水水质、水量的不同适当调整运行参数，比其他生化处理系统更易维护，运行方式灵活方便；

④ 耐冲击负荷。在物理空间上，SBR 具有典型的完全混合特征；在时间上，它又是理想的推流式系统，因此尽管 SBR 进水初期底物浓度非常高，但水质、负荷波动和毒物对 SBR 影响相对较小。

3.1.8 曝气原理与曝气池结构

◉**观看视频 3.1.8**

曝气原理与曝气池结构

一、知识点挖掘

（一）填空题

1.在活性污泥法系统中，曝气的作用是向液相供给_____，并起到___和___的作用。

2.根据活性污泥法的基本理论，向废水供给_____是必要的操作，而搅拌混合则可以促使活性污泥处于___状态，有利于污泥固体、污染物和溶解氧更有效的___。

3.鼓风曝气系统采用_____来比较设备效率。

（二）单选题

1.鼓风曝气是将（　　）通过管道系统送入池内的散气设备，以气泡形式分散进入混合液。

    A.污泥   B.废水   C.氢气   D.压缩空气

    2.机械曝气则利用装设在曝气池内的叶轮的转动，剧烈地搅动水面，使液体循环流动，不断更新液面并产生强烈水跃，从而使空气中的（   ）与水滴或者水气的界面充分接触，转入液相中去。

    A.氧   B.氮   C.氢   D.臭氧

    3.射流曝气则是利用水射流泵将（   ）吸入，使空气与水充分混合并溶解的曝气方式。

    A.氮气   B.空气   C.氢气   D.臭氧

    4.推流式曝气系统属于长廊式曝气池，其廊道一般为（   ）个廊道。

    A. 1～2   B. 1～3   C. 1～4   D. 1～6

    5.氧由气相转入液相的机理常用（   ）来解释。

    A.吸附理论   B.双膜理论   C.阻隔理论   D.过滤理论

（三）判断题

    1.鼓风曝气多用于长廊式曝气池。   （   ）

    2.双膜理论是基于在气液界面存在着两层膜（气膜和液膜）的物理模型。   （   ）

    3.为防止废水与污泥在池面扩散形成短流，曝气系统一般进口设于水下。   （   ）

（四）多选题

    鼓风曝气设备的关键部件是浸于混合液中的扩散器，根据分散气泡的大小，扩散器可分成（   ）。

    A.小气泡扩散器   B.中气泡扩散器   C.大气泡扩散器   D.微气泡扩散器

二、归纳总结

（一）填空题

    1.衡量曝气设备性能的指标还有_____和_____。

    2.为了满足空气搅拌的需要，廊道宽深比不大于____。深度大对氧的溶解有利，但基建费与运转费较高，故深度常为____m。为防止短流，廊道长宽比应大于____，有的甚至大于____。

    3.采用叶轮曝气方式，叶轮的周边线速度一般为____m/s，线速度过小，充氧能力减弱；线速度过大，易破坏污泥絮体，影响沉降分离。

（二）单选题

    大多数推流式系统从池首引入废水和活性污泥，只有（   ）是沿着池长分数处进水。

    A.渐减曝气系统   B.逐步曝气系统   C.延时曝气法系统   D.吸附再生法曝气系统

（三）判断题

    鼓风曝气系统采用氧吸收率（E_A）来比较设备效率，E_A越高，曝气装置效率越高。

                                                                （   ）

（四）多选题

    1.在活性污泥法系统中，通常采用的曝气方法有（   ）。

    A.鼓风曝气   B.机械曝气   C.混合曝气   D.射流曝气

    2.主要的机械曝气设备有（   ）等。

    A.泵型叶轮曝气机   B.抽吸式曝气机   C.曝气转盘   D.曝气转刷

三、知识回顾

（一）基本概念

    1.鼓风曝气：是将压缩空气通过管道系统送入池内的散气设备，以气泡形式分散进入混合液。

2.机械曝气：则利用装设在曝气池内的叶轮的转动，剧烈地搅动水面，使液体循环流动，不断更新液面并产生强烈水跃，从而使空气中的氧与水滴或者水气的界面充分接触，转入液相中去。

3.射流曝气：则是利用水射流泵将空气吸入，使空气与水充分混合并溶解的曝气方式。

（二）重点内容

氧的传递理论：氧由气相转入液相的机理常用双膜理论来解释。双膜理论是基于在气液界面存在着两层膜（即，气膜和液膜）的物理模型。气膜和液膜对气体分子的转移产生阻力，氧在膜内总是以分子扩散方式转移的，其速度总是慢于在混合液内发生的对流扩散的转移方式。单位体积废水中氧的转移速率可用下式表示：$dC/dt = \alpha K_L a(\beta C_s - C)$。

3.1.9 活性污泥法系统的工艺设计

⊙**观看视频 3.1.9**

活性污泥法系统的
工艺设计

一、知识点挖掘

（一）填空题

1.活性污泥法的曝气时间有考虑____和不考虑____两种。

2.供氧量即是单位时间内曝气设备供给曝气池混合液的____。

（二）单选题

1.活性污泥处理系统需氧量的估算法是按去除 1kg 的 BOD_5 需氧量 1kg 来估算，为了留有余地，取（　　）kg。

　　A. 0.5～1.0　　　　　B. 1.0～1.5　　　　　C. 1.0～2.0　　　　　D. 1.5～2.0

2.一般按（　　）计算二次沉池容积，然后确定池水深度。

　　A. 污泥浓度　　　　B. 沉淀时间　　　　C. BOD 负荷　　　　D. 氧量

（三）判断题

1.回流污泥量的大小直接影响曝气池污泥浓度和二次沉淀池的沉降性能。　　（　　）

2.一般来讲，污泥平均停留时间长，活性污泥处理系统需氧量就小些。　　（　　）

（四）多选题

1.活性污泥系统主要由（　　）组成。

　　A. 曝气池　　　　　B. 曝气系统　　　　C. 二沉池

　　D. 污泥回流系统　　E. 剩余污泥排放系统

2.活性污泥处理系统需氧量的计算，有（　　）两种。

　　A. 物料衡算法　　　B. 数理统计法　　　C. 估算法　　　　　D. 公式计算法

3.实际曝气池中氧转移量的计算法有（　　）几种。

　　A. 氧转移量法　　　B. 经验数据法　　　C. 空气利用率计算法　　D. 数理统计法

二、归纳总结

（一）填空题

1.单位时间内曝气池活性污泥微生物代谢所需的____，称为需氧量，以 R_0（kg/h）来表示。

2.活性污泥处理系统的需氧量与活性污泥_____有关。

（二）单选题

1. 在供氧量与吸氧量之间存在着（　　）效率。

　　A. 转移　　　　　　　B. 消耗　　　　　　　C. 利用　　　　　　　D. 吸收

2. 二次沉淀池的沉淀效果不好，不但影响出水（　　）而且会降低回流污泥浓度。

　　A. 碱度　　　　　　　B. pH 值　　　　　　　C. 污泥浓度　　　　　D. 水质

（三）判断题

1. 供氧量只有一部分直接转移到了废水中，称为吸氧量。　　　　　　　　（　　）

2. 一般来说，实际供给废水的氧量远大于氧转移量 N_0。　　　　　　　（　　）

3. 二次沉淀池的工作性能好坏，不会影响整个系统的运行和处理效果。　（　　）

（四）多选题

1. 活性污泥法系统的工艺设计包括（　　）。

　　A. 流程选择　　　　　　B. 曝气池容积的确定　　　　C. 供氧设备的设计

　　D. 二次沉淀池澄清区与污泥区容积的确定　　　　E. 剩余污泥的处置

2. 废水实际所吸收的氧量与（　　）等因素有关。

　　A. 供养设备的性能　　B. 供养设备的形式　　C. 废水的水质　　　D. 废水的水温

3. 为了使氧的转移速率公式能够普遍地适用，需要考虑（　　）等的影响而进行修正。

　　A. 水温　　　　　　　B. 气压　　　　　　　C. 水深　　　　　　　D. pH 值

三、知识拓展

如果采用平流式沉淀池，水平流速最大值比初沉池小一半？

四、知识回顾

（一）基本概念

1. 需氧量：即是单位时间内曝气池活性污泥微生物代谢所需的氧量，以 R_0（kg/h）来表示。

2. 供氧量：即是单位时间内曝气设备供给曝气池混合液的氧量。

（二）重点内容

1. 活性污泥法系统工艺设计资料，主要包括下列各项：

① 废水水质资料，主要是曝气池进水的有机物和毒物的容许浓度，以及二次沉淀池出水的有机物和毒物的浓度；

② 有毒和有害物质浓度急剧变化对处理效率的影响；

③ 水温对处理效率的影响；

④ 曝气池污泥浓度和污泥回流比；

⑤ 污泥负荷和曝气时间；

⑥ 有关补充营养，如氮、磷等的资料；

⑦ 空气用量（如采用鼓风曝气）或充氧量（如采用机械曝气）的资料。

此外，对于二次沉淀池的沉降速度和剩余污泥量等也应进行观察和测定。

2. 二次沉淀池的工作性能对活性污泥系统的影响：沉淀效果不好，不但影响出水水质，而且会降低回流污泥浓度，其结果是：要保证曝气池的设计污泥负荷，就得大回流比，如果保证原定的回流比不变，就会降低曝气池混合液浓度。增大回流比的结果，减小了废水在曝气池内的停留时间；降低混合液浓度的结果，增大污泥负荷。可见沉淀效果将从各方面影响到出水水质。

3.1.10　活性污泥法案例

⊙观看视频 3.1.10

活性污泥法案例

一、归纳总结

（一）填空题

1. 污水厂出水水质确定取决于污水厂处理后出水的_____以及纳污水体_____和国家颁布的不同水域的_____。

2. 污水处理工艺的选择是根据进水____和出水____要求来确定的。

3. 生化处理工艺有多种类型，选择何种处理工艺是污水处理厂设计的____，处理工艺选择是否合适不仅关系到污水处理厂的处理____，而且还将影响工程的____、运行的____以及运行____和管理等方面。

（二）单选题

常规或强化的二级生化处理工艺不能或者难以稳定地达到《城镇污水处理厂污染物排放标准》（GB 18918—2002）中一级 A 标准要求，必须进行（　　）处理，通过（　　）处理进一步去除二级处理不能完全去除的污染物，以最终满足出水水质要求。

A. 深度　　　　　　　　B. 一级　　　　　　　　C. 二级　　　　　　　　D. 活性污泥

（三）判断题

因本工程执行一级标准的 A 标准，然而，常规或强化的二级生化处理工艺不能或难以稳定地达到要求，所以必须进行深度处理。　　　　　　　　　　　　　　　　（　　）

（四）多选题

1. 能够去除有机物并具备除磷脱氮功能的生化处理工艺主要有（　　）等。

A. 氧化沟法　　　　　　B. SBR 法及其变型工艺　　　　C. A^2/O 法

D. AB 法　　　　　　　E. 生物曝气滤池法

2. 当出水水质要求更高时，还可在深度处理工艺中增加新技术，如（　　）等。

A. 活性炭吸附工艺　　　B. 离子交换工艺　　　　　　　C. 膜分离技术

D. 反渗透技术　　　　　E. 生物处理工艺

二、知识回顾

重点内容

本案例具体流程：

① 污水先进入粗格栅及提升泵房，经粗格栅去除大的固体悬浮物后经提升进入细格栅和旋流沉砂池，然后自流进入氧化沟，氧化沟设有厌氧区、缺氧区和好氧区，厌氧、缺氧和好氧交替进行，可有效脱氮除磷。同时，在好氧的情况下，大量有机污染物也同时得到有效地去除。

② 二沉池中进行泥水分离，出水经过提升泵房提升后，进一步采用微絮凝过滤处理，加药去磷、悬浮物和部分难生化的有机物，确保磷和悬浮物能达到一级 A 标准，尾水经消毒后达标排放。

③ 生物处理及化学除磷产生的剩余污泥，通过剩余污泥泵提升至浓缩脱水机房内的脱水机进行机械浓缩脱水，脱水后泥饼外运至垃圾场填埋。生物处理过程的回流污泥自沉淀池排出，经提升后回到氧化沟的配水井。

3.2　生物膜法 〈

3.2.1　生物膜法基本原理

生物膜法基本原理

⊙**观看视频 3.2.1**

一、知识点挖掘

（一）填空题

1.生物膜法是与活性污泥法并行发展的污水生物处理工艺，两者都是依靠____的自凝聚实现对污水的处理。

2.生物膜系统是包含_____、____以及生物膜生长____的总和。

3.填料是生物膜法中微生物附着的____。

4.空气中的氧首先溶入废水，继而扩散进入了生物膜。在此条件下，微生物对有机物进行氧化分解和同化合成，产生的二氧化碳和其他代谢产物，一部分溶入_____，一部分析出到____中去，如此循环往复，使废水中的____不断减少，从而得到____。

5.随着生物膜____的增大，废水中的氧将迅速被表层的生物膜所____，致使其深层的氧不足，而产生____分解，积蓄了硫化氢、氨、有机酸等代谢产物。

6.当供氧充足时，厌氧层的厚度十分有限，此时产生的有机酸等能被异氧菌及时地氧化成_____和_____，而氨和硫化氢被自氧菌氧化成_____、_____和_____等，仍然维持着生物膜的活性。

7.若供氧不足，从总体上讲，____菌将起主导作用，不仅丧失好氧生物分解的功能，而且将使生物膜发生非正常的____。

8.生物膜微生物以吸附和沉淀于膜上的_____为营养进行氧化分解并自身增殖，当生物膜达到一定厚度后，生物膜____并进入废水，在二次沉淀池中被截留下来，成为____。

9.如果有机物负荷比较高，生物膜吸附的有机物来不及_____时，能形成不稳定的污泥，这类污泥需要进行____。

（二）单选题

1.由于生物膜的吸附作用，在其表面有一层很薄的水层，附着水层内的有机物大多已被氧化，其浓度比生物膜反应器进水的有机物浓度低很多。因此，进入池内的废水沿膜面流动时，由于（　　）的作用，有机物会从废水中转移到附着水层中去，进而被生物膜所吸附。

　　A.温度差　　　　　　B.浓度差　　　　　　C.流量差　　　　　　D.质量差

2.微生物是由不同种群的微生物体（包括：细菌、真菌、原生动物、后生动物、藻类等）组成的，是（　　）和降解作用的主体。

　　A.氧化　　　　　　　B.吸附　　　　　　　C.凝聚　　　　　　　D.分解

（三）判断题

1.活性污泥法中微生物是以生物膜的形式附着于固体介质的表面，而生物膜法中微生物则以絮体的形式悬浮于液体中。

（　　　　）

2. 生物膜呈蓬松的絮状结构，微孔多，表面积大，具有很强的吸附能力。　　　　（　　）

3. 生物膜法处理的对象主要是溶解态污染物，主要用于工业废水、生活污水和城市污水。

（　　）

4. 胞外聚合物（EPS）是生物膜凝聚的结构物质，对生物膜的吸附起实质性作用。

（　　）

（四）多选题

1. 生物膜法在应用过程中，也存在着一定的问题，主要表现在：（　　）

    A. 由于增加了填料，所以建设投资大　　　B. 启动周期长

    C. 反应器内的生物量较难控制　　　　　　D. 存在污泥膨胀问题

2. 生物膜法分为（　　）三种类型。

    A. 润壁型　　　　　　B. 浸没型　　　　　　C. 流动床型　　　　　D. 生物转盘型

3. 填料是生物膜法中微生物附着的介质，对填料的要求有（　　）。

    A. 易于附着　　　　　　　　　　　　B. 可提供较大的比表面积

    C. 孔隙率高　　　　　　　　　　　　D. 材质轻且强度高

    E. 物理化学性质稳定　　　　　　　　F. 对微生物的增殖无危害作用

    G. 价格便宜　　　　　　　　　　　　H. 取材方便

二、归纳总结

（一）填空题

1. 胞外聚合物（EPS）可保护细菌免受环境中____、____、____变化的影响。

2. 水是生物膜的主要组成，除了一小部分是细胞内水分外，大多数都结合在_____中，由于水的黏性和可移动性，其对基质和产物的____有很大的影响。

3. 附着水层内的有机物大多已被氧化，其浓度比生物膜反应器进水的有机物浓度____很多。

4. 空气中的氧首先溶入废水，继而____进入了生物膜。

（二）单选题

1. 在向生物膜供氧的过程中，由于存在着（　　）阻抗，因而速率很慢。

    A. 气—气膜　　　　　B. 液—液膜　　　　　C. 气—液膜　　　　　D. 固—液膜

2. 进入池内的废水沿生物膜膜面流动时，由于（　　）的作用，有机物会从废水中转移到附着水层中去，进而被生物膜所吸附。

    A. 温度差　　　　　　B. 压力差　　　　　　C. 液位差　　　　　　D. 浓度差

（三）多选题

1. 生物膜主要由（　　）组成。

    A. 微生物　　　　　　B. 胞外聚合物　　　　C. 各种盐分　　　　　D. 水分

2. 生物膜的形成过程经历了（　　）阶段。

    A. 微生物浮游的状态　　　　　　　　B. 起初个别细菌的附着

    C. 单层细菌的形成　　　　　　　　　D. 微群落的形成

    E. 成熟生物膜的形成　　　　　　　　F. 脱附

3. 生物膜法具有的优点包括（　　）。

    A. 微生物种群多样化，食物链长，并能存活世代时间较长的微生物

    B. 微生物量大，处理能力强，净化效率高

    C. 剩余污泥量小，污泥处理和处置费用低

    D. 不存在污泥膨胀问题，易于运行管理

    E. 具有硝化反硝化功能

4.胞外聚合物决定着生物膜的许多特性，如（　　）等。

A.微生物密度　　　　B.胞外聚合物空隙率　　　C.各种盐分扩散性

D.水分强度　　　　　E.弹性　　　　　　　　　F.代谢活性

三、知识拓展

生物膜中物质是如何进行迁移与转化的呢？

四、知识回顾

（一）基本概念

生物膜法：是与活性污泥法并行发展的污水生物处理工艺，依靠以生物膜的形式附着于固体介质表面微生物的自凝聚实现对污水处理的方法。

（二）重点内容

生物膜净化废水的原理：

生物膜呈现蓬松的絮状结构，微孔多，表面积大，具有很强的吸附能力。生物膜微生物以吸附和沉淀于膜上的有机物为营养进行氧化分解并自身增殖，当生物膜达到一定厚度后，生物膜脱落并进入废水，在二次沉淀池中被截留下来，成为污泥。如果有机物负荷比较高，生物膜吸附的有机物来不及氧化分解时，能形成不稳定的污泥，这类污泥需要进行再处理，其处理水质的硝酸盐可在 2 mg/L 左右，BOD_5 去除率为 60%～90%。若负荷低，废水经过处理后，BOD_5 可以降到 25 mg/L 以下，硝酸盐含量在 10mg/L 以上。

3.2.2　普通生物滤池

⊙观看视频 3.2.2

普通生物滤池

一、知识点挖掘

（一）填空题

1.生物滤池通常采用____通风方式供氧，特殊情况下也可以____通风方式供氧。

2.自然通风供氧动力来自池内外____差（$\Delta\theta$），那么 $\Delta\theta$ 越大，气流速度越大，氧的传质速率就越____。

3.生物滤池最常用的布水设备是_____。

（二）单选题

1.生物滤池的总有机负荷等于进水中可生物降解有机物的（　　）与填料总体积之比。

A.体积流量　　　　B.面积流量　　　　C.质量流量　　　　D.滤料质量

2.采用生物滤池处理废水时，应该做好滤池类型和运行系统的选择。目前大多数生物滤池采用（　　）生物滤池。

A.低速　　　　　　B.高负荷　　　　　C.中速　　　　　　D.超高速

（三）判断题

1.表面负荷是指单位时间供给单位面积滤料的 BOD 量，以 NS 表示，单位是：kg/(m² · d)。

（　　）

2.水力负荷即单位面积的滤池或者单位体积的滤料每天处理的废水量。前者称为水力表面负荷，以 q_F 表示，单位是 m³/(m² · d)；后者称为水力体积负荷，以 q_V 表示，单位是 m³/(m³ · d)。

（　　）

3.水力表面负荷与水力体积负荷的比值为滤料层的高度 H，即 $q_F : q_V = H$。 （ ）

（四）多选题

1.在具体的运行过程中，普通生物滤池也常存在（ ）问题。

  A.出水水质较差   B.对低温有较强的敏感性

  C.产生气味   D.生物膜脱附难以控制

2.在生物滤池设计、运行和管理需要重点考虑的参数主要有（ ）等。

  A.负荷   B.耗氧   C.供氧   D.处理效率

3.（ ）是全面衡量生物滤池工作性能的三个重要指标。

  A.供氧量   B.水力负荷   C.总有机负荷   D.处理效率

4.生物滤池最常用的布水设备是旋转布水器，它的设计计算内容包括（ ）。

  A.确定工作水头   B.横管直径

  C.喷水孔的大小和个数   D.开孔位置

二、归纳总结

（一）填空题

1.生物滤池的负荷分为_____和_____两种，此外在处理工业废水时还应考虑_____。

2.有机负荷可分为_____负荷和_____负荷。

3.生物滤池滤料体积可以按照_____来计算。

4.滤池尺寸的计算：由 $V = HF$ 的关系式，根据常用的滤料层高度 H，即可确定 F，但需校核_____。

5.生物滤池系统由初沉池、生物滤池、二次沉淀池组合而成，其组合形式有：_____系统和_____系统。

（二）单选题

1.生物滤池耗氧量 m_{O_2} 可按照下式（ ）估算。

  A. $m_{O_2} = a'BOD_r + p_f$ B. $m_{O_2} = a'BOD_r - b'p_f$

  C. $m_{O_2} = a'BOD_r + b'p_f$ D. $m_{O_2} = BOD_r + b'p_f$

2.生物滤池滤料体积可以按照负荷来计算，计算公式为：（ ）。

  A. $V = \beta QS_0/N$ B. $V = QS_0/N$ C. $V = \beta QS_0$ D. $V = \beta Q/N$

3.旋转布水器所需工作水头，就是布水横管始端所需水压。工作水头 H 按照如下（ ）公式计算：

  A. $H = h_1 + h_2 + h_3$ B. $H = h_1 + h_2 - h_3$

  C. $H = h_1 - h_2 - h_3$ D. $H = h_1 - h_2 + h_3$

（三）判断题

1.生物滤池是出现最早的人工生物处理构筑物。   （ ）

2.生物滤料的净化效率与负荷的关系甚为密切。   （ ）

3.生物滤池滤料允许承受的BOD负荷愈大，单位体积滤料所能处理的废水量也就愈多。

                                                    （ ）

4.BOD负荷 N 是生物滤池中起决定性工作指标，滤料允许承受的BOD负荷高时，即能增大处理量又能提高净化效率。   （ ）

（四）多选题

1.生物滤池的一般构造包括五个主要的部分（ ）。

  A.填料床层   B.池体   C.布水系统

  D.集水系统   E.通风系统

2.与活性污泥法相比，生物滤池具有以下的优点（   ）。

    A.能耗低   B.无污泥回流

    C.操作简单   D.二沉池无污泥膨胀的问题

    E.污泥浓缩脱水性能好   F.抗冲击负荷能力强

3.生物滤池的设计内容包括（   ）。

    A.确定滤池的滤料体积   B.确定滤池的尺寸

    C.核算表面负荷   D.布水系统及排水系统的计算

    E.通风能力的核算

4.根据有机负荷和水力负荷及采用的回流比，生物滤池可分为（   ）。

    A.低速滤池（也叫普通生物滤池）   B.中速滤池

    C.高速滤池   D.超高速滤池（也叫塔式生物滤池）

三、知识拓展

由 $V = HF$ 的关系式计算滤池尺寸时，如何进行水力表面负荷 q_F 的校核？

四、知识回顾

（一）基本概念

1.总有机负荷：是指进水中可生物降解有机物的质量流量与填料总体积之比。以 N_T 表示，单位是 $kg/(m^3 \cdot d)$。

2.表面负荷：是指单位时间供给单位面积滤料的 BOD 量，以 N_S 表示，单位是 $kg/(m^2 \cdot d)$。

3.水力负荷：即指单位面积的滤池或者单位体积的滤料每天处理的废水量。前者称为水力表面负荷，以 q_F 表示，单位是 $m^3/(m^2 \cdot d)$；后者称为水力体积负荷，以 q_V 表示，单位是 $m^3/(m^3 \cdot d)$。水力表面负荷又称平均滤率（m/d）。

（二）重点内容

与活性污泥法相比，生物滤池具有的优点：能耗低，无污泥回流，操作简单，二沉池无污泥膨胀的问题，污泥浓缩脱水性能好，抗冲击负荷能力强。

3.2.3　生物转盘

⊙观看视频 3.2.3

生物转盘

一、知识点挖掘

（一）填空题

1.生物转盘的转动部分包括_____和固定在其上的_____。

2.转动轴的安装有两种方式，一种为与水流方向____，另一种为与水流方向____。

3.圆盘是生物转盘的主体，是挂膜____。

4.生物转盘的固定部分包括_____和_____设备，废水槽位于转盘组的_____。

5.生物转盘的传动部分包括____和____装置。圆盘的转速采用 0.8～3r/min，最大的线速度以不超过____m/min 为宜。

（二）单选题

1.生物转盘是一种（   ）处理设备，以生物膜附着在一组转动着的圆盘上而得名。它主要由三部分组成：转动部分、固定部分和传动部分。

A. 润壁型旋转式　　　B. 浸没型旋转式　　　C. 流动床型　　　D. 移动床型

2. 圆盘组平行安装于轴上，盘间净距一般为（　　）mm。

    A. 5～10　　　　　B. 10～15　　　　　C. 15～25　　　　　D. 25～30

3. 废水槽的有效容积 W，按照转盘边缘到槽壁间的距离 δ 及系数 K 计算，计算公式为：（　　）。

    A. $W=K(D+2\delta)^2 L$ B. $W=(D+2\delta)^2 L$

    C. $W=K(D+\delta)^2 L$ D. $W=(D+\delta)^2 L$

4. 转盘每分钟的转速 n，按废水槽水力容积负荷 q_V，转盘的直径 D 计算，则计算关系式为：（　　）。

    A. $n=6.36(0.9-1/q_V)$ B. $n=6.36(0.9-1/q_V)/D$

    C. $n=(0.9-1/q_V)/D$ D. $n=6.36/q_V D$

5. 停留时间 t，按下式计算：（　　）。

    A. $t=W/Q$ B. $t=12W/Q$ C. $t=18W/Q$ D. $t=24W/Q$

（三）判断题

1. 生物转盘的转动轴主要用于支撑和旋转转盘。　　　　　　　　　　　　　　（　　）

2. 废水槽的断面最好和圆盘相适应，采用半圆形，以防止产生死角，造成局部的淤积或者是水质的腐化。　　　　　　　　　　　　　　　　　　　　　　　　　　　　　（　　）

3. 在生物转盘旋转过程中，当转盘暴露于空气中时，生物膜对废水中的有机物进行吸附；当盘面淹没于水中时，空气中的氧通过自然扩散进入盘面生物膜表面的水层，然后进入生物膜，在生物膜微生物的作用下，完成对吸附有机污染物的氧化和降解。　　　（　　）

4. 生物转盘上的生物膜也经历生长、增厚和老化脱落的过程。　　　　　　　　（　　）

（四）多选题

1. 生物转盘是一种润壁型旋转式处理设备，以生物膜附着在一组转动着的圆盘上而得名。它主要由三部分组成（　　）。

    A. 转盘部分　　　B. 转动部分　　　C. 固定部分　　　D. 传动部分

2. 生物转盘处理废水的流程包括（　　），其中无需污泥回流。

    A. 初次沉淀池　　　B. 生物转盘　　　C. 二次沉淀池　　　D. 污泥回流系统

3. "生物转盘"的设计计算，主要进行（　　）的设计计算。

    A. 转盘面积　　　B. 转盘片数　　　　　　C. 废水槽的有效长度

    D. 废水槽的有效容积　　　E. 转盘的最小转速　　　F. 停留时间

二、归纳总结

（一）填空题

1. 转盘和槽面之间的距离一般为＿＿＿mm。槽内水面应维持在转轴以下＿＿＿mm 处。

2. 转盘上的生物膜脱落的主要原因是水对盘面的＿＿＿作用。脱落的生物膜转化为污泥，可在＿＿＿＿＿中去除。

3. 生物转盘处理高浓度废水时，可采用如下的流程：初次沉淀池、一级转盘池、中间沉淀池、＿＿＿＿＿和二次沉淀池。

（二）单选题

1. 转盘面积 F 可以按照每平方米盘面上每天所能去除的 BOD 量 S_r 计算，计算公式为：（　　）

    A. $F=Q(S_0-S_e)/S_r$ B. $F=QS_0/S_r$

    C. $F=QS_e/S_r$ D. $F=Q(S_0+S_e)/S_r$

2.盘片面积也可以按单位面积盘片有机物负荷 N_1 计算，计算关系式为：（　　）

　　A. $F=QS_0N_1$　　　B. $F=QS_e/N_1$　　　C. $F=Q/N_1$　　　D. $F=QS_0/N_1$

3.转盘片数 m 按转盘的直径 D，计算关系式为：（　　）

　　A. $m=F/D^2$　　　B. $m=0.636F/D^2$　　C. $m=0.636F/D$　　D. $m=0.969F/D^2$

（三）判断题

1.废水槽的有效长度 L，按照盘片厚度（a），两盘片的净距（b）计算，计算公式为：$L=m(a+b)+b$。　　　　　　　　　　　　　　　　　　　　　　　　（　　）

2.生物转盘处理工艺停留时间 t 一般不宜小于 $0.2h$。　　　　　　　　（　　）

（四）多选题

1.生物转盘具有（　　）处理特点。

　　A. BOD 负荷高于活性污泥法　　　　　　B. 脱落污泥量少

　　C. 工作可靠、不易堵塞　　　　　　　　D. 污泥不易膨胀

　　E. 氧的利用率高

2.在我国生物转盘主要用于处理工业废水，在（　　）等行业的工业废水处理方面均得到应用，效果良好，并取得一定的操作运行经验，为后续推广应用奠定了基础。

　　A. 化学纤维　　　B. 石油化工　　　C. 印染　　　D. 皮革　　　E. 煤气发生站

三、知识拓展

生物转盘有哪些处理特点？

四、知识回顾

（一）基本概念

生物转盘：是一种润壁型旋转式处理设备，以生物膜附着在一组转动着的圆盘上而得名。

（二）重点内容

生物转盘的工作过程：在转盘旋转过程中，当盘面淹没于水中时，生物膜对废水中的有机物进行吸附；当转盘暴露于空气中时，空气中的氧通过自然扩散进入转盘盘面生物膜表面的水层，然后进入生物膜，在生物膜微生物的作用下，完成对有机污染物的氧化和降解。

3.2.4　接触氧化法

⊙**观看视频 3.2.4**

接触氧化法

一、知识点挖掘

（一）填空题

1.接触氧化法是一种_____型生物膜法，实际上是_____和_____的综合体，又称淹没式生物滤池法或接触曝气法。

2.当生物膜生长到一定厚度后，填料表面的微生物会因缺氧而进行____代谢，产生的气体及曝气形成的冲刷作用使生物膜____，脱落的生物膜随出水流出池外，同时，接触氧化池中的____生物量也为填料上生物膜的形成提供再接种微生物。

（二）单选题

污水与填料的接触时间 t 一般不宜小于（　　）小时。

A. 0.1　　　　　B. 0.2　　　　　C. 0.5　　　　　D. 1.0

（三）判断题

1. 接触氧化法兼有活性污泥法和生物膜法的优势。　　　　　　　　　　　（　　）

2. 填料是接触氧化法的核心，直接影响着生物接触氧化处理的效果。　　（　　）

3. 生物接触氧化法是一种介于活性污泥法与生物滤池之间的生物膜法工艺，其特点是在池内设置填料，采用与曝气池相同的曝气方式提供微生物所需的氧量。填料上长满生物膜，污水中的有机物被生物膜上的微生物降解，使污水得到净化。　　　　　　（　　）

4. 生物接触氧化法的处理流程通常有两种，即一段法（一次生物接触氧化）和二段法（即两次生物接触氧化）。　　　　　　　　　　　　　　　　　　　　　　　（　　）

（四）多选题

与其他生物处理方法比较，生物接触氧化法具有以下优点：（　　　）。

A. 生物浓度高　　　　B. 适应力强　　　　C. 传质条件好　　　　D. 氧利用率高

E. 不需要回流污泥　F. 运行费用低　　　G. 污泥产率低

二、归纳总结

（一）填空题

1. 纤维填料近年来已广泛用于化纤、印染、绢纺等工业废水的处理中，实践证明，它特别适用于有机物污染物浓度____的污水处理。

2. 一般来说，当有机负荷较____，水力负荷较____时，采用一段法为好。当有机负荷较高时，采用二段法或推流式更为恰当。

（二）单选题

1. 依据生物接触氧化池平均日废水量 Q，进水 BOD_5 浓度 L_0 及 BOD_5 容积负荷 N_W，接触氧化池容积 V 按照下式计算：（　　　）。

　　A. $V=QL_0N_W$　　　　B. $V=QL_0/N_W$　　　C. $V=L_0/N_W$　　　　D. $V=Q/N_W$

2. 依据接触氧化池的设计流量 Q，进水 BOD_5 浓度 L_0，BOD_5 填料容积负荷 F_r，填料体积计算 V，可以按照下列方程式计算：（　　　）。

　　A. $V=24L_0Q/1000F_r$　　　　　　　B. $V=24L_0Q/F_r$

　　C. $V=24L_0/1000F_r$　　　　　　　　D. $V=L_0Q/1000F_r$

3. 依据接触氧化池进水 BOD_5 浓度 L_0，BOD_5 填料容积负荷 F_r，污水与填料的接触时间 $t(h)$，按照下式公式进行计算：（　　　）。

　　A. $t=24/1000F_r$　　B. $t=L_0/1000F_r$　　C. $t=24L_0/F_r$　　　D. $t=24L_0/1000F_r$

（三）判断题

1. 布水布气区的作用是保证气水均匀，防止死区，以便使所有的填料均能发挥作用。

　　　　　　　　　　　　　　　　　　　　　　　　　　　　　　　　　（　　）

2. 一段法流程简单易行，操作方便，投资较省，对 BOD 的降解能力强于二段法。

　　　　　　　　　　　　　　　　　　　　　　　　　　　　　　　　　（　　）

3. 二段法流程处理效果好，可以缩短生物氧化所需的总时间，但增加了处理装置和维护管理工作，投资也比一段法高。　　　　　　　　　　　　　　　　　　　　　（　　）

（四）多选题

1. 接触氧化法具有（　　　）等特点。

　　A. 容积负荷高　　　B. 占地小　　　　C. 不需污泥回流

　　D. 不产生污泥膨胀　E. 运行费用低　　F. 便于维护管理

2. 生物接触氧化法的核心构筑物是接触氧化池，它是由（　　　）等部分组成。

　　A. 池体　　　　　　B. 填料　　　　　C. 布水布气装置　　D. 电机

3.接触氧化法对填料材质要求具有如下特性：（　　　）。

    A. 良好的生物膜固着性能　　　　　B. 较大的比表面积

    C. 良好的水力特性　　　　　　　　D. 空隙率在 70%～80%

4.接触氧化法填料有（　　　）三种类型。

    A. 硬性填料（蜂窝）　　B. 软性填料　　C. 螺旋填料　　　　D. 弹性填料

三、知识拓展

生物接触氧化法有哪些去除机理及其特点呢？

四、知识回顾

（一）基本概念

接触氧化法：是一种浸没型生物膜法，实际上是生物滤池和曝气池的综合体，又称淹没式生物滤池法或接触曝气法。

（二）重点内容

1.接触氧化法的特点：它兼有活性污泥法和生物膜法的优势。具有容积负荷高、占地小、不需污泥回流、不产生污泥膨胀、运行费用低、便于维护管理等优点。

2.与其他生物处理方法比较，生物接触氧化法具有的优点：生物浓度高，适应力强；传质条件好，氧利用率高；不需要回流污泥，运行费用低；污泥产率低。

3.2.5　生物膜法案例

⊙观看视频 3.2.5

生物膜法案例

一、归纳总结

（一）填空题

1.本屠宰废水处理工程项目出水水质要求满足《　　　　　　　　　　　　　　　　》。

2.由于该屠宰加工厂废水有机物浓度较高，部分指标类似于生活污水的特性，该厂地处我国的东北地区，气候寒冷，考虑选择处理效率高、受温度影响相对较小的生物处理工艺，即　　　　　　　　　　　　工艺。

（二）单选题

本工程针对屠宰废水有机物浓度高，水质水量波动大，排水点较分散等特点，利用（　　　）工艺作为屠宰废水深度处理工艺，冬夏两季，运行效果良好。

    A. 生物转盘　　　　　　B. 氧化沟　　　　　C. 曝气生物滤池　　　D. SBR 法

（三）判断题

本工程项目处理出水 $COD \leqslant 120mg/L$、$BOD_5 \leqslant 60mg/L$、$SS \leqslant 120mg/L$，去除率可分别达到 94%、95%、91%，可以满足《肉类加工工业污染物排放标准》二级排放标准。

                                             （　　　）

（四）多选题

1.本工程项目屠宰加工厂废水含有（　　　）等污染物。

    A. 动物油脂　　　　　B. 肉屑　　　　　　C. 悬浮物　　　　　D. 氟化物

2.本工程项目预处理阶段主要处理构筑物有：（　　　）

    A. 机械格栅　　　　　B. 回转式格栅　　　C. 集水池

    D. 竖流沉砂池　　　　E. 调节池

3. 本工程项目二级处理阶段主要处理构筑物有：（ ）

A. 水解酸化池 B. 中间池 C. 集水池

D. 竖流沉砂池 E. 调节池

4. 本工程项目二级处理阶段主要处理构筑物有：（ ）

A. 曝气生物滤池 B. 反冲洗水池 C. 污泥浓缩池

D. 竖流沉砂池 E. 调节池

3.3 厌氧生物处理法

3.3.1 厌氧消化原理

⊙观看视频 3.3.1

厌氧消化原理

一、知识点挖掘

（一）填空题

1. 在厌氧消化过程的水解阶段，复杂的大分子、不溶性有机物先在_____的作用下水解成小分子、溶解性有机物，然后渗入细胞体内，分解产生____性的有机酸、醇类、醛类等。

2. 在厌氧消化过程的酸化阶段，_____细菌将第一阶段产生的各种有机酸分解转化成乙酸和 H_2 及其他的简单有机物。

3. 在厌氧消化过程的气化阶段，____细菌将乙酸、CO_2 和 H_2 等转化为甲烷 CH_4。

4. 产酸细菌对 pH 值不敏感，其适宜的 pH 值范围较广，在____之间；产甲烷菌对 pH 敏感，最适宜 pH 值为____之间；在厌氧法处理废水的应用中，由于产酸和产甲烷大多在同一构筑物内进行，要维持平衡，避免酸积累，反应器内 pH 值保持在____。

5. 负荷率是消化装置处理能力的重要参数。负荷率有_____、_____和____三种表示方式。

6. 容积负荷率是指单位有效____在单位时间内接纳的有机物量。有机物量可用 COD 或者是 BOD 表示。

7. 污泥负荷率是指单位____的污泥在单位时间内接纳的有机物量。

8. 投配率是指每天向单位有效容积投加的新料的____。投配率的倒数为平均停留时间或消化时间，单位为 d。

9. 厌氧消化装置的负荷率确定的一个重要原则是在酸化和气化这两个转化速率保持稳定平衡的条件下，求得最大的_____或最大_____。

（二）单选题

1. 厌氧生物处理法：是在（ ）的条件下，依赖兼性厌氧菌和专性厌氧菌的生物化学作用，对有机物进行生物降解的过程。

A. 接触空气 B. 接触氧气 C. 隔绝空气 D. 隔绝氮气

2. 在典型的厌氧生物处理中，有机物的生物氧化表现出明显的阶段性，有机物的厌氧分解过程至少分为（ ）个阶段。

A. 二　　　　　　　B. 三　　　　　　　C. 四　　　　　　　D. 五

3. 在厌氧消化过程的水解阶段主要产生（　　　）。

A. 较高级脂肪酸　　B. 较低级脂肪酸　　C. 乙酸　　　　　　D. 甲烷

（三）判断题

1. 厌氧生物处理法：是在有空气的条件下，依赖兼性厌氧菌和专性厌氧菌的生物化学作用，对有机物进行生物降解的过程。　　　　　　　　　　　　　　　　　　　　（　　）

2. 厌氧处理与好氧处理的相同之处是，处理的对象都是有机物，但是其产物不同，好氧处理的产物是 CO_2 和生物体，厌氧处理的产物是生物气和生物体。　　　　　　（　　）

3. 厌氧生物处理法，其生物降解的最终产物是为以二氧化碳为主的生物气。　　（　　）

4. 厌氧生物处理主要依赖好氧菌和兼性厌氧菌的生化作用完成处理过程。　　（　　）

5. 厌氧处理与好氧处理的相同之处是：处理的对象都是无机物。　　　　　　（　　）

6. 厌氧处理与好氧处理的不同之处是：其产物不同，好氧处理的产物是 CO_2 和生物体；厌氧处理的产物是生物气＋生物体。　　　　　　　　　　　　　　　　　　　（　　）

7. 复杂有机物的厌氧消化过程经历水解、酸化、气化三个阶段，由不同的微生物种群顺序接替协同完成。　　　　　　　　　　　　　　　　　　　　　　　　　　　　（　　）

8. 由于厌氧消化处理是在不同的微生物种群顺序接替协同完成的，为了使不同的微生物种群达到最佳的状态，所以不需要对发酵条件进行控制。　　　　　　　　　　　（　　）

9. 产酸细菌对 pH 值不敏感，其适宜的 pH 值范围较广，在 5～9.0 之间。　　（　　）

10. 为了把废水控制到要求的发酵温度，则必须加热，满足相应的消化温度。　（　　）

11. pH 值的控制在 6.5～8.0 范围，超出此范围，不需要对废水预先进行中和。（　　）

（四）多选题

1. 厌氧生物处理法的处理对象为（　　　）等。

A. 高浓度有机废水　　　　　　　　B. 城镇污水处理厂的污泥

C. 动植物残体及粪便　　　　　　　D. 生物质（如，秸秆）

2. 厌氧生物处理也存在一定的缺点：（　　　）。

A. 设备启动和处理所需时间长　　　B. 出水达不到排放标准

C. 操作控制因素较为复杂　　　　　D. 产生气味，卫生环境条件较差

3. 厌氧消化处理需对工艺操作条件进行控制，控制要求主要有（　　　）。

A. 生物量　　　　B. 负荷率　　　　C. 加热　　　　　D. pH 值

二、归纳总结

（一）单选题

好氧生物处理和厌氧生物处理都能完成对有机污染物的稳定化，但是实际中究竟采用哪种方法需要视具体情况而定。一般废水中有机物浓度若低于（　　　）mg/L，比较适于好氧生物处理；浓度更高时，多考虑采用厌氧生物处理。

A. 1000　　　　B. 2000　　　　C. 3000　　　　　D. 4000

（二）多选题

厌氧生物处理的优点有（　　　）等。

A. 应用范围广　　B. 能耗低，负荷高　C. 剩余污泥量少且稳定

D. 厌氧污泥稳定　　E. 氮、磷营养需要量较少

F. 有杀菌作用　　G. 污泥易贮存

三、知识拓展

自然界中我们会发现在湖泊、沼泽、底泥中有往上冒出气泡的现象，为什么会有这种现

象产生呢？

四、知识回顾

（一）基本概念

1.厌氧生物处理法：是在隔绝空气的条件下，依赖兼性厌氧菌和专性厌氧菌的生物化学作用，对有机物进行生物降解的过程，也称为厌氧消化法。其生物降解的最终产物是以甲烷为主的生物气。

2.容积负荷率：是指单位有效容积在单位时间内接纳的有机物量。有机物量可用 COD 或者是 BOD 表示。

3.污泥负荷率：是指单位重量的污泥在单位时间内接纳的有机物量。

4.投配率：是指每天向单位有效容积投加的新料的体积。投配率的倒数为平均停留时间或消化时间，单位为 d。

（二）重点内容

1.厌氧处理与好氧处理的异同点：相同之处是，处理的对象都是有机物，但是其产物不同；好氧处理的产物是 CO_2 和生物体，厌氧处理的产物是生物气＋生物体。

2.厌氧生物处理的优点：应用范围广，能耗低，负荷高，剩余污泥量少且稳定，厌氧污泥稳定，氮、磷营养需要量少，有杀菌作用，污泥易贮存等。

3.厌氧生物处理的缺点：因为厌氧微生物增殖缓慢，因而厌氧设备启动和处理所需时间比好氧设备长；往往出水达不到排放标准，还需要进一步的处理，故一般在厌氧处理后边需串联好氧处理；厌氧处理系统操作控制因素较为复杂；厌氧过程会产生气味，卫生环境条件较差。

4.厌氧消化的过程

第一生化阶段，即水解阶段，在这个阶段，复杂的大分子、不溶性有机物先在细胞外酶的作用下水解成小分子、溶解性有机物，然后渗入细胞体内，分解产生挥发性的有机酸、醇类、醛类等。这个阶段主要产生较高级脂肪酸。

第二阶段，生化阶段，即酸化阶段，在此阶段，产氢产乙酸细菌将第一阶段产生的各种有机酸分解转化成乙酸和 H_2 及其他的简单有机物。

第三阶段，即气化阶段，甲烷细菌将乙酸、CO_2 和 H_2 等转化为甲烷 CH_4。

3.3.2 厌氧消化工艺设备

⊙**观看视频 3.3.2**

厌氧消化工艺设备

一、知识点挖掘

（一）填空题

1._____ 这种构筑物通常用于处理由独立的居住建筑或公共建筑物排出的粪便污水。它是早期用于处理废水的 _____ 构筑物，也一直沿用至今。

2.厌氧生物转盘与好氧生物转盘大致相同，只是它完全 _____ 在废水中。

3.厌氧微生物附着在旋转的盘面上，同时在废水中可保持一定数量的 _____ 态厌氧污泥。通过转盘盘片的旋转产生搅动能促进有机物与微生物的充分 _____，并可防止 _____。

4.厌氧流化床反应器的内部充填着粒径很小（$d=0.5\text{mm}$ 左右）的 _____。

（二）单选题

普通消化池多建成加顶盖的（　　　）结构。有柱形消化池和蛋形消化池。

A. 筒形　　　　　B. 方形　　　　　C. 锥形　　　　　D. 圆形

（三）判断题

1. 普通消化池主要用于处理城市污水处理厂的初沉污泥和剩余污泥，即进行污泥稳定及含悬浮物较高的工业废水的处理。　　　　　　　　　　　　　　　　（　　　）

2. 厌氧接触系统，其工艺为在普通消化池后设沉淀池，将沉淀污泥回流至消化池，形成了厌氧接触法。　　　　　　　　　　　　　　　　　　　　　　（　　　）

3. 为了防止消化池的污泥流失，可在池内设置挂膜介质，使厌氧微生物生长在介质上，由此出现了厌氧生物滤池和厌氧生物转盘。　　　　　　　　　　　（　　　）

4. 上流式厌氧污泥床反应器（UASB）是目前应用最为广泛的一种厌氧生物处理装置。
　　　　　　　　　　　　　　　　　　　　　　　　　　　　　　　（　　　）

（四）多选题

1. 近二十多年来，发展了多种用于处理有机废水的高效厌氧消化工艺和设备，它们是（　　　）等。

A. 厌氧接触系统　　　　　B. 厌氧生物滤池　　　　　C. 厌氧生物转盘

D. 厌氧污泥床反应器　　　E. 两相厌氧消化系统

2. 厌氧流化床特点是（　　　）等。

A. 载体颗粒小，比表面积大　　　　　B. 有机物容积负荷大

C. 水力停留时间短　　　　　　　　　D. 具有较强的耐冲击负荷能力

E. 运行稳定

二、归纳总结

（一）填空题

1. 普通消化池的运行方式是将_____从池顶注入，通过搅拌与池内污泥混合，进行_____。分解后的污泥从____排出。产生的生物气从____收集。普通消化池需要____，以维持高的消化速率。通常每天加、排料各____次，与此同时进行数小时的搅拌混合。

2. 在上流式厌氧污泥床反应器顶部必须设置性能优良的水、气、固_____，以防止污泥固体流失。

3. 厌氧流化床反应器，载体处于____状态，无床层堵塞现象，对高、中、低浓度废水均表现出较好的效能。

（二）单选题

1. 将厌氧消化反应分别设在两个独立的反应器中进行，一个为产酸阶段，另一个为产甲烷阶段，故称（　　　）系统。

A. UASB　　　　B. 两相厌氧消化　　　C. 厌氧生物转盘　　　D. 厌氧流化床

2. 上流式厌氧污泥床反应器其运行方式是：废水从反应器底进入，在穿过污泥层时，废水中的有机物与污泥中的厌氧微生物充分接触，同时进行厌氧生物反应，将有机物转化为（　　　）。

A. 甲烷　　　　B. 二氧化碳　　　　C. 水　　　　　　D. 硫化氢

（三）判断题

1. 厌氧生物滤池内装有粒径为 30～50mm 的滤料，或充填软性或半软性填料。（　　　）

2. 厌氧生物滤池废水从池顶进入并从池底连续排出，在通过填料层时与附着在填料上的微生物接触，使有机物得以降解。　　　　　　　　　　　　　　　（　　　）

3. 厌氧生物转盘其应用范围是悬浮物含量较低的工业废水。　　　　　　（　　　）

（四）多选题

1.厌氧接触系统的特点是（　　　）等。

A. 耐冲击能力强

B. 容积负荷较普通消化池的高

C.水力停留时间比普通消化池大大缩短

D. 常温下，普通消化时间为 15～30 天，而接触法小于 10 天

E. 混合液经沉降后，出水水质好

2.根据废水量和水质的不同，两相厌氧消化系统可采用不同的组合方式，分别有（　　　）等。

A.厌氧接触＋厌氧接触　　　　　　　B.厌氧接触＋UASB

C. UASB＋UASB　　　　　　　　　　D. UASB＋厌氧生物滤池

E.厌氧生物滤池＋厌氧生物滤池

三、知识拓展

1.日常生活中最常见的厌氧消化构筑物是什么呢？

2.为什么要进行两相消化呢？

四、知识回顾

（一）基本概念

1.厌氧接触系统：其工艺为，在普通消化池后设沉淀池，将沉淀污泥回流至消化池，形成了厌氧接触法。

2.两相厌氧消化法：将厌氧消化反应分别设在两个独立的反应器进行的，一个为产酸阶段，另一个为产甲烷阶段，故称两相厌氧消化系统。

（二）重点内容

1.普通消化池的运行方式：将生污泥从池顶注入，通过搅拌与池内污泥混合，进行厌氧消化。分解后的污泥从池底排出。产生的生物气从池顶收集。普通消化池需要加热，以维持高的消化速率。通常每天加、排料各 1～2 次，与此同时进行数小时的搅拌混合。

2.厌氧接触系统的特点：通过污泥回流，保持消化池内较高的污泥浓度，耐冲击能力强；消化池的容积负荷较普通消化池的高，中温消化时，水力停留时间比普通消化池大大缩短，在常温下，普通消化时间为 15～30 天，而接触法小于 10 天；混合液经沉降后，出水水质好。

3.上流式厌氧污泥床反应器（UASB）的运行方式：废水从反应器底进入，在穿过污泥层时，废水中的有机物与污泥中的厌氧微生物充分接触，同时进行厌氧生物反应，将有机物转化为甲烷。产生的生物气附着在污泥颗粒上，使其悬浮于废水中，形成下密上疏的悬浮污泥层。当气泡聚集变大并脱离污泥颗粒而上升时，对污泥层起到一定的搅拌作用。部分污泥颗粒被附着的气泡带到上层，撞在三相分离器上使气泡脱离，污泥固体又沉降到污泥层，部分进入澄清区的微小悬浮固体也由于静沉作用而被截留下来，滑落到反应器内。

3.3.3　厌氧生物处理法案例

⊙**观看视频 3.3.3**

厌氧生物处理法案例

一、归纳总结

（一）填空题

1.本工程项目废水经过____池去除大部分悬浮物和酒精生产中夹带的杂质，在集水池内

与碱液混合调节＿＿＿值后进入调节池来调节废水的＿＿＿与温度，其中，对于复杂废水在调节池中取得一定程度的酸化，有益于后续的＿＿＿处理。

2.本工程项目污泥采用＿＿＿＿＿＿处理厂的厌氧消化污泥，含水率为 80％，VSS/SS 值在 0.6 左右。接种后反应器内污泥浓度为 $8kgVSS/m^3$。

3.本工程项目调试阶段采用＿＿＿＿＿＿的办法来调节进水 COD 浓度，从而控制负荷。

（二）单选题

1.本工程利用（　　）工艺作为糖蜜酒精生产厂废水处理的主体工艺。

    A. UASB　　　　　　B.两相厌氧消化　　　C.厌氧生物转盘　　　D.厌氧流化床

2.本工程项目为了充分利用糖厂冷却水的余热，将冷却水调到 38℃ 后直接抽到厌氧池，同时加入厌氧泥，直接将温度升至中温段。在调试中 UASB 反应器内的温度始终控制在（　　）。

    A. 30℃～35℃　　　B. 35℃～38℃　　　C. 45℃～48℃　　　D. 55℃～58℃

3.本工程项目用（　　）来调节 pH 值，在调试过程中始终将 UASB 的进水 pH 值控制在 5.8～6.2 之间。

    A. $NaHCO_3$　　　B. NaOH　　　　　C. $Ca(OH)_2$　　　D. $CaCO_3$

（三）判断题

1.本工程采用升流式厌氧污泥床（UASB）反应器用来处理糖蜜酒精废水，效果良好，运行稳定，运行成本低，在形成颗粒污泥的情况下可以在较高的负荷下运行。　　（　　）

2.本工程颗粒污泥化的 UASB 反应器处理能力较强，运行期间负荷一直稳定在 $10kgCOD/(m^3 \cdot d)$，出水 COD 约 8000mg/L，pH 值在 7.1 左右，处理效率约为 82％。采用较为成熟的厌氧污泥接种，能在一定程度上缩短启动所需的时间。　　（　　）

（四）多选题

1.糖蜜酒精是以制糖生产工艺排出的废糖蜜为原料，经稀释并添加营养盐，再进一步发酵生产酒精。其生产工艺包括（　　）等。

    A.稀糖液制备　　　B.酒母培养　　　　C.发酵　　　　　　D.蒸馏

2.糖蜜酒精生产过程的废水主要来自（　　）等。

    A.蒸馏发酵成熟醪后排出的酒精糟　　　B.生产设备的洗涤水、冲洗水

    C.蒸煮、糖化、发酵、蒸馏工艺的冷却水　　D.雨水

3.4　自然条件下的生物处理法

3.4.1　自然条件下的生物处理法

◉观看视频 3.4.1

自然条件下的生物
处理法

一、知识点挖掘

（一）填空题

1.稳定塘是一种天然的或经过一定人工修整的设有＿＿＿＿和＿＿＿＿的有机废水处理池塘。

2. 土地处理法是在农田灌溉的基础上，运用人工调控，利用_____-_____-_____组成的生态系统使污水中的污染物净化的处理方法。

3. 人工湿地处理系统中水生植物和人工介质为氧化和去除有机物、氮、磷的微生物提供_____，并改善氧化还原条件。附着在介质上的和植物根际的大量_____担负着主要的降解作用。

4. 稳定塘对污水的净化过程与自然水体的自净过程相似，主要依靠_____功能使废水在塘中得到净化。

5. 稳定塘多用于____污水处理厂，可用作一级处理、二级处理，也可用作三级处理。

（二）单选题

1. 属于水体净化法的有氧化塘和养殖塘，统称为生物稳定塘，其净化机理与（　　）相似。

　　A. 活性污泥法　　　B. 生物膜法　　　C. 厌氧消化法　　　D. 接触氧化法

2. 属于土壤净化法的有土壤渗滤和污水灌溉，统称为废水的土地处理，其净化机理与（　　）相似。

　　A. 活性污泥法　　　B. 生物膜法　　　C. 厌氧消化法　　　D. 接触氧化法

（三）判断题

1. 自然条件下的生物处理法就是利用生物（主要是微生物，也包括植物和动物）在人为创造条件下净化废水的处理方法，也称"生态处理法"。　　　　　　　　　（　　）

2. 自然条件下的生物处理法主要有"水体净化法"和"土壤净化法"两类。　（　　）

3. 人工湿地处理系统由人工介质和生长在其上的植物和微生物组成，是一个独特的综合生态系统。　　　　　　　　　　　　　　　　　　　　　　　　　　　（　　）

（四）多选题

1. 按照塘中占优势的微生物种属和相应的生化反应，稳定塘可分为（　　）。

　　A. 好氧塘　　　　　B. 兼性塘　　　　　C. 曝气塘　　　　　D. 厌氧塘

2. 与传统废水处理工艺相比，人工湿地污水处理技术有（　　）自身独特的优势。

　　A. 缓冲能力大　　　B. 处理效果好　　　C. 工艺简单、投资省、耗电低、运行费用低

　　D. 适合于水量较小、水质变化不大、管理水平不高的小城镇污水处理厂

　　E. 有着很好的环境、生态和美学效果

3. 人工湿地污水处理技术也存在一定的不足，主要表现为（　　）。

　　A. 受气候条件的限制较大　　　　　　B. 工程应用受地域的限制

　　C. 占地面积大　　　　　　　　　　　D. 易产生淤积堵塞和饱和的现象

二、归纳总结

（一）填空题

1. 生物稳定塘中，除了好氧塘、兼性塘、曝气塘和厌氧塘四种主要靠微生物起净化作用的塘型外，还有以放养高等大型水生植物作为强化净化手段的_____塘和利用污水养鱼、蚌、螺、鹅和鸭的____塘。

2. 废水土地处理可分为：以净化回收水资源为主要目的的_____和以利用水、肥资源为主要目的的_____。

3. 土地渗透的处理机理与_____类似，此法可分为地表漫流、快速渗透和慢速渗滤三种不同方式；污水灌溉可分为旱田灌溉和水田灌溉，前者的机理与生物滤池类似，而后者则与_____相近。

（二）单选题

1. 生物稳定塘的设计，塘的个数不少于（　　）个，并串联运行。

    A. 3　　　　　　　　B. 5　　　　　　　　C. 7　　　　　　　　D. 9

2. 如将生物稳定塘设计为矩形时，长宽比要大于（　　），每个塘的面积约为 $5000m^2$ 为宜。

    A. 3　　　　　　　　B. 5　　　　　　　　C. 7　　　　　　　　D. 9

3. 生物稳定塘堤的最大和最小坡度分别为（　　）。

    A. 2:1和4:1　　B. 3:1和6:1　　C. 4:1和7:1　　D. 5:1和8:1

（三）判断题

1. 稳定塘的流程组合不需要依当地条件和处理要求不同而异。　　　　　　　（　　）

2. 稳定塘塘址选择，应利用不宜耕种的土地，远离城区和居民区。　　　　（　　）

（四）多选题

1. 人工湿地是由人工建造的具有自然湿地系统综合降解和净化功能且可人为控制的集（　　）反应于一体的废水处理系统。

    A. 物理　　　　　　B. 化学　　　　　　C. 生化　　　　　　D. 氧化

2. 稳定塘的优点是（　　）等。

    A. 当有旧河道、沼泽地、谷地可利用作为稳定塘时，稳定塘系统的基建投资低

    B. 运行管理简单，动力消耗低，运行费用较低，约为传统二级处理厂的 (1/3)~(1/5)

    C. 可进行综合利用，实现污水资源化，如将稳定塘出水用于农业灌溉，充分利用污水的水肥资源

    D. 养殖水生动物和植物，组成多级食物链的复合生态系统

3. 但是稳定塘也存在相应的缺点是（　　）等。

    A. 占地面积大，没有空闲余地不宜采用

    B. 处理效果受气候影响，比如季节、气温、光照、降雨等自然因素都会影响稳定塘的处理效果

    C. 设计不当时，可能形成二次污染，污染地下水、产生臭气和滋生蚊蝇等

    D. 处理速度较快

4. 土地处理机理主要有（　　）等的综合作用。

    A. 物理过滤　　　　　　　　　　B. 物理和化学吸附

    C. 络合反应和化学沉淀　　　　　D. 微生物的氧化分解

三、知识拓展

与传统废水处理工艺相比，人工湿地污水处理技术有哪些自身独特的优势？

四、知识回顾

（一）基本概念

1. 自然条件下的生物处理法：就是利用生物（主要是微生物，也包括植物和动物）在自然状态下的净化废水处理方法，也称生态处理法。

2. 稳定塘：是一种天然的或经过一定人工修整的设有围堤和防渗层的有机废水处理池塘。

3. 土地处理法：是在农田灌溉的基础上，运用人工调控，利用土壤-微生物-植物组成的生态系统使污水中的污染物净化的处理方法。

4. 人工湿地：是由人工建造的具有自然湿地系统综合降解和净化功能且可人为控制的集

物理、化学、生化反应于一体的废水处理系统。

（二）重点内容

1.稳定塘的优点：当有旧河道、沼泽地、谷地可利用作为稳定塘时，稳定塘系统的基建投资低；稳定塘运行管理简单，动力消耗低，运行费用较低，为传统二级处理厂的 $1/3\sim1/5$；可进行综合利用，实现污水资源化，如将稳定塘出水用于农业灌溉，充分利用污水的水肥资源；养殖水生动物和植物，组成多级食物链的复合生态系统。

2.人工湿地污水处理同时也存在一定的不足：主要表现为，受气候条件的限制较大，工程应用受地域的限制；占地面积大；易产生淤积堵塞和饱和的现象。

3.4.2 自然条件下的生物处理法案例

⊙ **观看视频 3.4.2**

自然条件下的生物
处理法案例

一、归纳总结

（一）填空题

1.本工程根据该村的地形特征，将能够自流收集的相近住房均进行_____，污水处理设施规模 $1\sim30t/d$。

2.该项目尽量利用地形高差，收集后的污水____进入系统进行处理，部分高差不够的设施，污水经过____后进入系统。

3.本工程在复合生物膜处理的厌氧区和缺氧区设置一定密度的固定填料，微生物在填料的表面形成_____。

4.该工程采用复合生物膜＋人工湿地工艺，处理农村污水，将复合生物膜污水处理系统制成一体化设备，采用_____布置，地面绿化、环境美观。经调试运行，活性污泥得以____，形成稳定的生物膜，缺氧池____去除大于 15%，好氧池的____和____去除率明显的上升。镜检污泥，发现钟虫，_____结构良好，表现生化处理单元的运转良好。_____单元是出水全面达标的重要保障措施，经过深度处理，出水明显的变清，COD、氨氮以及悬浮物进一步得以去除并达标排放。

（二）单选题

1.本工程根据实际地形考虑高程布置，尽量采用自流方式，减少进水提升，节省运行费用。采用复合生物膜＋（　　）污水处理系统。

    A.好氧塘   B.厌氧塘   C.养殖塘   D.人工湿地

2.本工程接触好氧区通过曝气设备对池内污水进行序列间歇式曝气，好氧微生物在填料的表面形成生物膜，污水与填料上的生物膜充分接触，填料为一个微型反应器，内部生长厌氧菌或兼氧菌，外部为好氧菌，使污水中有机物被（　　）生化降解，浓度下降。

    A.浮游物   B.水生动物   C.水生植物   D.微生物

3.本工程项目活性污泥中（　　）在好氧条件下大量的吸收污水中的磷，将其转化成不溶性的多聚正磷酸盐，在体内贮存，最后通过沉淀池排放剩余污泥，达到系统除磷的目的。

    A.聚磷菌   B.甲烷菌   C.产酸菌   D.硝化菌

（三）判断题

1.本工程生活污水经化粪池预处理后，通过污水管网收集，自流进入污水处理系统。格栅池位于系统的前端，用于去除污水中粗大悬浮物以及漂浮物。

                                                （　　）

2.本工程根据实际地形高差,不能自流进入处理系统的污水,增加提升泵提升进入。提升井同时兼具调节水质水量的功能。　　　　　　　　　　　　　　　　　（　　）

(四) 多选题

1.本工程污水依次流经（　　　）。在经过复合生物膜反应后,污水中的有机污染物已被微生物基本消解。同时氨氮在硝化、反硝化细菌的作用下被降解,磷也在聚磷菌的作用下通过剩余污泥转移至系统外。

A.厌氧生物膜区　　　B.缺氧生物膜区　　　C.好氧生物膜区　　　D.沉淀区

2.本工程人工湿地表层主要种植美人蕉、风车草、常绿鸢尾等植物,由（　　　）形成综合的生态系统。

A.土壤　　　　　　B.人工介质　　　　C.植物　　　　　　D.微生物

3.本工程污水通过人工湿地的物质循环进行（　　　）实现水质净化。

A.分离　　　　　　B.降解　　　　　　C.吸附　　　　　　D.固定

第4章
污染物的化学转化技术

预习任务视频 4.1.1~4.1.3、4.2、4.3.1~4.3.4、4.4、4.5、4.6.1~4.6.2、4.7.1~4.7.3。

学习知识点

　　中和法的基本概念，投药中和法、过滤中和法、化学沉淀法、化学氧化法基本概念，臭氧氧化法、空气氧化法、氯氧化法、化学还原法、电化学法、高级氧化法基本概念，高级氧化技术的应用，化学消毒法基本概念，氯消毒法、消毒后水中余氯去除。

4.1　中和法

4.1.1　中和法的基本概念

⊙ **观看视频 4.1.1**

中和法的基本概念

一、知识点挖掘

（一）填空题

1. 污水的化学转化技术，就是利用化学反应去除水中的_____、_____或_____。
2. 中和法是利用化学酸碱中和使废水 pH 值达到_____。
3. 废水直接排 pH 应保证在_____之间，以保护收纳水体。
4. 当废水的生物处理过程中需要硝化反应时，最佳 pH 一般为_____。

（二）单选题

1. 中和反应的实质是（　　）。
   　　A. $H^+ + OH^- = H_2O$　　　　　　　　　B. pH 改变
   　　C. 生成盐类物质　　　　　　　　　　　D. 化学价不变
2. 下列选项中不属于污水常用的化学处理方法是（　　）。
   　　A. 中和法　　　　B. 沉淀法　　　　C. 气浮法　　　　D. 氧化还原法

（三）判断题

1.所有的工业废水都适应于中和处理。（　　　）

2.化工厂、化纤厂、电镀厂、煤加工厂等都会排出碱性废水。（　　　）

3.造纸厂、印染厂、金属加工厂等则会排出碱性废水。（　　　）

4.酸碱废水的排放需要进行预处理。（　　　）

5.间接排放，出水 pH 应在 5.5～10 之间。若废水预处理工艺中包括生化处理过程，生物处理单元进水 pH 应在 6.5～8.5 之间。（　　　）

6.在化学处理或生物处理之前，由于反应需要适宜 pH 值条件，应对废水进行 pH 调节。（　　）

二、归纳总结

（一）多选题

1.选择中和方法时应考虑（　　　）。

　　A.含酸或含碱废水中所含的酸类或碱类的性质、浓度、水量及其变化规律

　　B.本地区中和药剂和滤料的供应情况

　　C.接纳废水水体的性质、城市下水道能容纳废水的条件、后续处理对 pH 值的要求等

　　D.应先寻找能就地取材的酸性或碱性废料并尽可能加以利用

2.废水处理以下情况可进行中和处理或 pH 调节（　　　）。

　　A.废水 pH 值超过排放标准

　　B.废水排入城市下水道管网系统前，为避免对管道系统造成腐蚀

　　C.在化学处理前，调节至适宜 pH 条件

　　D.在生物处理前，调节至适宜 pH 条件

3.化学处理是利用化学反应的作用分离回收污水中处于各种形态的污染物质，包括（　　　）等。

　　A.悬浮的　　　　　　B.溶解的　　　　　　C.胶体的　　　　　　D.沉淀的

4.化学处理方法主要有（　　　）。

　　A.中和　　　　　　B.电解　　　　　　C.氧化还原　　　　　　D.化学消毒

5.下列关于酸碱废水说法正确的是（　　　）。

　　A.化工厂、化纤厂、电镀厂、煤加工厂及金属酸洗车间会排出酸性废水

　　B.造纸厂、印染厂、金属加工厂等则会排出碱性废水

　　C.酸性废水具有腐蚀性，能够腐蚀钢管、混凝土、纺织品，烧灼皮肤，还能改变环境介质的 pH 值

　　D.碱性废水危害小

6.选择中和方法时应考虑如下因素：（　　　）。

　　A.含酸或含碱废水所含酸类或碱类的性质、浓度、水量及其变化规律

　　B.找能就地取材的酸性或碱性废料，并尽可能加以利用

　　C.本地区中和药剂和滤料的供应情况

　　D.接纳废水的水体性质、城市下水道能容纳废水的条件，后续处理单元对 pH 的要求

三、知识拓展

（一）水的酸化和碱化

在水质处理过程中有时常常需要把水的 pH 值调整到一定的幅度，而不一定总是把水的

酸性或碱性完全中和，有时为满足工艺过程的要求，甚至不是水的 pH 值向中性调整，而是调向更强的酸性或碱性，这类过程都称为水的酸化或碱化。

如果水的酸化或碱化的目的是达到强酸性或强碱性，则问题性质同中和处理大致类似，所用方法和药剂也基本相同。另一方面，在许多情况下，生产实践要求把一般清水的 pH 值在 4～10 的范围内调整一定幅度，这类问题就要按含碳酸水的酸化和碱化考虑，应用 pH 值调整基本方程式进行计算。

（二）计算题

某工厂甲车间排出碱性废水量为 $12m^3/h$，含 1.2%氢氧化钠，乙车间产生含硫酸浓度 1.2%的酸性废水 $15m^3/h$，若两股酸、碱废水混合后，废水中酸、碱完全反应，则中和后废水的 pH 值是多少？

四、知识回顾

（一）基本概念

1. 废水的化学处理包含中和法、化学沉淀法、氧化还原法以及化学消毒法。

2. 中和法：利用碱性药剂或酸性药剂将废水从酸性或碱性调整到中性附近的一类处理方法。在工业废水处理中，中和处理既可以作为主要的处理单元，也可以作为预处理单元。

（二）重点内容

中和法适用情况：①废水排入受纳水体前，pH 超标，此时应该采取中和处理，减少水生生物的影响；②工业废水排入排水管网前，避免对管道造成腐蚀；③在生物处理法之前，调节废水 pH 在 6.5～8.5 范围，确保最佳的生物活性。

4.1.2 投药中和法

⊙**观看视频 4.1.2**

投药中和法　　中和法案例

一、知识点挖掘

（一）填空题

1. 中和法可分为＿＿＿＿＿＿＿＿及＿＿＿＿＿＿＿＿两大类。

2. 中和酸性废水常用的碱性中和剂有＿＿＿＿、＿＿＿＿、＿＿＿＿、＿＿＿＿等。

3. 治理碱性废水最常用的酸性中和剂有＿＿＿＿、＿＿＿＿和＿＿＿＿。

4. 处理酸性废水在选择中和剂时可以优先考虑使用＿＿＿＿＿＿。

5. 投药中和法可采用＿＿＿＿＿＿＿＿和＿＿＿＿＿＿＿＿。

6. 石灰石作中和剂时，颗粒的粒径要小于＿＿＿＿＿。

7. 烟道气进行中和通常是在＿＿＿＿＿中进行的。

8. 烟道气可以用来中和碱性废水是因为烟道气中含有＿＿＿＿＿＿和＿＿＿＿＿＿。

（二）单选题

1. 酸洗除垢法去除（　　　）效果最好。

　　A. 碳酸盐水垢　　　　　　　　　　　B. 硫酸盐水垢

　　C. 硅酸盐水垢　　　　　　　　　　　D. 磷酸盐水垢

2. 在污水的药剂中和法中，不常用的药剂是（　　　）。

　　A. 苛性钠　　　　B. 碳酸钠　　　　C. 氢氟酸　　　　D. 石灰

3. 用烟道气中和碱性废水一般在（　　　）中进行。

　　A. 过滤中和滚筒　　　B. 中和滤池　　　C. 喷淋塔　　　　D. 投配器

4. 在污水的药剂中和法中，最常用的药剂是（　　　）。

    A. 苛性钠　　　　　　B. 碳酸钠　　　　　　C. 石灰　　　　　　D. 电石渣

（三）判断题

1. 当废水水质变化大而所控制的 pH 范围较窄时，中和通常需要酸和碱共同调节。（　　）

2. 当采用石灰作中和剂时，药剂投配方法可以分为干法投加和湿法投加。（　　）

3. 使用石灰乳作为中和药剂不适用于处理杂质多、浓度高的酸性废水。（　　）

4. 在实际中中和剂的投加量通常需要大于理论值。（　　）

二、归纳总结

（一）单选题

某工厂每天产生 $1000\mathrm{m^3/d}$ 含硫酸为 1% 的废水，采用下列哪项中和处理方法合适？（　　　）

A. 投药中和法　　　　　　　　B. 固定床过滤中和法

C. 烟道气中和法　　　　　　　D. 升流膨胀过滤中和法

（二）多选题

1. 提高水的 pH 值，可向水中投加（　　）。

    A. 碱式氯化铝　　　B. 石灰　　　　　　C. 氢氧化钙　　　　D. 碳酸钠

2. 降低水的 pH 值，可向水中投加（　　）。

    A. 硫酸　　　　　　B. 盐酸　　　　　　C. 硝酸　　　　　　D. 氢氧化钠

3. 以下有关废水中和处理的叙述正确的是（　　）。

    A. 固定床过滤中和滤池，是用酸性物质作为滤料构成滤层，碱性废水流经滤层，废水中的碱与酸性滤料反应而被中和

    B. 当需投药中和处理的废水水质水量变化较大，而废水量又较小时，宜采用间歇中和设备

    C. 中和方法的选择，必须考虑各种中和药剂市场供应情况和价格

    D. 投药中和时，为了提高中和效果，通常采用 pH 值初调、中调、综调装置，且投药由 pH 计自动控制

4. 常用的酸性中和剂有（　　）。

    A. 电石渣　　　　　B. 烟道气　　　　　C. 废酸　　　　　　D. 粗制酸

三、知识拓展

1. 中和剂的药剂量的确定

可按中和曲线确定，也可根据水质分析资料，按中和反应的化学计量关系确定。碱性药剂用量 $G_a\mathrm{(kg/d)}$ 可按下式计算：

$$G_a = KQ(c_1a_1 + c_2a_2)/\alpha$$

式中　c_1、c_2——废水酸的浓度和酸性盐的浓度，$\mathrm{kg/m^3}$；

    a_1、a_2——中和每千克酸和酸性盐所需的碱性药剂质量，即碱性药剂比耗量 kg/kg；

    K——考虑到反应不均，部分碱性药剂不参加反应的加大系数。如用石灰法中和硫酸时，取 1.05～1.10（湿投）或 1.4～1.5（干投）；中和硝酸和盐酸时，取 1.05；

    α——碱性药剂的纯度，%。

2. 中和产生的沉渣量

中和产生的沉渣量（干基）$G\mathrm{(kg/d)}$ 可按下式计算：

$$G = G_a(\Phi + e) + Q(S - d)$$

式中　Φ——消耗单位重量药剂所生成的难溶盐及金属氢氧化物量，kg/kg；

　　e——单位重量药剂中杂质含量，kg/kg；

　　S——中和前废水中悬浮物含量，kg/m³；

　　d——中和后出水挟走的悬浮物含量，kg/m³。

其中：$G_a(\Phi+e)$ 为消耗药剂产生的沉渣量，$Q(S-d)$ 为中和后悬浮物的沉渣量。

3. 投药中和法的工艺主要包括：废水的预处理→药剂的制备与投配→混合与反应→中和产物的分离→泥渣的处理与利用。

4. 计算题

含盐酸废水量为 100m³/d，其中盐酸浓度为 5g/L，用石灰进行中和处理，石灰的有效成分占 50%，求石灰用量。

四、知识回顾

基本概念

常用酸性废水中和剂有石灰、石灰石、大理石、白云石、碳酸钠、苛性钠等。碱性废水中和剂有硫酸、盐酸、硝酸等。常用的药剂为工业硫酸，而工业废酸更经济。有条件时，也可以采取向碱性废水中通入烟道气的方法加以中和。

4.1.3　过滤中和法

⊙**观看视频 4.1.3**

过滤中和法

一、知识点挖掘

（一）填空题

1. 酸性废水流过_____时，可使废水中和，这种中和方式叫_____。

2. 过滤中和法仅仅适用于_____性废水的中和处理。

3. 主要的碱性滤料有三种，_____、_____和_____。

4. 通常以石灰石作为滤料的时候，废水的硫酸浓度一般不超过_____。

5. 中和滤池有_____、_____及_____。

6. 普通中和滤池也可以称为_____。按水流方向可分为_____和_____，竖流式又可分为_____和_____。

（二）单选题

1. 以下关于普通中和滤池说法不正确的是：（　　）

　　A. 普通中和滤池又称为固定床

　　B. 普通中和滤池适于中、高浓度的酸性废水

　　C. 普通中和滤池颗粒表面容易形成硬壳

　　D. 滤料粒径一般为 30～50mm

2. 以下关于升流式膨胀中和滤池说法不正确的是：（　　）。

　　A. 废水由上自下流动，滤科悬浮，通过互相碰撞，使表面形成的硬壳容易剥离下来

　　B. 升流式滤池要求布水均匀，因此常采用大阻力配水系统和较均匀的集水系统

　　C. 滤池的直径不能太大

　　D. 采用升流式膨胀中和滤池处理含硫酸废水，硫酸的允许浓度可提高到 2.2～2.3g/L

3. 以下关于滚筒式中和滤池说法正确的是：（　　）。

A. 进水的硫酸浓度可以很大，滤料粒径却必须破碎得很小

B. 进水的硫酸浓度可以很大，滤料粒径却不必破碎得很小

C. 负荷率高、构造复杂、动力费高、噪声大

D. 对设备材料的耐蚀性能要求不高

（三）判断题

1. 过滤中和法仅仅适用于酸性废水的中和处理。（　　）

2. 滤料的选择和中和产物的溶解度有密切的关系。（　　）

3. 中和处理硝酸、盐酸时，滤料选用石灰石，大理石或白云石都行。（　　）

4. 中和处理碳酸时，含钙或镁的中和剂都行。（　　）

二、归纳总结

多选题

1. 以下关于过滤中和法正确的是（　　）

A. 滤料的选择和中和产物的溶解度有密切的关系

B. 中和处理硝酸、盐酸时，滤料选用石灰石，大理石或白云石都行

C. 中和处理碳酸时，含钙或镁的中和剂都不行，不宜采用过滤中和法

D. 中和硫酸时，最好选用含镁的中和滤料

2. 下列选项中（　　）属于中和滤池。

A. 普通中和滤池　　　　　　　　B. 降流式中和滤池

C. 过滤中和滚筒　　　　　　　　D. 升流式膨胀中和滤池

3. 某工厂需处理的生产废水为含重金属杂质和硫酸浓度大于 2g/L 的酸性废水，不能或不宜采用（　　）处理。

A. 固定床过滤中和　　　　　　　B. 升流膨胀过滤中和

C. 烟道气中和　　　　　　　　　D. 投药中和

4. 各种酸中和后形成的盐具有不同的溶解度，其溶解度顺序正确的是（　　）

A. $Ca(NO_3)_2$、$CaCl_2 > MgSO_4$　　　　B. $MgSO_4 > CaSO_4$

C. $CaSO_4 > CaCO_3$、$MgCO_3$　　　　D. $CaSO_4 < CaCO_3$、$MgCO_3$

三、知识拓展

投药中和法与过滤中和法的优缺点对比：

投药中和法对酸碱废水都适用，酸性废水中和剂有石灰、石灰石、大理石、白云石、碳酸钠、苛性钠、氧化镁等。常用者为石灰。当投加石灰乳时，氢氧化钙对废水中杂质有凝聚作用，因此适用于处理杂质多、浓度高的酸性废水。所以说药剂中和法可处理任何浓度、任何性质的酸性废水；废水中容许有较多的悬浮杂质，对水质、水量的波动适应性强；并且中和剂利用率高，中和过程容易调节。但是投药中和法劳动条件差；设备较多，基建投资大；泥渣多且脱水难。

过滤中和法仅用于酸性废水的中和处理。过滤中和法较石灰药剂法具有操作方便、运行费用低及劳动条件好等优点，但不适于中和浓度高的酸性废水，对硫酸废水，因中和过程中生成的硫酸钙在水中溶解度很小，易在滤料表面形成覆盖层，阻碍滤料和酸的接触反应。

四、知识回顾

基本概念

1. 过滤中和法仅用于酸性废水的中和处理。

2. 碱性滤料主要有石灰石、大理石、白云石等。

3.中和滤池分为以下三类：普通中和滤池（固定床）、升流式膨胀中和滤池和滚筒中和滤池。

4.2 化学沉淀法

⊙观看视频4.2

一、知识点挖掘

（一）填空题

1.化学沉淀法就是向废水中投加_____，使它与废水中某些难溶物质发生反应，生成_____沉淀下来。

2.通常可以用化学沉淀法来去除水中的_____及_____。

3.当某种盐在水中溶解达到平衡的时候，该盐的溶解达到最大限度，我们把它称之为这种盐的_____。

4.影响溶液溶解度的因素有溶质的_____和_____。

5.溶解平衡常数等于两种离子溶解度的乘积，称为_____。

6.根据_____，我们可以初步判定水中的离子是否能用化学沉淀法来分离，以及它分离的程度。

7.根据所使用的沉淀剂的种类，化学沉淀又可以分为_____、_____、_____、_____和_____。

8.氢氧化物沉淀法去除水中的重金属离子，常用的沉淀剂有_____、_____、_____、_____。

9.水的软化是利用_____来降低水的硬度。

10._____是指一类具有一定晶体结构的复合氧化物，它具有高的导磁率和高的电阻率。

11.废水中各种金属离子形成_____而沉淀析出的方法叫作铁氧体沉淀法。

12.为了形成铁氧体，通常要有足量的 Fe^{2+} 和 Fe^{3+}。通常要额外补加_____和_____等。

（二）单选题

1.1973 年日本电器公司首先提出了一种污水净化方法，主要用于处理含重金属离子的废水，该方法是（　　）。

    A.铁氧体沉淀法　　　　　　　　B.碳酸盐沉淀法

    C.氢氧化物沉淀法　　　　　　　D.硫化物沉淀法

2.在污水的化学沉淀法中，最常用的药剂是（　　）。

    A.氢氧化钠　　　　B.石灰　　　　C.碳酸钠　　　　D.硫化氢

3.关于化学沉淀法的描述正确的是（　　）。

    A.向工业废水中投加某些化学物质，使其与水溶液杂质反应生成难溶性盐沉淀，从而使废水中溶解杂质浓度下降的废水处理方法称为化学沉淀法。

    B.在一定温度下，含有难溶盐的饱和溶液中，各种离子浓度的乘积随时间变化而变化。

C. 以 M_nN_m 表示难溶盐，当 $[M^{n+}]^m [N^{m-}]^n < L_{M_nN_m}$（溶度积常数），难溶盐将析出。

D. 为最大限度地去除杂质沉淀，沉淀剂的使用量越大越好。

4. 为沉淀去除某工业废水中的六价铬，宜投加（   ）。

A. 明矾　　　　　B. 聚合硫酸铝　　　　C. 硫化钠　　　　　D. 碳酸钡

（三）判断题

1. 化学沉淀法主要针对废水中的阴、阳离子。（   ）

2. 由于金属硫化物的溶度积远远小于金属氢氧化物的溶度积，所以硫化物沉淀法去除重金属效果更佳。（   ）

3. 在去除 Zn、Cr、Al 等重金属的氢氧化物时，pH 越高越好。（   ）

4. 确定氢氧化物沉淀法处理重金属废水的 pH 条件需要考虑其溶度积。（   ）

5. 容积度是一个常数，我们可以通过查阅有关化学手册。（   ）

6. 硫化物沉淀法不可用于去除含砷、铅等废水。（   ）

7. 铁氧体沉淀法需要调节 pH。（   ）

（四）多选题

1. 下列陈述错误的是（   ）。

A. 向工业废水中投加某些化学物质，使其与水中溶解杂质反应生产难溶盐沉淀，使废水中溶解杂质浓度下降，此为化学沉淀法

B. 在一定温度下，含有难溶盐的饱和溶液中，各种离子浓度的乘积叫作溶度积，他是一个变量

C. 化学沉淀法主要用于处理含有机物浓度较高的工业废水

D. 对于含磷废水的化学沉淀处理，主要采用投加含低价金属离子盐来实现

2. 下列属于铁氧体沉淀法的工艺流程的是（   ）。

A. 配料反应，通常要额外补加硫酸亚铁和氯化亚铁等

B. 加碱共沉淀，根据金属离子不同，用氢氧化钠调整 pH 值至 8~9

C. 充氧加热，转化沉淀，加热可促使反应进行

D. 固液分离后进行沉渣处理

二、归纳总结

（一）单选题

1. 下列关于硫化物沉淀法与氢氧化物沉淀法处理重金属污水效果比较的说法中，正确的是（   ）。

A. 硫化物沉淀法比氢氧化物沉淀法效果差

B. 硫化物沉淀法比氢氧化物沉淀法效果好

C. 两种方法效果相同

D. 两种方法无法比较

2. 关于氢氧化物沉淀法的描述正确的是（   ）。

A. 金属氢氧化物的沉淀不受废水 pH 影响

B. 氢氧化物沉淀法最经济的沉淀剂为石灰，一般适用于浓度较高需回收金属的废水

C. 氢氧化物沉淀法的具体应用中，控制 pH 值宜通过试验取得控制条件

D. 去除 Zn、Pb、Cr、Sn、Al 等金属的氢氧化物时，pH 越高越好

3. 关于硫化物沉淀法处理含汞废水的描述正确的是（   ）。

A. 金属硫化物的浓度积大于金属氢氧化物的浓度积

B. 用硫化物沉淀法处理含汞废水，应在 pH＜2 的条件下进行

C. 在含汞废水中投加石灰乳和过量的硫化钠，生成的硫化汞将沉淀

D. 为了使硫化汞迅速沉淀与废水分离，并除去废水中过量的硫离子，可向废水中投加硫酸亚铁

4. 水的药剂软化法处理中，通常使用石灰软化、石灰苏打软化，具有各自特点和使用条件，下列正确的是（　　）。

A. 石灰软化主要降低水中非碳酸盐硬度

B. 苏打软化主要降低水中碳酸盐硬度

C. 石灰-苏打软化既可降低水中碳酸盐硬度又可降低水中非碳酸盐硬度

D. 当水中的硬度大于碱度时，以单独石灰软化为宜

（二）多选题

1. 下列叙述正确的是（　　）。

A. 由于金属硫化物的溶度积远远小于金属氢氧化物的溶度积，所以硫化物沉淀法去除重金属效果更好

B. 硫化物沉淀法处理含汞废水，应在 pH＝9～10 的条件下进行

C. 钡盐沉淀法主要用于处理含六价铬的废水

D. 钡盐沉淀法处理含六价铬废水时，其适宜的 pH 值应为 7.0～8.0

2. 由 $L_{M_mN_n}=[M^{n+}]^m[N^{m-}]^n=k[M_mN_n]=$ 常数，根据溶度积原理，可以判断溶液中是否有沉淀产生，以下说法正确的是（　　）。

A. 离子积 $[M^{n+}]^m[N^{m-}]^n<L_{M_mN_n}$ 时，溶液未饱和，全溶，无沉淀

B. 离子积 $[M^{n+}]^m[N^{m-}]^n=L_{M_mN_n}$ 时，溶液正好饱和，无沉淀

C. 离子积 $[M^{n+}]^m[N^{m-}]^n>L_{M_mN_n}$ 时，溶液正好饱和，无沉淀

D. 离子积 $[M^{n+}]^m[N^{m-}]^n>L_{M_mN_n}$ 时，形成 M_mN_n 沉淀

3. 下列说法正确的是（　　）。

A. 当沉淀溶解平衡后，如果向溶液中加入含有某一离子的试剂，则沉淀溶解度减少向沉淀方向移动

B. 在有强电解质存在状况下，溶解度随强电解质浓度的增大而增加，反应向溶解方向转移

C. 溶液的 pH 值可影响沉淀物的溶解度

D. 若溶液中存在可能与离子生成可溶性络合物的络合剂，则反应向相反方向进行，沉淀溶解，甚至不发生沉淀

4. 下列关于铁氧体沉淀法特点正确的是（　　）。

A. 能一次脱除多种金属离子，出水水质好，能达到排放标准，且设备简单、操作方便

B. 硫酸亚铁的投量范围大，对水质的适应性强

C. 铁氧体沉淀法不能单独回收有用金属，且出水中的硫酸盐含量高

D. 需消耗相当多的药剂及热能，处理时间较长，使处理成本较高

（三）问答题

1. 如何确定氢氧化物沉淀法处理重金属废水的 pH 值条件？

2. 试述硫化物沉淀法常用药剂、去除对象及特点，并剖析硫化物沉淀法除 Hg（Ⅱ）的

基本原理。

三、知识拓展

水的化学软化：水的化学软化就是应用碳酸盐沉淀法来降低水的硬度。

当原水的非碳酸盐硬度较小时，可采用石灰软化方法，软化反应如下：

- $Ca(OH)_2 + CO_2 \longrightarrow CaCO_3 \downarrow + H_2O$
- $Ca(OH)_2 + Ca(HCO_3)_2 \longrightarrow 2CaCO_3 \downarrow + 2H_2O$
- $Ca(OH)_2 + Mg(HCO_3)_2 \longrightarrow CaCO_3 \downarrow + MgCO_3 \downarrow + 2H_2O$
- $Ca(OH)_2 + MgCO_3 \longrightarrow CaCO_3 \downarrow + Mg(OH)_2 \downarrow$

对于原水非碳酸盐硬度较高的水，可采用石灰-纯碱软化法，即同时投加石灰和纯碱。石灰-纯碱软化反应如下：

- $CaSO_4 + Na_2CO_3 \longrightarrow CaCO_3 \downarrow + Na_2SO_4$
- $CaCl_2 + Na_2CO_3 \longrightarrow CaCO_3 \downarrow + 2NaCl$
- $MgSO_4 + Na_2CO_3 \longrightarrow MgCO_3 \downarrow + Na_2SO_4$
- $MgCl_2 + Na_2CO_3 \longrightarrow MgCO_3 \downarrow + 2NaCl$
- $MgCO_3 + Ca(OH)_2 \longrightarrow CaCO_3 \downarrow + Mg(OH)_2 \downarrow$
- $Ca(OH)_2 + Na_2CO_3 \longrightarrow CaCO_3 \downarrow + 2NaOH$

四、知识回顾

1.化学沉淀法的原理：向废水中投加某种化学物质，使它和其中某些溶解物质发生反应，生成难溶盐沉淀下来，这种方法称为化学沉淀法，一般用以处理含金属离子的工业废水。

2.化学沉淀法分类：根据使用的沉淀剂不同，化学沉淀法可分为石灰法、氢氧化物法、硫化物法、钡盐法、铁氧体沉淀法等。

3.化学沉淀法工艺流程：首先投加化学沉淀剂，生成难溶的化学物质，使污染物沉淀析出。投药，反应，沉淀析出，再通过凝聚、沉降、浮选、过滤、离心、吸附等方法，进行固液分离，最后进行泥渣的处理和回收利用。

4.3 化学氧化法

4.3.1 氧化还原法基本概念

氧化还原法基本
概念

⊙观看视频 4.3.1

一、知识点挖掘

（一）填空题

1.氧化法处理的对象为_____、_____。

2.还原法处理的对象为_____。

3.化学氧化法常用于_____污染物的去除。

4.废水处理中常采用的氧化剂有_____、_____、_____、_____及_____等。

5. 废水处理中常用的还原剂有_____、_____、_____及_____等。

6. 氧化剂的氧化能力和还原剂的还原能力的强度可以用_____来衡量。

7. 判断氧化还原反应能否进行，可以通过计算反应的_____及_____来进行判断。

8. 对于有机物而言，如果反应是加氧和去氢，我们就可以定义为_____；如果反应是加氢和缺氧，我们就可以定义为_____。

9. 用于水处理中的氧化法可以根据反应条件的不同分为_____，比如_____，_____，_____，_____等，以及_____，比如_____，_____等。

10. 常见的还原法有_____及_____，常见的药剂还原剂有_____、_____、_____和_____。金属还原剂有_____、_____等。

（二）判断题

1. 化学氧化法几乎可以处理所有的污染物。（　　）

2. 化学氧化剂应具有强氧化性，通常也是比较好的消毒剂。（　　）

3. 电解槽的阳极可作为氧化剂。（　　）

4. 如果计算出反应的氧化还原电势差小于零，则氧化还原反应可以进行。（　　）

5. 甲烷的降解过程属于氧化反应。（　　）

6. 醇类、酸类、酯类、卤代烃类、合成高分子聚合物等难以发生氧化反应。（　　）

二、归纳总结

多选题

1. 下列说法正确的是（　　）。

　　A. 物质的标准电极电位值愈大，物质的氧化性愈强

　　B. 物质的标准电极电位值愈大，物质的还原性愈强

　　C. 物质的标准电极电位值愈小，物质的还原性愈强

　　D. 物质的标准电极电位值愈小，物质的氧化性愈强

2. 下列那些物质易于发生氧化反应（　　）。

　　A. 酚类　　　　　　B. 醛类　　　　　　C. 饱和烃类　　　　　　D. 芳胺类

3. 在废水处理中常用的氧化剂有（　　）等。

　　A. 空气中的氧　　　B. 纯氧、臭氧　　　C. 氯气　　　　　　D. 漂白粉

4. 影响氧化还原反应的因素有（　　）。

　　A. 氧化剂和还原剂的性质　　　　　　B. 反应物的浓度及温度

　　C. 催化剂存在的影响　　　　　　　　D. 溶液的 pH

5. 以下描述正确的是（　　）。

　　A. 氧化还原法处理工业废水时，氧化和还原是同时进行的

　　B. 氯氧化法在工业废水处理领域重要的应用是脱色和去除氰化物

　　C. 臭氧氧化法在工业废水处理领域不能除铁、除锰

　　D. 过氧化氢氧化法被广泛应用于去除有毒物质，特别是难处理的有机物

三、知识回顾

1. 氧化还原法：是通过药剂与污染物的氧化还原反应，把废水中有毒害的污染物转化为无毒或微毒物质的处理方法。

2.氧化还原法处理对象：废水中的有机污染物（如色、嗅、味、COD）及还原性无机离子（如 CN^-、S^{2-}、Fe^{2+}、Mn^{2+} 等）都可通过氧化法消除其危害；而废水中的许多重金属离子（如汞、镉、铜、银、金、六价铬、镍等）都可通过还原法去除。

3.常用的氧化还原剂：废水处理中常用的氧化剂有空气、臭氧、过氧化氢、氯气、二氧化氯、次氯酸钠和漂白粉等；常用的还原剂有硫酸亚铁、亚硫酸氢钠、硼氢化钠、水合肼及铁屑等。在电解氧化还原法中，电解槽的阳极可作为氧化剂，阴极可作为还原剂。

4.氧化还原法的工艺及设备：投药氧化还原法的工艺过程及设备比较简单，通常只需一个反应池，若有沉淀物生成，还需进行固液分离及泥渣处理。

4.3.2　臭氧氧化法

⊙观看视频 4.3.2

臭氧氧化法

一、知识点挖掘

（一）填空题

1.臭氧氧化法就是利用臭氧把水溶液中大多数单质和化合物氧化到他们的_____。

2.臭氧除了具有强氧化性，还具有强烈的_____的作用。

3.由于臭氧的不稳定性，因此我们需要_____。

4.臭氧的制备一般以_____为原料，采用_____来进行制备。

5.水的臭氧氧化是在_____内进行的。

6.为了使臭氧于水中充分反应，应尽可能使臭氧化空气在水中形成_____，并采用_____，以强化传质过程。

7.常用的臭氧化空气投加设备有_____、_____、_____、_____等。

8.臭氧处理工艺主要由_____、_____、_____组成。

9.臭氧氧化法主要用于_____，_____，_____，_____，_____，_____。

（二）单选题

1.臭氧氧化处理的主要任务是（　　）。

　　A.杀菌消毒　　　　　　　　　　B.去除氮、磷造成水体富营养化的物质

　　C.去除溶解性无机物　　　　　　D.去除重金属

2.某印染生产过程中主要采用水溶性染料，对该废水处理工艺流程采用"格栅-调节池-生物处理池-臭氧反应塔"。其中臭氧反应塔工艺单元的最主要效能是（　　）。

　　A.去除悬浮物　　　B.去除有机物　　　C.去除色度　　　　D.杀菌

3.下列关于臭氧氧化法的说法错误的是（　　）。

　　A.处理后废水中的臭氧易分解，不产生二次污染

　　B.处理过程中泥渣量少

　　C.造价低、处理成本低

　　D.需现场制备使用

（三）判断题

1.臭氧氧化法在排出的尾气中往往含有微量的臭氧，对这部分尾气需要妥善处理。（　　）

2.以臭氧作为消毒剂时，出水需投加少量氯气、二氧化硫或氯铵等消毒剂。（　　）

3.臭氧能用于降低污水的 BOD、COD。（　　）

4.臭氧氧化能力仅次于氟，比氧、氯及高锰酸盐等常用的氧化剂都高。（　　　）

二、归纳总结

多选题

1.以下说法正确的是（　　　）。

　　A.臭氧在常温下是一种具有鱼腥味的淡蓝色气体，具有一定的毒性

　　B.臭氧极不稳定，需要现场制备

　　C.臭氧氧化的主要原理是因为分子中的氧原子具有强烈的亲电子性或亲质子性

　　D.臭氧分解产生的新生态氧也具有很高的氧化能力

2.下列关于臭氧氧化物的说法中，（　　　）是正确的。

　　A.臭氧对于多种材料具有腐蚀作用

　　B.臭氧能氧化多种有机物，但不能用于无机氰化物废水的处理

　　C.臭氧在空气中分解的速度比在纯水中快

　　D.臭氧氧化法具有氧化能力强、氧化分解效果显著等特点

3.臭氧对有机物的氧化主要通过以下（　　　）途径。

　　A.夺取氢原子并使链烃羰基化

　　B.反应生成醛、酮、醇或酸，芳香化合物先被氧化为酚，再氧化为醇

　　C.打开双键，发生加成反应

　　D.氧原子进入芳环发生取代反应

三、知识拓展

(一) 臭氧氧化法与其他技术联用

(1) 臭氧-双氧水联合氧化（O_3/H_2O_2）法。

(2) 臭氧-紫外线（O_3/UV）法。

(3) 臭氧-超声波（O^3/US）法。

(4) 催化臭氧化法。

1) 均相臭氧催化：常用的均相催化剂为过渡金属离子催化剂主要有 Fe^{2+}、Mn^{2+}、Ni^{2+}、Co^{2+}、Cd^{2+}、Cu^{2+}、Ag^+、Cr^{3+}、Zn^{2+} 等。

2) 非均相臭氧催化：催化剂主要有金属、金属氧化物、金属负载催化剂、金属氧化物负载催化剂四种。

(5) 臭氧-生物滤池（O_3/BAF）法。

(6) 臭氧生物活性炭（BAC）法。

(7) 臭氧-混凝处理法。

(二) 计算题

某印染厂用臭氧氧化法处理废水，废水量为 $3000m^3/d$，臭氧投加量为 $55mg/L$，安全系数 k 取 1.06，臭氧接触反应器水力停留时间为 $10min$，则臭氧需要量和反应器容积各是多少？

四、知识回顾

1.臭氧的基本性质：①不稳定性；②溶解性；③毒性；④氧化性；⑤腐蚀性。

2.臭氧氧化法原理：臭氧氧化的主要原理是因为分子中的氧原子具有强烈的亲电子性或亲质子性，而且其分解产生的新生态氧也具有很高的氧化能力。

3.常用的臭氧化空气投加设备：鼓泡塔、螺旋混合器、涡轮注入器、射流器等。

4.臭氧在废水处理中的应用：主要是使污染物氧化分解，用于降低 BOD、COD，脱色，除臭，除味，杀菌，杀藻，除铁、锰、氰、酚等。

5.臭氧氧化法特点：氧化能力强，处理效果好；处理后废水中的臭氧易分解，不产生二次污染；现场制备使用，操作管理较方便；处理过程中泥渣量少；造价高（臭氧发生器）；处理成本高（臭氧制备，电耗）。

4.3.3 空气氧化法

⊙观看视频 4.3.3

空气氧化法

一、知识点挖掘

（一）填空题

1.空气氧化法就是利用空气中的_____来氧化废水中的污染物。

2.当铁锰含量大时，可采用_____和_____组合流程处理。

3.MnO_2 对 Mn^{2+} 的氧化具有_____作用。反应过程是分为_____、_____、_____阶段。

4.当地下水中同时含有亚铁离子和锰离子时，在输水系统中就会有_____的生存，它能对锰离子的氧化起生物催化作用。

5.地下水除铁锰一般采用_____的流程。

6.硫化物一般以_____或_____形式存在于废水中，在酸性废水中也以_____的形式存在。

7._____、_____、_____、_____等会排放出大量的含硫废水。

8.氧化 1kg 硫，总共需要_____ kg 的氧。

（二）单选题

在地下水除铁过程中，氧化 1mg/L Fe^{2+}，需（　　）O_2。

A. 0.173mg/L　　　　B. 0.143mg/L　　　　C. 0.125mg/L　　　　D. 0.086mg/L

（三）判断题

1.降低 pH 值有利于空气氧化。（　　）

2.在常温常压和中性 pH 条件下，分子氧氧气为弱氧化剂，反应性比较低。（　　）

3.空气氧化法适用于用它来处理难氧化的污染物。（　　）

4.任何情况空气氧化法都能用于地下水除铁、锰和工业废水脱硫等。（　　）

5.在相同条件下，在 pH 为 7.5 条件下比 pH 为 9.5 时除锰效果好。（　　）

6.一般来说空气氧化法的速度很慢，时间较长。（　　）

7.当硫含量不是很高的时候，并且没有回收价值的时候，我们可以采用空气氧化法进行脱硫。（　　）

8.在碱性溶液中硫的还原性比较强，并且不会形成一挥发的硫化氢，空气氧化效果比较好。（　　）

（四）多选题

下列关于湿式空气氧化法说法正确的是（　　）。

A. 反应在高温（150～350℃）条件下进行

B. 反应在高压（0.5～20MPa）条件下进行

C. 反应以氧气和空气作为氧化剂

D. 是将废水中的有机物转化为二氧化碳和水的过程

二、归纳总结

（一）单选题

空气氧化除铁时，水的 pH 值提高 1，Fe^{2+} 氧化速度可提高（　　）。

A. 2 倍   B. 10 倍   C. 100 倍   D. 1 倍

（二）多选题

1. 空气氧化法的特点是（   ）。

  A. 氧气和水得到电子生成氢氧根电对

  B. 氧气、阳离子的半反应式中有 H^+ 和 OH^- 参加

  C. 在强碱性溶液中，半反应式为：氧气和水得到电子生成氢氧根离子

  D. 中性和强酸性溶液中，半反应方程式为：氧气和氢离子得到电子生成水

2. 下列说法正确的是（   ）。

  A. 降低 pH 值有利于空气氧化

  B. 在常温常压和中性 pH 条件下，分子氧 O_2 为弱氧化剂，反应性比较低

  C. 提高温度和氧分压，可以增大电极电位

  D. 添加催化剂，可降低反应的活化能

3. 硫（Ⅱ）在废水中通常以哪几种形态存在（   ）。

  A. S^{2-} B. HS^- C. HgS D. H_2S

4. 采用氧化法去除地下水中铁、锰的过程原理叙述中，不正确的是（   ）。

  A. 锰氧化后对铁的氧化具有催化作用，在除铁除锰过程中总是先除锰后除铁

  B. 除铁除锰滤池对滤料表面形成催化作用，在除铁除锰过程中发挥主要作用

  C. 在 Mn^{2+} 的氧化过程中，铁细菌等微生物生化反应速率一般大于水中溶解氧氧化 Mn^{2+} 的速率

  D. 当水中 pH 值低时，除锰容易，pH 值高时，除铁容易

三、知识拓展

（一）湿式氧化法

定义：在高温（150～350℃）和高压（0.5～20MPa）的操作条件下，以氧气和空气作为氧化剂，将废水中的有机物转化为二氧化碳和水的过程。

应用：①进行高浓度难降解有机废水生化处理的预处理，以提高可生化性，用于处理有毒有害的工业废水。②难以用生化方法处理的农药废水、染料废水、制药废水、煤气洗涤废水、造纸废水、合成纤维废水及其他有机合成工业废水的处理。

特点：与一般方法相比，湿式氧化法适用范围广、处理效率高、二次污染低、氧化速度快、装置小、可回收能量和有用物料。

（二）计算题

1. 如原水含 Fe^{2+} 3mg/L 和 Mn^{2+} 2mg/L，求曝气法氧化铁、锰时理论上所需的氧消耗量为多少？

2. 原水含 8mg/L Fe^{2+} 和 2mg/L Mn^{2+}，求曝气法氧化铁、锰时理论上所需的空气消耗量。

四、知识回顾

1. 空气氧化法定义：把空气鼓入废水中，利用空气中的氧气氧化废水中的污染物。

2. 空气氧化法：①在强碱性溶液中，半反应式为：氧气和水得到电子生成氢氧根离子；②中性和强酸性溶液中，半反应方程式为：氧气和氢离子得到电子生成水。

3. 空气氧化法应用

① 除铁、锰（地下水）：在缺氧的地下水中常出现二价铁和锰。通过曝气，可以将它们分别氧化为 $Fe(OH)_3$ 和 MnO_2 沉淀物。

② 脱硫（石油炼厂废水）：向废水中注入空气和蒸汽（加热），硫化物可转化为无毒的

硫代硫酸盐或硫酸盐。

4.3.4　氯氧化法

⊙**观看视频 4.3.4**

一、知识点挖掘

（一）填空题

1. 氯氧化法可以去除水中的_____、_____、_____、_____、_____、_____，它还能对废水进行_____、_____、_____。

2. 氯系氧化剂包括：_____、_____以及_____。

3. 在氯的化合物中，只有化合价_____的那部分氯才具有氧化能力，我们通常称它为_____。

4. _____是氯气压缩后的形态，通常贮存在_____。

5. 二氧化氯遇水能迅速分解，生成多种强氧化剂比如_____、_____、_____等。

6. 评判加氯量是否适当，可以由处理效果和_____指标来进行评定。

7. 用氯氧化法处理含 CN^- 的废水过程中，碱性条件下可以将氰化物氧化成_____（其毒性仅为氰化物的_____），_____进一步被氧化，酸性条件下生成_____，pH7.5～9 条件下可以生成_____。

8. 某厂废水中含 KCN，其浓度为 650 mg/L。现用氯氧化法处理，发生如下反应（其中 N 均为 -3 价）：

$$KCN+2KOH+Cl_2 =\!\!=\!\!= KOCN+2KCl+H_2O$$

则其中被氧化的元素是_____。

9. 投入过量液氯，可将氰酸盐进一步氧化为氮气，请配平下列化学方程式，并标出电子转移的方向和数目：

_____ KOCN+_____ KOH+_____ Cl_2 =\!\!=\!\!= ___ CO_2 + ___ N_2 + ___ KCl+ ___ H_2O

（二）单选题

下列说法正确的是：（　　）。

　A. 氯气在水中不易发生水解反应

　B. 二氧化氯在水中易发生水解反应

　C. 次氯酸及其盐在酸性溶液中氧化性更强

　D. 二氧化氯与水中某些有机化合物发生取代反应的程度强于氯。

（三）判断题

1. 二氧化氯氧化剂脱色效果与 pH 值无关。（　　）

2. 使用二氧化氯作为氧化药剂不需要现场制备。（　　）

3. 二氧化氯对水中残存的有机污染物的作用以氧化为主，投加过量的二氧化氯可以防止产生氯酚。（　　）

4. 在 pH 值相同情况下，次氯酸钠比氯气脱色效果更好。（　　）

二、归纳总结

（一）单选题

采用氯氧化二价铁时，每氧化 5mg/L 的二价铁，理论上需投加（　　）氯。

A. 3.2mg/L   B. 1.6mg/L   C. 6.44mg/L   D. 3.5mg/L

（二）多选题

以下关于二氧化氯氧化剂说法正确的是（　　　）

A. 能用于饮用水中的铁离子和锰离子的去除

B. 能用于含氰废水的处理

C. 能用于给水处理中，氧化有机污染物

D. 对水中的色度、臭味去除能力都很强，可用于印染废水，TNT 废水脱色

（三）简答题

用氯处理含氰废水时，为何要严格控制溶液的 pH 值？

三、知识拓展

计算题

1. 用碱性氯化法处理含氰废水，已知废水量为 $300m^3/d$，CN^- 浓度为 30mg/L，若使出水浓度低于 0.05 mg/L，计算氯气的最小消耗量。

2. 用氯气处理某工业含氰废水，已知水量为 $10m^3/d$，含 CN^- 浓度为 500mg/L，为将水中全部氰转为氮气，需要用多少氯气？

四、知识回顾

（一）基本概念

有效氯：在氯的化合物中，只有化合价大于 -1 的那部分氯才具有氧化能力，我们通常称它为有效氯，可以用来表示氯系氧化剂氧化能力。

（二）重点内容

氯氧化法的应用

① 含氰废水处理：氧化反应分为两个阶段进行。

第一阶段，CN^- 氧化为 CNO^-，在 pH＝10～11 时，此反应只需 5min。虽然 CNO^- 的毒性只有 CN^- 的 1/1000 左右，但从保证水体安全出发，应进行第二阶段处理

第二阶段将 $CNO^- \longrightarrow NH_4^+$（pH＜2.5）或 N_2（pH7.5～9），反应可在 1 小时之内完成。

② 含酚废水的处理：实际投氯量必须过量数倍，出水可用活性炭进行后处理。

③ 废水脱色：氯有较好的脱色效果，可用于印染废水，TNT 废水脱色。脱色效果与pH 值以及投氯方式有关。

4.4　化学还原法

⊙**观看视频 4.4**

一、知识点挖掘

（一）填空题

1. 汞、铜、镉、银、六价铬、镍在水中以_____形式存在。

2. 金属砷、锑呈五价时是以_____形式存在于水中。

化学还原法

3. 某些电极电位较低的金属如_____、_____等可用作还原剂。

4. 电解氧化还原法中，_____也可以作为还原剂。

5. 六价铬在工业废水中以_____或_____的形式存在，在 pH 大于 7.6 的碱性条件下只有_____存在

6. 向含六价铬废水中加入还原剂后，六价铬可以被还原为_____，再加入石灰，就形成_____，与废水分离。

7. 还原法除汞，一般采用的还原剂是比汞活泼的金属，比如_____或_____等。

8. 每千克硼氢化钠能回收_____金属汞。

（二）单选题

1. 下列属于用还原法处理废水的是（　　）。

　　A. 用漂白粉处理含氰废水

　　B. 用硫化钠处理含汞废水

　　C. 用硫酸亚铁处理含铬废水

　　D. 用石灰处理含铜废水

2. 关于还原法除铬正确的是（　　）。

　　A. 还原法处理工业废水是投加还原剂或用电解的方法使废水中的污染物质经还原反应转变为无害或少害的新物质

　　B. 处理含铬废水是利用还原剂将三价铬转化为六价铬

　　C. 处理含铬废水时还原反应 pH 值宜控制在 7～9

　　D. 电解法处理含铬废水，六价铬在阳极氧化

（三）判断题

1. 化学还原法可以用来处理所有重金属。（　　）

2. 所有的重金属在水中都是以阳离子形式存在。（　　）

3. 在 pH 小于 4.2 的酸性条件下只有重铬酸根存在。（　　）

4. 废水中的有机汞需要先用氧化剂将其破坏，转化为无机汞后，才能用金属还原。（　　）

5. 六价铬毒性比三价铬毒性大 100 倍以上。（　　）

二、归纳总结

多选题

1. 以下药剂属于还原剂的是（　　）。

　　A. 臭氧　　　　　　B. 硫酸亚铁　　　　　　C. 亚硫酸钠　　　　　　D. 次氯酸钠

2. 常用的还原剂有（　　）等。

　　A. 硫酸亚铁、亚硫酸盐　　　　　　　　B. 氯化亚铁、铁屑

　　C. 锌粉、亚硫酸盐　　　　　　　　　　D. 硼氯化钠

3. 以下药剂可以用作还原法除铬的是（　　）。

　　A. 二氧化硫　　　　B. 亚硫酸　　　　　　C. 亚硫酸氢钠　　　　　D. 硫酸亚铁

三、知识拓展

还原剂的对比选择（常见还原剂：铁粉、硫酸亚铁、亚硫酸钠、亚硫酸氢钠、二氧化硫、水合肼）

以还原法除铬为例：常规的还原技术是先用酸将含铬废水的 pH 值调节至 3 以下，再以还原剂，如硫酸亚铁、铁粉、二氧化硫、亚硫酸钠、焦亚硫酸钠、亚硫酸氢钠、水合肼等将

六价铬还原为三价铬，三价铬与石灰、苛性钠等碱液生成氢氧化铬沉淀物，经固液分离将沉淀物去除，从而达到去除铬的目的。残留在液体中的六价铬含量取决于所选还原剂的种类、还原剂投入量与浓度、容许反应的时间及反应混合液的 pH 值条件等。

在选择何种还原剂时，要考虑的不仅有对六价铬还原的效率，还要兼顾药剂的来源、成本以及交通运输条件。

通过这几种还原药剂投加量、反应时间反应后自沉淀性能的优选对比试验研究发现：硫酸亚铁是最优的化学还原药剂，用硫酸亚铁作还原剂时产生的污泥量虽然较亚硫酸盐还原法大得多，但是铁离子与碱反应生成的铁的氢氧化物凝胶体具有较强的絮凝吸附作用，可吸附废水中包括铬氢氧化物在内的多种金属氢氧化物沉淀物，形成共絮体，这种共絮体在其他助凝剂作用下，能迅速地聚集成更粗大的金属氢氧化物胶粒而网捕其他较小的胶粒，迅速地沉降下来。

四、知识回顾

1. 去除对象：Cr(Ⅵ)、Hg(Ⅱ)、Cu(Ⅱ) 等重金属

废水中的某些金属离子在高价态时毒性很大，可用化学还原法将其还原为低价态后分离除去。

2. 药剂还原法应用

① 还原沉淀除铬：向含六价铬废水中加入硫酸亚铁还原剂后，六价铬被还原为三价铬，再加入石灰，即形成氢氧化铬沉淀，与废水分离。

② 还原除汞：工业含汞废水的处理，一般采用的还原剂是比汞活泼的金属（铁、锌等边角废料）或醛类等。废水中的有机汞通常先用氧化剂（如氯）将其破坏，使之转化为无机汞后，再用金属置换。

4.5　电化学法

⊙观看视频 4.5

电化学法

一、知识点挖掘

（一）填空题

1. 电解质溶液在_____的作用下，在两电极上分别发生_____的过程叫作电解。

2. 电解法就是废水中的有害物质在电极上发生了氧化还原反应，生成了新的物质，新的物质则通过_____或_____或_____而被去除。

3. 在电解过程中，阴极起到了_____的作用，阳极起到_____的作用。

4. 电解法通常分为：_____、_____、_____、_____。

5. 电解氧化法通常在处理过程中会加入一定量的_____，以增加溶液导电性。

6. 当电解槽的电压超过水的分解压时，在阳极和阴极将产生_____和_____。

7. 处理废水中的有机或无机胶体的过程我们把它叫作_____。

8. 电解法的主要设备为_____。

9. 电解过程的耗电量可以用_____计算。

（二）单选题

电解法不常用于以下哪种水处理（　　）。

　　A.去除重金属　　　　B.脱色　　　　　　C.去除 COD　　　　D.消毒

（三）判断题

1.电解法处理含铬废水，六价铬在阳极还原。（　　）

2.当处理的水量较大时适用于电解法。（　　）

3.电解过程中，阴极放出电子。（　　）

4.电解过程中，阳极放出电子。（　　）

5.电解法能一次去除多种污染物。（　　）

6.电解法处理含氰废水应在酸性条件下进行。（　　）

7.电解法处理含氰废水可以不用设置沉淀池和泥渣处理装置。（　　）

8.在电解槽中加入食盐在一定程度上可以降低电耗。（　　）

9.电解法产生的气泡捕获杂质微粒的能力高于加压溶气气浮法。（　　）

10.电解凝聚法主要是由于阳极的氧化和阴极的还原作用。（　　）

11.在电解过程中，电能的实际耗量总是大于理论耗量。（　　）

（四）多选题

1.电解法的工艺过程包括（　　）。

　　A.预处理（均和、调 pH、投加药剂）　　B.电解

　　C.固液分离　　　　　　　　　　　　　　D.沉渣处理

2.以下关于电解法电能效率说法正确的是（　　）。

　　A.电流效率（理论耗电量与实际耗电量之比）总＜100％

　　B.电压效率（理论分解电压与槽电压之比）总＜100％

　　C.电流效率和电压效率的降低，都将引起电能效率的降低

　　D.电能的实际耗量总是大于理论耗量

二、归纳总结

（一）单选题

电解法处理含 $Cr(\text{VI})$ 废水主要是由于（　　）。

　　A.氧化作用　　　　B.还原作用　　　　C.混凝作用　　　　D.浮选作用

（二）多选题

1.关于电解法的特点正确的是（　　）。

　　A.一次能去除多种污染物　　　　　　　B.装置紧凑，占地面积小

　　C.药剂用量少　　　　　　　　　　　　D.废液量少

2.关于电解除铬正确的是（　　）。

　　A.在阳极得到电子

　　B.在阴极少量 Cr^{6+} 直接还原

　　C.反应都要求在酸性条件下进行

　　D.随着反应进行电解液逐渐变为碱性（pH7.5～9），并生成稳定的氢氧化物沉淀

3.关于电解槽的说法正确的是（　　）。

　　A.电解槽由槽体、阳极和阴极组成，多数用隔膜将阳极室和阴极室隔开

　　B.一般工业废水连续处理的电解槽多为矩形

　　C.槽内的水流方式分为回流式与翻腾式两种

　　D.电极与电源母线连接方式，可分为单极式与双极式

4.下列说法正确的是（　　）。

    A. 单极式电解槽电极两面的极性相同，即同时为阳极或同时为阴极

    B. 复极式电解槽电流通过串联的电极流过电解槽时，中间各电极的一面为阳极，另一面为阴极，具有双极性

    C. 翻腾式电解槽电极利用率较高，施工、检修、更换极板都很方便，实际生产中多采用这种槽型

    D. 回流式电解槽水流的流线长、接触时间长，死角少，离子扩散与对流能力好、阳极钝化现象也较为缓慢，施工检修以及更换极板比较困难

5.电解凝聚与投加凝聚剂的化学凝聚相比（　　）。

    A. 电解凝聚可去除的污染物范围更广

    B. 投加凝聚剂的化学凝聚反应更迅速

    C. 投加凝聚剂的化学凝聚适用的 pH 值范围更广

    D. 电解凝聚所形成的沉渣密实，澄清效果更好

（三）简答题

1.简述电解上浮法和电解凝聚法的作用原理。

2.电解上浮法在废水处理中的主要作用有哪些？

三、知识拓展

（一）电解槽工艺参数确定

（1）电解槽有效容积 V：

$$V = \frac{QT}{60}(\mathrm{m}^3)$$

式中　　Q——废水设计流量，m^3/h；

      T——操作时间，$\min$。

（2）阳极面积 A：由选定的极水比和已求出的电解槽有效容积 V 推得，也可由选定的电流密度和总电流推得。

（3）电流 I：电流 I 应根据废水情况和要求的处理程度由试验确定。对含 Cr^{6+} 废水，也可用下式计算：

$$I = KQc/S \cdots (\mathrm{A})$$

（4）电压 V：等于极间电压和导线上的电压降之和。

（二）电解槽设计时还应考虑的问题

① 电解槽长宽比取（5～6）:1，深宽比取（1～1.5）:1。进出水端要有配水和稳流措施，以均匀布水并维持良好流态。

② 冰冻地区的电解槽应设在室内，其他地区可设在棚内。

③ 空气搅拌可减少浓差极化，防止槽内积泥，但增加 Fe^{2+} 的氧化，降低电解效率。因此空气量要适当。

④ 阳极在氧化剂和电流的作用下，会形成一层钝化膜，使电阻和电耗增加。可以通过投加适量 NaCl，增加水流速度等方法防止钝化。

⑤ 耗铁量主要与电解时间、pH 值、盐浓度、阳极电位有关。

四、知识回顾

（一）基本概念

1.电解：电解质溶液在直流电流作用下，在两电极上分别发生氧化还原反应的过程。

2.电解法：就是利用电解的基本原理，使废水中有害物质通过电解过程，在阴阳两极分别发生氧化和还原反应，以转化成无害物，达到净化水质的目的。包含电解氧化法、电解还原法、电解浮上法、电解凝聚（也称电混凝）。

3.电解浮上法：借助于电极上析出的微小气泡而浮上分离疏水性杂质微粒的处理技术，称为电解浮上法。

（二）重点内容

1.电解法原理：废水中的有害物质在电极上发生了氧化还原反应，生成了新的物质，新的物质则通过沉积在电极表面或沉淀于水中或转化为气体而被去除。电源正极为阴极，放出电子、还原阳离子起到还原剂作用。电源负极为阳极，得到电子、氧化阴离子起到氧化剂作用。

2.电解法应用：电解除氰、电解除铬。

4.6 高级氧化法

4.6.1 高级氧化法的基本概念

⊙观看视频 4.6.1

高级氧化法概述

一、知识点挖掘

（一）填空题

1.亚铁和过氧化氢混合可以产生_____。

2.高级氧化法又称为_____。

3.高级氧化法能够使绝大部分有机物完全_____或_____。

4.高级氧化技术就是以产生_____为标志。

5.臭氧在水溶液中可以同_____反应生成羟基自由基。

6._____在水溶液中可以离解，进而诱发产生羟基自由基。

7.·OH 氧化电位_____普通氧化剂，说明氧化能力非常强。

8.OH 羟基自由基能将水中的有机物完全彻底的氧化成_____和_____。

9.O_3 在水溶液中可与_____反应生成·OH 自由基。

10.高级氧化法的化学氧化法可分为_____、_____、_____。

（二）单选题

1.下列不能区别高级氧化技术与其他氧化技术的特点的是（   ）。

    A.反应过程中产生大量的羟基自由基

    B. 条件温和，通常对温度和压力无要求，不需在强酸或强碱介质中进行

    C.反应产生的沉淀量大

    D. 操作简单易于设备管理

2.Fenton 法在污水处理中通常归类于（   ）。

    A.污水的生化处理　　　　　　　　B.污水的化学处理

    C.污水的物化处理　　　　　　　　D.污水的物理处理

3.关于常见污染物与 O_3 和·OH 反应说法不正确的是（　　）。

    A. O_3 对不同有机物处理速度相差很大

    B. O_3 会优先处理反应速度快的物质先反应

    C.·OH 速率常数相差较大，选择性大

    D.·OH 速率常数相差不大，选择性小

4.高级氧化技术作为降解或去除气态或液态危险废物的替代技术，主要用于工业废水、污泥和渗透液的（　　）处理。

    A. 预处理　　　　　　B. 一级　　　　　　C. 二级　　　　　　D. 三级

（三）判断题

1.自由羟基·OH 是目前最具活性的氧化剂。（　　）

2.光分解 H_2O_2 能够生成·OH。（　　）

3.Fenton 反应（Fe^{2+} 和 H_2O_2 混合）能够生成·OH。（　　）

4.高级氧化技术相对普通氧化剂不会对环境造成二次污染。（　　）

（四）多选题

1.高级氧化技术可以分为以下几大类（　　）。

    A. 化学氧化法　　　B. 电化学氧化法　　　C. 湿式氧化法

    D. 超临界水氧化法　E. 光催化氧化法　　　F. 超声波氧化

2.以下说法正确的是（　　）。

    A.·OH 选择性小、反应速率快　　　　B.·OH 氧化能力强

    C.·OH 处理效率高　　　　　　　　　D.·OH 氧化彻底

3.关于高级氧化工艺的特点正确的是（　　）。

    A. 高氧化性　　　　　　　　　　　　B. 快速反应

    C. 降低 TOC 和 DOC，提高可生物降解性　D. 减少三卤甲烷和溴酸盐的生成

二、归纳总结

多选题

1.下列属于高级氧化技术特点的是（　　）。

    A. 反应过程中产生大量羟基自由基·OH

    B. 反应速率快，多数有机物在此过程中的氧化速率常数可达 $10^6 \sim 10^9 \mathrm{L}/(\mathrm{mol \cdot s})$

    C. 适用范围广，较高的氧化电位使得·OH 几乎可将所有有机物氧化直至矿化，不会产生二次污染

    D. 可诱发链反应，这是各类氧化剂单独使用时所不能做到的

    E. 可与其他处理技术连用，特别是可作为生物处理过程的预处理手段，有利于生物法的进一步降解

    F. 该技术采用物理-化学处理方法，其操作简单，易于控制和管理

2.以下关于·OH 说法正确的是（　　）。

    A. 自由羟基·OH 是目前最具活性的氧化剂

    B. 是氧化反应的中间产物

    C. 在天然水体和大多数饮用水中，具有 $10\mu s$ 的平均寿命

    D. O_3 的自由基链式反应可以分解生成·OH

三、知识拓展

1.高级氧化处理与传统氧化处理相比"高级"在哪里？

2. 高级氧化技术与其他技术联用处理垃圾渗滤液：

垃圾填埋场在长期填埋的过程中产生的垃圾渗滤液是一种成分复杂、水质水量变化大的有机废水。采用高级氧化技术能有效地氧化降解渗滤液中的难降解有机物，并能大幅度地提升渗滤液的可生化性。但是高级氧化法在处理垃圾渗滤液的过程中也存在着一些缺陷，如单一地使用高级氧化技术处理垃圾渗滤液时存在着一定的局限性，很难达到彻底地去除渗滤液中有机污染物以及实现处理效果好、费用经济、处理水量大等目的。

将高级氧化技术与其他处理技术（如传统工艺）联合处理垃圾渗滤液不仅能够有效地氧化降解渗滤液中的有机污染物，而且能减少高级氧化技术的运行费用和氧化剂的消耗量且成本较低，有利于其大规模工业化的应用。

有学者采用混凝/絮凝结合光芬顿法联合处理老龄垃圾渗滤液，能将 COD 的去除率由 63% 提高到 89%，且经过处理过的渗滤液呈现无毒性，可生化性得到显著地提高。

采用超声/芬顿氧化与 MAP 沉淀法联合处理垃圾渗滤液，能够有效地去除渗滤液中的 COD 和氨氮。

对于可生化性低、毒性高的垃圾渗滤液来说，采用电解生物滤池组合技术处理垃圾渗滤液，经混凝沉淀-厌氧-电解-好氧工艺处理垃圾渗滤液，该组合工艺对垃圾渗滤液中 COD、NH_4^+-N、TN、重金属的去除具有明显的效果。

采用混凝-Fenton-NaClO 组合工艺处理垃圾渗滤液，该组合工艺对渗滤液中 COD、氨氮和色度的整体去除率较高。

四、知识回顾

（一）基本概念

高级氧化工艺（advanced oxidation processes，AOPs）：

以羟基自由基（·OH）作为氧化剂，采用两种或多种氧化剂联用发生协同效应，或者与催化剂联用，提高·OH 的生成量和生成速度，加快反应速率，提高处理效率和出水水质。

（二）重点内容

高级氧化技术分类包括：化学氧化法、电化学氧化法、湿式氧化法、超临界水氧化法、超声波氧化，其中化学氧化法包括臭氧氧化、Fenton 氧化，湿式氧化法包括湿式空气氧化法、湿式空气催化氧化法。

4.6.2　高级氧化技术应用

⊙观看视频 4.6.2

典型高级氧化技术

一、知识点挖掘

（一）填空题

1. 芬顿氧化工艺实质是在＿＿＿＿＿＿条件下，过氧化氢在亚铁离子的催化作用下产生具有高反应活性的＿＿＿＿＿。

2. 芬顿氧化法反应过程可分成＿＿＿＿个阶段。

3. 影响芬顿氧化法反应的因素包括：＿＿＿＿＿＿＿＿＿、＿＿＿＿＿＿＿＿＿、＿＿＿＿＿＿＿＿＿、＿＿＿＿＿＿＿＿＿、＿＿＿＿＿＿＿＿＿等。

4. 芬顿试剂进行垃圾渗滤液的处理，可以将 COD 去除达到＿＿＿＿以上的处理效果。

5. 湿式空气氧化技术是在＿＿＿＿℃的高温和高压条件下通入＿＿＿＿，使废水中的高分子有机物直接氧化降解为无机物或小分子有机物。

6.湿式空气氧化技术对生产废水进行预处理，有机磷的去除率高达＿＿＿＿＿，有机硫的去除率高达＿＿＿＿＿。

7.湿式空气氧化技术处理含苯酚的废水，COD 去除率能达到＿＿＿＿＿以上，对苯酚类分子结构破坏率接近于＿＿＿＿＿。

8.湿式空气氧化技术最终产物是＿＿＿＿＿＿和＿＿＿＿＿。

9.湿式空气氧化技术和超临界水氧化法也称作＿＿＿＿＿＿＿。

10.常用的氧化剂中＿＿＿＿＿的氧化还原电位值最大，证明其氧化性能最好。

（二）判断题

1.Fenton 氧化法优点是在许多处理过程中运行成本较低。（　　）

2.Fenton 试剂可以氧化水中所有有机物，适用于处理难以生物降解和一般物理化学方法难以处理的废水。（　　）

3.超临界水氧化技术适用于有机物浓度未达到直接焚烧但能产生高温的有机物废物处置。（　　）

4.相同条件下，相对湿式空气氧化技术，超临界水氧化技术的处理规模更大，运行成本更高。（　　）

5.湿式空气氧化法仅限于大规模的高浓度有毒废水和固体废物的处理。（　　）

6.Fenton 氧化法并不只是因为羟基自由基的作用，还伴随沉降/絮凝的发生。（　　）

7.湿式空气氧化技术适用于有机物浓度尚未达到直接焚烧的高浓度有毒难降解有机工业废水，如农药废水、石油炼制废水、含酚废水等。（　　）

8.Fenton 氧化一般在 pH＝2～4 条件下进行，此时羟基自由基生成速率最大。（　　）

（三）多选题

1.影响 Fenton 试剂氧化能力的因素有（　　）。

    A.亚铁离子浓度　　　　　　　　　B.过氧化氢浓度

    C.反应温度　　　　　　　　　　　D.溶液的 pH 值

2.以下属于高级氧化技术的有（　　）。

    A.Fenton 氧化法　　　B.高铁氧化法　　　C.湿式空气氧化法

    D.湿式空气催化氧化法　　E.光催化氧化法　　F.超声波氧化

二、归纳总结

简答题

1.简述 Fenton 技术法的原理。

2.简述湿式氧化处理技术的原理。

3.简述超临界水氧化处理技术的原理。

4.简述光催化氧化处理技术的原理。

5.简述超声波处理技术的原理。

三、知识拓展

1.芬顿氧化加硫酸亚铁后多久加入双氧水？

2.芬顿氧化后污泥沉降如何处理？

四、知识回顾

重点内容

1.芬顿氧化工艺：由过氧化氢和亚铁离子组成的组合体系，在 pH＝3 左右的酸性条件下，过氧化氢在亚铁离子的催化作用下产生具有高反应活性的羟基自由基（·OH），其氧化裂解有机大分子，使其分解为容易处理的有机物。

2.湿式氧化法：在125～320℃的高温和高压条件下通入空气，在液相中用氧作为氧化剂，使废水中的高分子有机物直接氧化降解为无机物或小分子有机物。

4.7　化学消毒法

4.7.1　化学消毒法基本概念

⊙观看视频 4.7.1

化学消毒法基本概念

一、知识点挖掘

（一）填空题

1.消毒法可以分为_____和_____两大类。

2.物理消毒法主要有_____、_____、_____及_____等。

3.化学消毒法就是向水中投加_____来杀死细菌的方法，最常用的消毒剂是_____。

4.当 pH 大于_____和小于_____的条件下，大多数细菌都难以存活。

5.对于一定浓度的消毒剂，接触时间越长，杀菌效果_____。

6._____、_____、_____、_____、_____、_____、_____（写出 5 个即可）等排出的废水都会含有某些致病微生物。

7.水中致病微生物可分为_____、_____、_____及_____。

8.对水起消毒作用的消毒剂有_____、_____、_____等。

（二）单选题

1.供生活饮用水的过滤池出水水质，经（　　）后，应符合现行的《生活饮用水卫生标准》的要求。供生产用水的过滤池出水水质，应符合生产工艺要求。

　　A.深度处理　　　　B.检测　　　　　　C.消毒　　　　　　D.清水池

2.消毒是对（　　）处理后的城市污水的深度处理。

　　A.一级　　　　　　B.二级　　　　　　C.三级　　　　　　D.初级

3.在实际应用中，（　　）法消毒因具有价格低、设备简单等优点被使用得最为普遍。

　　A.加氯　　　　　　B.臭氧　　　　　　C.紫外线　　　　　D.超声波

4.下列选项中，不属于目前用于污水消毒常用的消毒剂的是（　　）。

　　A.液氯　　　　　　B.紫外线　　　　　C.石灰　　　　　　D.臭氧

5.臭氧氧化处理的主要任务是（　　）。

　　A.杀菌消毒

　　B.去除氮、磷造成水体富营养化的物质

　　C.去除溶解性无机物

　　D.去除重金属

6.以臭氧作为消毒剂时，出水仍需投加少量氯气、二氧化硫或氯铵等消毒剂，其主要原因是（　　）。

A. 臭氧分解生成的氧气有利于细菌再繁殖

B. 臭氧易分解，无抵抗再次污染能力

C. 臭氧在氧化好氧物质后，已无杀菌能力

D. 超量投加有风险，不足以维持消毒剂量

7. 在化学消毒时，影响消毒效果的因素很多，下列哪种说法是不正确的？（　　）

    A. 消毒效果的优劣和消毒剂投加量有关

    B. 消毒效果的优劣和消毒接触时间有关

    C. 不同消毒剂对同一类微生物的消毒效果不同

    D. 同种消毒剂对不同类微生物的消毒效果相同

8. 投加消毒药剂的管道及配件应采用耐腐蚀材料，加氨管道及设备（　　）采用铜质材料。

    A. 应该　　　　　　B. 尽量　　　　　　C. 可以　　　　　　D. 不应

9. 加漂白粉间及其仓库可采用（　　）通风。

    A. 机械　　　　　　B. 自然　　　　　　C. 强制　　　　　　D. 人工

10. 加氯、加氨设备及其管道应根据具体情况设置（　　）。

    A. 阀门　　　　　　B. 检修工具　　　　C. 管径　　　　　　D. 备用

11. 消毒药剂的设计用量，应根据相似条件下的运行经验，按（　　）用量确定。

    A. 冬季　　　　　　B. 夏季　　　　　　C. 平均　　　　　　D. 最大

12. 污水处理厂药剂仓库及加药间应根据具体情况，设置计量工具和（　　）设备。

    A. 防水　　　　　　B. 搬运　　　　　　C. 防潮　　　　　　D. 报警

13. 生活饮用水必须消毒，一般可采用（　　）、漂白粉或漂粉精法。

    A. 氯氨　　　　　　B. 二氧化氯　　　　C. 臭氧　　　　　　D. 液氯

14. 污水处理厂加消毒剂的药剂间必须有保障工作人员卫生安全的劳动保护措施。当采用发生异臭或粉尘的凝聚剂时，应在通风良好的单独房间内制备，必要时应设置（　　）设备。

    A. 安全　　　　　　B. 净化　　　　　　C. 除尘　　　　　　D. 通风

（三）判断题

1. 活性炭可以用于余氯脱除。（　　）

2. 水温 4～10℃的时候最利于微生物的生长。（　　）

3. 氯的消毒方法可以运用于医院污水的预处理。（　　）

4. 臭氧是一种比较高效的消毒剂，具有很强的杀菌作用，为氯的数百倍。（　　）

5. pH 大于 11 和小于 3 的条件下，没有细菌存活。（　　）

6. 日光里面有紫外线，日光光照也能达到消毒作用。（　　）

7. 消毒和灭菌是两种不同的工艺。（　　）

8. 降低水中悬浮物和浊度能提高消毒效果。（　　）

（四）多选题

下列消毒方法中无持续消毒能力的是（　　）。

    A. 液氯消毒　　　　　　　　　　　B. 二氧化氯消毒

    C. 臭氧消毒　　　　　　　　　　　D. 紫外线消毒

二、归纳总结

（一）多选题

1. 下列属于消毒机理的是（　　）。

A. 对细胞壁的破坏　　　　B. 改变细胞的渗透性　　C. 改变原生质的胶体性质

D. 改变有机体的 DNA 或 RNA　　　　　　　　E. 抑制酶的活性

2. 下列关于消毒剂的说法正确的是（　　　）。

A. 氯的杀菌效果较好，且能维持较长久的杀菌作用，但对病毒的作用较差

B. 臭氧对细菌、病毒等具有强烈的杀伤能力，但其消毒作用缺乏持久性

C. 铜离子的杀藻作用突出，但杀菌作用有限

D. 消毒剂的浓度愈高，其杀菌效果通常越好

（二）简答题

简述目前水的主要消毒方法及特点。

三、知识拓展

给水处理中为了控制病原菌，对水中的细菌总数及大肠杆菌数均有要求，因此往往在过滤出水后进行消毒处理。此外，夏季高温时节对城市污水处理厂的二级处理出水也需要进行消毒处理，以防止水中致病菌的传播。医院污水处理中，最终出水进行消毒是必不可少的步骤。

生活饮用水水质标准中所规定的细菌学指标：

（1）细菌总数≤100CFU/mL；

（2）总大肠菌群，每 100mL 水样中不得检出；

（3）粪大肠菌群，每 100mL 水样中不得检出。

四、知识回顾

（一）基本概念

消毒：消除水中的致病微生物（病毒、细菌、真菌、原生动物、肠道寄生虫）。

杀菌：消灭所有活的生物。

（二）重点内容

1. 消毒的方法：可分为物理法和化学法。物理法包括加热、光照射、超声波及辐射等；化学消毒法就是向水中投加消毒剂来杀死细菌的方法。

2. 消毒机理

对细胞壁的破坏，导致细胞的溶解及死亡；

改变细胞的渗透性，使细胞失去生活营养素；

改变原生质的胶体性质；

改变有机体的 DNA 或 RNA；

抑制酶的活性，改变酶的化学排列，中断细胞的代谢过程。

4.7.2　氯消毒法

⊙**观看视频 4.7.2**

二氧化氯消毒法

一、知识点挖掘

（一）填空题

1. 氯系消毒剂的种类包括_____、_____、_____、_____、_____等。

2. 次氯酸是弱酸，在水中会离解成_____和_____。

3. 常规条件下，氯氨以_____和_____的形式存在，只有当_____，三氯氨才会

存在。

4. 杀灭细菌已达到指定的消毒指标及氧化有机物等所消耗的氯叫作_____。

5. 抑制水中残留致病菌的再度繁殖所需要的氯叫作_____。

6. 出厂水接触 30 分钟后余氯不低于_____；在管网末梢不应低于_____。

7. 加氯量超过折点需要量时称为_____。

8. 氯的消毒作用主要依靠_____，因为 HOCl 呈_____，易接近带负电的菌体，透过细胞壁进入菌体，通过_____破坏细菌酶系统使细菌死亡。

9. 把 HOCl、OCl⁻ 及溶解的单质氯称为_____。

9. 把 $HOCl$、OCl^- 及溶解的单质氯称为_____。

10. 氯通常以液氯形式装入_____供应。

11. 氯消毒可分为_____和_____两类。

12. _____和_____被认为是氯化消毒过程中形成的两大类主要副产物。

（二）单选题

1. 当采用氯胺消毒时，氯和氨的投加比例应通过（　　）确定，一般可采用质量比为（3∶1）～（6∶1）

　　A. 计算　　　　　　B. 经济比较　　　　C. 试验　　　　　　D. 经验。

2. 水和氯应充分混合，其接触时间不应小于（　　）min。

　　A. 60　　　　　　　B. 20　　　　　　　C. 25　　　　　　　D. 30

3. 加氯（氨）间外部应备有防毒面具、抢救材料和工具箱。防毒面具应严密封藏，以免失效。（　　）和通风设备应设室外开关。

　　A. 报警器　　　　　B. 加氯机　　　　　C. 照明　　　　　　D. 氯瓶

4. 投加液氯时应设加氯机。加氯机应至少具备指示瞬时投加量的仪表和防止水倒灌氯瓶的措施。加氯间宜设校核氯量的（　　）。

　　A. 仪表　　　　　　B. 磅秤　　　　　　C. 流量计　　　　　D. 记录仪

5. 加氯（氨）间必须与其他（　　）隔开，并设下列安全措施：①直接通向外部且外开的门；②观察窗。

　　A. 设备　　　　　　B. 氯库　　　　　　C. 工作间　　　　　D. 加药间

6. 采用漂白粉消毒时应先制成浓度为 1%～2% 的澄清溶液再通过计量设备注入水中，每日配制次数不宜大于（　　）次。

　　A. 3　　　　　　　　B. 6　　　　　　　　C. 2　　　　　　　　D. 4

7. 液氨和液氯或漂白粉应分别堆放在单独的仓库内，且宜与加氯（氨）间（　　）。

　　A. 隔开　　　　　　B. 毗连　　　　　　C. 分建　　　　　　D. 合建

8. 加氯（氨）间应尽量靠近（　　）。

　　A. 值班室　　　　　B. 氯库　　　　　　C. 清水池　　　　　D. 投加点

9. 加氯（氨）间及其仓库应有每小时换气（　　）次的通风设备。

　　A. 8～12　　　　　　B. 10～12　　　　　C. 8～10　　　　　　D. 6～10

10. 水和氯应充分混合。氯胺消毒的接触时间不应小于（　　）h。

　　A. 2　　　　　　　　B. 1.5　　　　　　　C. 1　　　　　　　　D. 0.5

11. 加氯间及氯库内宜设置测定（　　）中氯气浓度的仪表和报警措施。必要时可设氯气吸收设备。

　　A. 氯瓶　　　　　　B. 空气　　　　　　C. 加氯装置　　　　D. 加氯管

（三）判断题

1. 次氯酸杀菌能力强于次氯酸根。（　　）

2.水中无任何微生物、有机物等：加氯量＝余氯。（　　　）

3.氯与水中有机物反应可产生许多致癌或有毒副产物。（　　　）

4.臭氧的消毒作用仍然是氧化作用。（　　　）

5.pH越高，氯的杀菌作用越强。（　　　）

6.氯消毒时次氯酸和次氯酸根起主要消毒作用。（　　　）

7.氯氧化法和氯消毒的作用机理是一样的。（　　　）

（四）多选题

1.游离氯（自由性氯）包含（　　　）。

　　A. HOCl　　　　　　　B. OCl$^-$　　　　　　　C. Cl$^-$　　　　　　　D. NH$_2$Cl

2.有效氯包含（　　　）。

　　A. 二氧化氯　　　　　B. 化合性氯　　　　　C. HCl　　　　　　　D. 游离性氯

二、归纳总结

（一）单选题

1.加氯量由需氯量和（　　　）组成。

　　A. 余氯量　　　　　　B. 氯离子　　　　　　C. 次氯酸　　　　　　D. 氯气量

2.氯气杀菌主要是氯气与水反应生成（　　　）。

　　A. 次氯酸　　　　　　B. Cl$_2$　　　　　　　C. Cl$^-$　　　　　　　D. HCl

3.氯的杀菌能力受水的（　　　）影响较大。

　　A. pH值　　　　　　　B. 碱度　　　　　　　C. 温度　　　　　　　D. 酸度

4.氯气杀菌的过程中，起主要作用的是（　　　）。

　　A. Cl$^-$　　　　　　　B. ClO$^-$　　　　　　C. HClO　　　　　　D. H$^+$

5.下列消毒剂加入污水后（　　　）不与水发生化学反应。

　　A. 二氧化氯　　　　　B. 液氯　　　　　　　C. 次氯酸钠　　　　　D. 漂白粉

6.氯消毒时，在（　　　）条件下，消毒效果更好。

　　A. 高温，高pH值　　　　　　　　　　　B. 低温，高pH值

　　C. 高温，低pH值　　　　　　　　　　　D. 低温，低pH值

（二）多选题

1.自来水厂采用氯气消毒时，投加量多少和水的pH值高低、氨氮含量有关，下列叙述中哪几项是不正确的（　　　）。

　　A. 水的pH值越高，消毒效果越好，投加量越少

　　B. 水的pH值越低，消毒效果越好，投加量越少

　　C. 水中氨氮含量越多，折点加氯量越多

　　D. 水中氨氮含量越少，折点加氯量越多

2.当水中含有氨氮而采用氯气消毒时，会测得相应的加氯量和余氯量的关系曲线，根据该曲线确定的加氯量和含氯化合物的消毒关系的说法中正确的是（　　　）。

　　A. 加氯量维持在加氯曲线的峰点之后，是自由氯消毒

　　B. 加氯量维持在加氯曲线的折点之后，是氯胺消毒

　　C. 加气量维持在加氯曲线峰点之前，是氯胺消毒

　　D. 加氯量维持在加氯曲线上的折点之后，是自由氯消毒

3.有关折点加氯的描述正确的是（　　　）。

　　A. 折点前产生的余氯均为化合性余氯

　　B. 折点前产生的余氯有化合性余氯也有游离性余氯

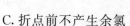

C.折点前不产生余氯

D.折点后产生游离性余氯

（三）简答题

自由性氯、化合性氯消毒效果有何区别？

（四）计算题

1.计算在20℃、pH值为7时，次氯酸HOCl所占的比例。

2.OCl$^-$离子占自由氯的百分比，其中pH值为8。氯气溶解后电离，HClO = H$^+$ + ClO$^-$　K = [H$^+$][ClO$^-$]/[HClO]，K = 2.6×10^{-8}，pH = 8，问ClO$^-$占自由氯的含量。

三、知识拓展

加氯点的选择

给水处理中：

通常在过滤后投加（在滤池与清水池之间的管路上）；

当原水含有较多有机物（如藻类）时，可增加预氯化（但其功能主要不是消毒）；

当输水管线很长而难以保证余氯时，需要进行中途补充加氯（中途泵站或水库）。

污水处理中：

滤前投加——因为混凝剂投加时加氯是为了提高混凝效果，适用于处理含腐殖质的高色度原水；

一般生活污水的处理，投氯通常作为最后一道处理工序。因为将氯投在滤池出水口或清水池进水口或滤池至清水池管线上，加氯量少，效果好，适用于原水水质较好的情况。

但自SARS、NCP（新冠病毒）爆发之后，针对雷神山、火神山这类特殊的传染病医院，总余氯量排放和纳管标准相对其他类型医院相对较高。对于这类特殊的医院，医疗污水处理COD不是关键，在去除COD$_{Cr}$、NH$_3$-N等污染物的基础上，由于污水存在病毒细菌，且处于疫情期，核心是消毒，这个是与普通污水处理的区别之一。这类医院污水一般采用两级强化消毒、二级生化处理，首先污水汇集起来在接触池预消毒，前端预消毒是为了杀死水中的病毒，避免"粪口"污染和气溶胶污染，降低人工操作风险，通过消毒药剂投加量的控制和脱氯处理，又保证后面的生物处理不受影响；MBBR生化池出来的水进行第二次消毒，是末端的二次保障，万一有很低浓度的病毒漏网了，进一步灭杀，不进入市政管网。通过在线监测站房，确保设施正常运行，污水达标排放。

四、知识回顾

（一）基本概念

折点加氯：水中有机物主要为氨和氮化物，其实际需氯量满足后，加氯量增加，余氯量增加，但是后者增长缓慢，一段时间后，加氯量增加，余氯量反而下降，此后加氯量增加，余氯量又上升，此折点后自由性余氯出现，继续加氯消毒效果最好，即折点加氯。从折点加氯的曲线看，到达峰点H时，余氯最高，但这是化合性余氯而非自由性余氯，到达折点时，余氯最低。

自由性氯：水中所含的氯以次氯酸存在时，称为自由性氯。

化合性氯：水中所含的氯以氯胺存在时，称为化合性氯或结合氯。

需氯量：指用于灭活水中微生物、氧化有机物和还原性物质所消耗的加氯量。

余氯量：指为了抑制水中残余病原微生物的再度繁殖，管网中尚需维持少量剩余氯。

氯胺消毒法（chloramine disinfection）：氯和氨反应生成一氯胺和二氯胺以完成氧化和消毒的方法。

（二）重点内容

氯消毒机理：

一般认为主要通过次氯酸 HOCl 起作用。HOCl 为很小的中性分子，只有它才能扩散到带负电的细菌表面，并通过细菌的细胞壁穿透到细菌内部。当 HOCl 分子到达细菌内部时，能起氧化作用破坏细菌的酶系统而使细菌死亡。OCl^- 亦具有杀菌能力，但是带有负电，难以接近带负电的细菌表面，杀菌能力比 HOCl 差得多。生产实践表明，pH 低越低则消毒作用越强，证明 HOCl 是消毒的主要因素。

投氯量的确定

投氯量应满足两部分要求。一是"需氯量"，二是"余氯量"。

当水中无任何微生物、有机物时，投氯量＝余氯量；

当水中有氨时分为以下几个阶段：①投氯开始至满足水中起始需氯量阶段，加氯量＝需氯量，投氯量满足起始需氯量至峰点阶段；②投氯量增加、余氯量增加，但余氯量增加的慢些；③峰点加氯至折点投氯阶段，投氯量增加，余氯量下降；④折点投氯以后，投氯量增加，余氯量上升，所投的氯全部用于增加游离余氯量，消毒效果最好。

对于给水而言，游离氨<0.3mg/L：加氯量控制在折点后，当游离氨>0.5mg/L：加氯量控制在峰点前。一般城市污水沉淀后出水的投氯量为 6～24mg/L，二级生化处理出水为 6～15mg/L，二级生化加过滤处理的出水，为 1～5mg/L。

4.7.3　余氯的脱除

⊙**观看视频 4.7.3**

余氯脱除

一、知识点挖掘

（一）填空题

1. 进行氯消毒后，废水中会有_____存在。

2. 为了减小余氯对环境的不利影响，所以我们需要对出水进行_____。

3. 脱氯采用_____是最简单的，也可以用_____、_____、_____作为还原药剂、还可以采用_____来进行脱氯。

4. 亚硫酸能离解成为_____，它能和游离以及结合氯作用，生成_____和_____。

5. 二氧化硫与氯的总反应式为_____。

6. 1mg/L 余氯脱氯需要约_____的二氧化硫。

7. 硫代硫酸钠去除余氯的能力和_____有关，只有当 pH 为_____的时候，它和余氯的反应才有化学计算值。

8. 活性炭脱氯除了_____作用以外，活性炭与余氯会发生化学反应。

（二）判断题

1. 用氯法消毒后的水必须要对余氯进行完全脱除。（　　）

2. 活性炭脱除余氯是因为吸附作用。（　　）

3. 余氯会对水生生物有毒性效应。（　　）

4. 自来水中的余氯对我们人体危害较大，必须进行完全脱除。（　　）

5. 出厂水接触 30 分后余氯不低于 0.3mg/L；在管网末梢不应低于 0.05mg/L。（　　）

6. 工业废水可以用硫代硫酸钠来进行脱氯。（　　）

（三）多选题

1.水中余氯较高，可用以下什么方法进行脱除（　　　）。

　　A. 化学还原法　　　　B. 化学氧化法　　　　C. 物理吸附法　　　　D. 化学沉淀法

2.以下哪些物质能用于余氯脱除（　　　）。

　　A. Na_2SO_3　　　　　B. $Na_2S_2O_5$　　　　C. 活性炭　　　　D. NaOH

二、归纳总结

简答题

1.二氧化硫脱氯的反应机理是什么？

2.活性炭脱氯的反应机理是什么？

第 5 章
溶解态污染物的物理化学分离技术

» 预习任务 视 频   5.1.1～5.1.3、5.2.1～5.2.3、5.3.1～5.3.3、5.4

学习知识点

　　吸附基本原理、吸附工艺过程及设备、吸附法在废水处理中的应用、离子交换工艺过程及设备、离子交换法在废水处理中的应用、扩散渗析法离子交换基本原理、电渗析法、反渗透法。

5.1　吸附法

5.1.1　吸附基本原理

⊙**观看视频 5.1.1**

吸附基本原理

一、知识点挖掘

（一）填空题

1.固体吸附剂吸附能力的大小可用_____来衡量。

2.弗兰德利希通过实验得出平衡吸附量 q_e 与平衡浓度 C_e 关系曲线的_____方程式。

3.活性炭比表面积达 $800\sim2000\text{m}^2/\text{g}$，具有很高的_____能力。在废水处理中大多采用颗粒状活性炭。

4.树脂吸附剂是具有立体结构的_____状物，在 $150℃$ 下使用，不溶于酸、碱及一般的溶剂，比表面积可达 $800\text{m}^2/\text{g}$。吸附能力接近活性炭，但比活性炭容易再生；稳定性高、选择性强、_____范围广。

5.腐殖酸类吸附剂是一组_____结构的、性质与酸性物质相似的_____混合物。具有阳离子吸附性能；在吸附重金属离子后，容易_____，重复使用。能吸附工业废水中的许多_____离子，吸附率可达 90％～99％之间。

6.其他吸附剂，如沸石、活性氧化铝等；沸石有_____作用，比表面积约为 1000m^2/g，对水中_____具有特异性吸附能力，吸附量可达 15mg/g。活性氧化铝是_____的水合物加热脱水得到。可用于含_____废水的处理。

（二）单选题

1.物理吸附是指吸附剂与被吸附物质之间，通过（　　）而产生的吸附。

　A.分子间的引力（范德华力）　　　　B.化学键
　C.静电引力　　　　　　　　　　　　D.库仑力

2.化学吸附是指吸附剂与被吸附物质之间产生化学作用，生成（　　）引起的吸附。

　A.分子间的引力（范德华力）　　　　B.化学键
　C.静电引力　　　　　　　　　　　　D.库仑力

3.离子交换吸附是吸附质由于（　　）被吸附在吸附剂表面的带电点上，由此产生的吸附。

　A.分子间的引力（范德华力）　　　　B.化学键
　C.静电引力　　　　　　　　　　　　D.库仑力

4.吸附量的数学表达式为（　　），即单位质量吸附剂吸附溶质的总量，以 q_e 表示，单位为 mg/mg。

　A.$q_e = V(C_0 - C_e)/m$　　　　　　B.$q_e = (C_0 - C_e)/m$
　C.$q_e = V(C_0 + C_e)/m$　　　　　　D.$q_e = V/m$

5.弗兰德利希通过实验得出平衡吸附量 q_e 与平衡浓度 C_e 关系曲线的经验方程式，该方程式为（　　）。

　A.$q_e = K_f C_e^n$　　　B.$q_e = K_f C_e^{1/n}$　　　C.$q_e = C_e^{1/n}$　　　D.$q_e = K_f C_e^{3/n}$

6.弗兰德利希模式特点是：吸附指数 $1/n$，介于 0.1～0.5 之间则容易吸附；大于（　　）时，则难以吸附。

　A.0.5　　　　　　B.1　　　　　　　C.2　　　　　　　D.5

7.依据 q_e^0 达到饱和时极限吸附量，朗格缪尔吸附等温式如下式所示：（　　）。

　A.$q_e = q_e^0 C_e/(a - C_e)$　　　　　　B.$q_e = C_e/(a + C_e)$
　C.$q_e = q_e^0 C_e/(a + C_e)$　　　　　　D.$q_e = q_e^0/(a + C_e)$

8.BET 吸附等温式，如此式所示：（　　）。

　A.$q_e = BC_e q_e^0/(C_s - C_e)\left[1 + B\left(\dfrac{C_e}{C_s}\right)\right]$

　B.$q_e = BC_e q_e^0/(C_s - C_e)\left[1 + (B-1)\left(\dfrac{C_e}{C_s}\right)\right]$

　C.$q_e = BC_e q_e^0/(C_s + C_e)\left[1 + (B-1)\left(\dfrac{C_e}{C_s}\right)\right]$

　D.$q_e = BC_e q_e^0/(C_s - C_e)\left[1 + (B+1)\left(\dfrac{C_e}{C_s}\right)\right]$

（三）判断题

1.吸附处理法，是指利用固体吸附剂的"物理吸附"和"化学吸附"性能去除废水中多种污染物的过程。（　　）

2.吸附处理法，主要应用于去除剧毒和难降解污染物以及城市污水和工业废水的深度处理，其中活性炭吸附法，是不可缺少的工艺技术。（　　　）

3.固体表面有吸附水中溶解及胶体物质的能力。（　　　）

4.比表面积很大的活性炭等具有很高的吸附能力。（　　　）

5.弗兰德利希方程在实践中已得到广泛应用，但是该方程式只适用于中等浓度的溶液。（　　　）

6.朗格缪尔模式特点是适用于各种浓度条件，且式中每一数值都有明确的物理意义，因而得到更广泛的应用。（　　　）

7.BET多分子层吸附理论，是在朗格缪尔单分子层吸附理论的基础上发展起来的，此模式的特点是包括了朗格缪尔单分子层吸附等温式，适用范围更加广泛。（　　　）

8.BET多分子层吸附理论认为，不一定要等第一层吸附满了以后，才吸附第二层，各层可以同时吸附。这样，总的吸附量等于各层吸附量之和。（　　　）

（四）多选题

1.根据固体表面吸附力的不同，吸附可分为（　　　）三种类型。

　　A.凝聚　　　　　　　B.物理吸附　　　　C.化学吸附　　　　　D.离子交换吸附

2.在对吸附的研究中，学者们将吸附过程分为（　　　）三个连续阶段。

　　A.迁移　　　　　　　　　　　　　B.颗粒外部扩散（膜扩散）

　　C.孔隙扩散　　　　　　　　　　　D.吸附反应

3.在吸附过程中，起关键吸附作用的吸附剂种类很多，主要有：（　　　）。

　　A.活性炭　　　　B.树脂吸附剂　　　C.腐殖酸类吸附剂　　D.其他吸附剂

二、归纳总结

（一）填空题

1.朗格缪尔认为固体表面有大量的＿＿＿＿＿＿＿＿＿＿构成，吸附只在这些＿＿＿＿＿＿＿发生，活性中心的吸附作用范围大致为＿＿＿＿＿＿大小，每个活性中心只能吸附＿＿＿＿＿＿＿，当表面吸附活性中心全部被占满时，吸附量达到饱和值，在吸附剂表面上分布被吸附物质的＿＿＿＿＿＿＿。

2.BET多分子层吸附理论认为：固体表面均匀分布着大量＿＿＿＿＿＿＿＿＿，可以吸附溶质分子，并且被吸附的第一层分子本身又可以成为＿＿＿＿＿＿＿＿，再吸附第二层分子，第二层分子又可吸附第三层，如此一层一层吸附持续进行，从而形成＿＿＿＿＿＿＿吸附。

（二）单选题

弗兰德利希方程在实践中已经得到了广泛的应用。应用此式处理和归纳试验数据时，简便而又准确，有很大的实用意义。但是该方程式只适用于（　　　）浓度的溶液。

　　A.低　　　　　　　B.中等　　　　　　C.高　　　　　　　D.极高

（三）判断题

1.影响吸附速率的主要因素，是由膜扩散或孔隙扩散速率来控制的。（　　　）

2.吸附剂的物理化学性质表现为极性吸附剂易吸附非极性吸附质，非极性吸附剂易吸附极性吸附质。（　　　）

3.吸附质的物理化学性质表现为溶解度越低则越容易被吸附；浓度增加，吸附量则会增加；有机物分子尺寸越小，则吸附反应越快。（　　　）

4.影响吸附的因素中废水的pH值表现为活性炭一般在碱性溶液中比在酸性溶液中吸附率高。（　　　）

5.影响吸附的因素中温度表现为温度越高，则吸附越有利。（　　　）

6.影响吸附的因素中共存物的影响，有的共存物表现为有利，有的则互相干扰。（　　）

7.影响吸附的因素中接触时间，表现为吸附速率越快，则达到平衡所需要时间越长。（　　）

（四）多选题

1.为了提高吸附效率，有学者在温度固定条件下，进行了吸附量与溶液浓度之间关系的研究，提出了几种等温吸附理论模式来描述吸附规律。其中主要有（　　）等温式。

　　A.弗兰德利希　　　　B.朗格缪尔　　　　C.BET 吸附　　　　D.莫诺特

2.影响吸附的因素，主要有（　　）方面。

　　A.吸附剂的物理化学性质　　　　　　B.吸附质的物理化学性质

　　C.废水的 pH 值　　　　　　　　　　D.温度

　　E.共存物的影响　　　　　　　　　　F.接触时间

三、知识拓展

吸附法中固体表面是怎样实现吸附的呢？

四、知识回顾

（一）基本概念

1.吸附处理法：是指利用固体吸附剂的物理吸附和化学吸附性能去除废水中多种污染物的过程。

2.物理吸附：是指吸附剂与被吸附物质之间，通过分子间的引力（也就是范德华力）而产生的吸附。

3.化学吸附：是指吸附剂与被吸附物质之间产生化学作用，生成化学键引起的吸附。

4.离子交换吸附：是吸附质由于静电引力被吸附在吸附剂表面的带电点上，由此产生的吸附。

（二）重点内容

影响吸附的因素有：

第一，吸附剂的物理化学性质：表现为极性吸附剂易吸附极性吸附质，非极性吸附剂易吸附非极性吸附质；比表面积大则吸附能力强；颗粒大小、孔隙构造及分布情况、表面化学特性都会有影响。

第二，吸附质的物理化学性质：表现为溶解度越低则越容易被吸附；浓度增加，吸附量则会增加；有机物分子尺寸越小，则吸附反应越快。

第三，废水的 pH 值：表现为活性炭一般在酸性溶液中比在碱性溶液中吸附率高。

第四，温度：表现为温度越低，则吸附越有利。

第五，共存物的影响：有的共存物表现为有利，有的则互相干扰。

第六，接触时间：表现为吸附速率越快，则达到平衡所需要时间越短。

5.1.2　吸附工艺过程及设备

◉**观看视频 5.1.2**

吸附工艺过程及设备

一、知识点挖掘

（一）填空题

1.吸附操作方式分为静态间歇式和动态连续式两种。前者多用于_____或者是_____中，而实际的生产中一般采用的是_____方式。

2. 静态间歇式吸附是将废水和吸附剂放在吸附池内进行 30min 左右的搅拌，然后_____，排除澄清液。

3. 动态连续式吸附则是废水在_____条件下进行的操作或简称为动态吸附。

4. 移动床吸附在操作过程中，定期将一部分接近饱和的_____从吸附柱底部排出，送至再生柱进行_____。

5. 吸附剂再生就是吸附剂本身不发生或极少发生_____的情况下，用某种方法将_____从吸附剂的微孔中除去，恢复它的吸附能力，以达到重复使用的目的。

（二）单选题

1. 流化床吸附则是吸附剂在塔内处于（   ）的状态，悬浮于由下而上的水流中。所以这种运行方式也称为（   ）床吸附。

    A. 悬浮   B. 膨胀   C. 固定   D. 静止

2. 流化床（膨胀床）的吸附率高，适用于处理（   ）含量较高的废水。

    A. 氟化物   B. 硫化物   C. 有机物   D. 悬浮物

3. 吸附塔总面积 F 的计算公式是（   ）。

    A. $f = F/n$ B. $H = VLt$ C. $G = 24Q/W$ D. $F = Q/VL$

4. （   ）法是在高温下吸附质分子提高了振动能，因而易于从吸附剂活性中心点脱离；同时，被吸附的有机物在高温下能氧化分解，或以气态分子逸出，或断裂成短链，因此恢复了吸附能力。

    A. 加热再生   B. 化学再生   C. 生物再生   D. 催化再生

5. （   ）法是通过化学反应，使吸附质转化为易溶于水的物质而解吸下来。

    A. 加热再生   B. 化学再生   C. 生物再生   D. 催化再生

6. （   ）法是利用微生物的作用，将被活性炭吸附的有机物氧化分解，使活性炭得到再生。

    A. 加热再生   B. 化学再生   C. 生物再生   D. 催化再生

（三）判断题

1. 吸附操作方式分为静态间歇式和动态连续式两种。（   ）

2. 固定床动态吸附是废水处理工艺中最常用的一种方式，由于吸附剂固定填充在吸附柱或者是吸附塔中，所以叫作固定床。（   ）

3. 当废水连续流过吸附剂层时，吸附质便不断地被吸附。若吸附剂数量足够，出水中吸附质的浓度即可降低至接近于零。（   ）

4. 随着运行时间的延长，出水中吸附质的浓度会逐渐地增加。当达到某一规定的数值时，就必须停止通水，进行吸附剂的再生。（   ）

5. 移动床吸附则是废水从吸附柱顶部进入，处理后的水由吸附柱底部排出。（   ）

（四）多选题

1. 动态连续式吸附是废水在流动条件下进行的操作或简称为动态吸附。动态吸附有（   ）三种方式。

    A. 固定床   B. 连续床   C. 移动床   D. 流化床

2. 移动床吸附这种运行方式与固定床吸附相比，能（   ），但是吸附柱内上下层吸附剂不能相混，所以对操作管理要求较为严格。

    A. 更充分的利用吸附剂的吸附能力   B. 水头损失小

    C. 再生柱再生能力   D. 水头损失大

3. 活性炭的再生主要有（   ）方法。

    A. 加热再生法   B. 化学再生法   C. 生物再生法   D. 电解再生法

4.加热再生过程分为（　　　　）这五个部分。

　　A. 脱水　　　　　　　B. 干燥　　　　　　　C. 碳化

　　D. 活化　　　　　　　E. 冷却

二、归纳总结

（一）填空题

1.固定床吸附过程中，当吸附质浓度为 C_0 的废水自_____进入吸附柱后，首先与第一层吸附剂接触，_____了吸附质的浓度。降低了浓度的废水接着进入第二层吸附剂，又使其浓度进一步_____。

2.固定床吸附过程中，当运行到某一时刻时，吸附带 δ 的前沿达到吸附柱内整个吸附剂层的下端，此时的出水浓度不再保持 $C=0$，开始出现污染物质，这一时刻就称为吸附柱工作的_____。

3.固定床吸附的过程中，当运行到吸附柱工作的穿透点后，如果废水仍然继续通过，吸附带仍将往下移动，直到吸附带上端达到吸附层的下端。这时全部的吸附剂都达到了饱和状态，_____与_____相等，吸附柱即全部丧失工作能力。

（二）单选题

1.固定床吸附的过程，当吸附质浓度为 C_0 的废水自上方进入吸附柱后，首先与（　　　）吸附剂接触，降低了吸附质的浓度。

　　A. 第一层　　　　　　B. 第二层　　　　　　C. 第三层　　　　　　D. 第四层

2.固定床吸附，由于废水是连续不断地流过吸附剂层的，所以随着运行时间的增加，上部吸附剂层中的吸附质浓度将逐渐地增高，到某一时刻就达到（　　　），从而失去了继续吸附的能力。

　　A. 饱和　　　　　　　B. 过饱和　　　　　　C. 非饱和　　　　　　D. 浓度为零

3.固定床吸附实际操作中，通常是根据对出水水质的要求，规定一个出水含污染物的浓度（　　　）值，当运行达到这一规定的允许值时，即认为吸附已达到穿透点，吸附柱便应该停止工作，需要进行吸附剂的更换或者是再生。

　　A. 最大　　　　　　　B. 允许　　　　　　　C. 最小　　　　　　　D. 合理

（三）判断题

1.固定床吸附，废水依次流下，当流到某一深度时，其中的吸附质全部被吸附，该层出水中吸附质的浓度 $C=0$，在此深度以下的吸附剂暂未发挥作用。（　　　）

2.固定床吸附，实际发挥吸附作用的吸附剂层高度 δ 称为吸附带。在正常运行情况下，δ 值是一个变数。（　　　）

3.固定床吸附，随着运行时间的推移，吸附带逐步向下移动，上部饱和区高度不断地减少，下部新鲜的吸附剂层高度则不断地增加。（　　　）

4.固定床吸附过程中，当运行到吸附柱工作的穿透点后，如果废水仍然继续通过，吸附带仍将往下移动，直到吸附带上端达到吸附层的下端。这时全部吸附剂都达到了饱和，出水浓度与进水浓度相等，$C=C_0$，吸附柱即全部丧失工作能力。（　　　）

5.在实际操作中，吸附柱达到完全饱和及出水浓度达到与进水浓度相等都是不可能的。出水浓度 C_X 只能接近于进水浓度 C_0，两者保持一个很小的浓度差值，通常 $C_X=(0.9\sim0.95)C_0$，这一点称为吸附剂吸附容量的耗竭点。（　　　）

（四）多选题

1.移动床吸附塔经验计算法的要点是根据经验或者是实验资料选定空塔速度 V_L(m/h)、

接触时间 t（h）、通水倍数 W（m³/kg）以及并联塔数 n 等参数，即可计算：（　　）。

  A. 吸附塔总面积 F（m²）   B. 每个塔的截面积 f（m²）

  C. 吸附塔的直径 D（m）   D. 吸附塔的活性炭层高 H（m）

  E. 每天需用的活性炭重量 G（t/d）

  2.化学再生法还包括使用某种溶剂将被活性炭吸附的物质解吸下来。常用的溶剂有（　　）等。化学氧化法也属于一种化学再生法。

  A. 酸   B. 碱   C. 苯   D. 丙酮   E. 甲醇

三、知识拓展

在固定床吸附实际操作中，吸附柱达到完全饱和及出水浓度达到与进水浓度相等可能否？

四、知识回顾

（一）基本概念

1.静态间歇式吸附：是将废水和吸附剂放在吸附池内进行 30min 左右的搅拌，然后静置沉淀，排除澄清液。

2.动态连续式吸附：则是废水在流动条件下进行的操作或简称为动态吸附。

3.吸附柱工作的穿透点：固定床吸附过程中，当运行到某一时刻时，吸附带 δ 的前沿达到吸附柱内整个吸附剂层的下端，此时的出水浓度不再保持 $C=0$，开始出现污染物质，这一时刻就称为吸附柱工作的穿透点。

4.吸附剂吸附容量的耗竭点：在固定床吸附实际操作中，吸附柱达到完全饱和及出水浓度达到与进水浓度相等都是不可能的。出水浓度 C_X 只能接近于进水浓度 C_0，两者保持一个很小的浓度差值，通常 $C_X=(0.9\sim0.95)C_0$，这一点称为吸附剂吸附容量的耗竭点。

5.吸附剂再生：就是吸附剂本身不发生或极少发生变化的情况下，用某种方法将吸附质从吸附剂的微孔中除去，恢复它的吸附能力，以达到重复使用的目的。

（二）重点内容

固定床吸附柱的工作规律：

当吸附质浓度为 C_0 的废水自上方进入吸附柱后，首先与第一层吸附剂接触，降低了吸附质的浓度。降低了浓度的废水接着进入第二层吸附剂，又使其浓度进一步降低。废水依次流下，当流到某一深度时，其中的吸附质全部被吸附，该层出水中吸附质的浓度 $C=0$，在此深度以下的吸附剂暂未发挥作用。由于废水是连续不断地流过吸附剂层的，所以，随着运行时间的增加，上部吸附剂层中的吸附质浓度将逐渐地增高，到某一时刻就达到饱和，从而失去了继续吸附的能力。实际发挥吸附作用的"吸附剂层"高度 δ 称为吸附带。在正常运行情况下，δ 值是一个常数。随着运行时间的推移，吸附带逐步向下移动，上部饱和区高度不断地增加，下部新鲜的"吸附剂层"高度则不断地减小。当运行到某一时刻时，吸附带 δ 的前沿达到吸附柱内整个吸附剂层的下端，此时的出水浓度不再保持 $C=0$，开始出现污染物质，这一时刻就称为吸附柱工作的穿透点。此后，如果废水仍然继续通过，吸附带仍将往下移动，直到"吸附带"上端达到"吸附层"的下端。这时全部吸附剂都达到了饱和，出水浓度与进水浓度相等，$C=C_0$，吸附柱即全部丧失工作能力。

但是，在实际操作中，吸附柱达到完全饱和及出水浓度达到与进水浓度相等都是不可能的。出水浓度 C_X 只能接近于进水浓度 C_0，两者保持一个很小的浓度差值，通常 $C_X=(0.9\sim0.95)C_0$，这一点称为吸附剂"吸附容量的耗竭点"。另外，在实际中，通常是根据对出水水质的要求，规定一个出水含污染物的浓度允许值，当运行达到这一规定的允许值时，即认为吸附已达到穿透点，吸附柱便应该停止工作，需要进行吸附剂的更换或者是再生。

5.1.3 吸附法在废水处理中的应用

吸附法在废水
处理中的应用

◎观看视频 5.1.3

一、归纳总结

（一）填空题

1.近几年随着废水处理程度和废水回收率的要求越来越高，活性炭的产量和品种日益增加，所以_____这种高效处理方法受到普遍重视，是一种十分重要的废水处理方法。

2.某厂含汞废水由于水量较小，每天约为 $10 \sim 20 \ m^3$，所以采用_____吸附法，设置两个吸附池，一个吸附池进行处理时，将废水注入另一个吸附池中，进行_____的工作。

3.本工程项目用吸附法处理含铬废水，处理装置为_____。

4.某炼油厂含油废水经过隔油、气浮、生化、砂滤处理后，再用_____进行深度处理，出水水质达到地表水标准。

（二）单选题

某厂含汞废水先经过硫化钠沉淀处理，过程中加入石灰石来调节 pH 值，投加硫酸亚铁作为混凝剂，经过处理后汞的浓度仍约为 1mg/L，高峰时达到了 $2 \sim 3 \ mg/L$，而允许排放的标准是 0.05 mg/L，所以需要采用（　　）进一步处理。

 A.活性污泥法   B.生物膜法   C.活性炭吸附法   D.厌氧处理法

（三）判断题

用活性炭处理含铬电镀废水已经获得了较为广泛的应用。（　　）

（四）多选题

1.在废水处理中，吸附法主要用于脱除废水中的微量污染物，以达到深度净化的目的，它的应用范围包括（　　）。

 A.脱色   B.脱臭   C.脱除重金属离子

 D.脱除溶解有机物   E.脱除放射性物质

2.吸附法除在处理含汞废水、含铬废水及炼油废水中应用外，对（　　）等都可以用活性炭吸附处理，效果良好。

 A.染料废水   B.火药化工废水   C.有机磷废水

 D.显影废水   E.印染废水   F.合成洗涤剂废水

5.2   离子交换法 　　‹

5.2.1   离子交换基本原理

离子交换基本原理

◎观看视频 5.2.1

一、知识点挖掘

（一）填空题

1.按照所交换离子带电的性质，离子交换反应可分为_____和_____两种类型。

2. 离子交换剂可分为_____和_____两类。

3. 骨架又称为母体，是形成离子交换树脂的_____主体。

4. 活性基团是由_____和_____组成，固定离子固定在树脂骨架上。

5. 活动离子也叫_____，则依靠_____与固定离子结合在一起，二者电性相反电荷相等，处于电性中和的状态。

（二）单选题

1. 离子交换法就是利用固相离子交换剂功能基团所带的（　　）与溶液中相同电性的离子进行交换反应，以达到离子置换、分离、去除、浓缩等目的方法。

　　A. 阴离子　　　　　　B. 可交换离子　　　　C. 阳离子　　　　　D. 活性离子

2. 当 A^+ 离子型的阳离子交换剂与含有 B^+ 离子的溶液接触时，在一定的条件下进行了如下的离子交换反应：（　　）。

　　A. $RA - B^+ = RB - A^+$　　　　　　　　　　B. $A + B^+ = RB + A^+$

　　C. $RA + B^+ = B + A^+$　　　　　　　　　　D. $RA + B^+ = RB + A^+$

（三）判断题

1. 有机离子交换剂是一种高分子聚合物电解质，称为离子交换树脂，它是使用最为广泛的离子交换剂。（　　）

2. 离子交换树脂由骨架和活性基团两部分组成。（　　）

3. 在低浓度和常温下，交换离子与固定离子结合的能力，即离子的交换势，它是随着溶液中离子价数的增加而减小。（　　）

4. 在低浓度和常温下，价数相同时交换势随原子序数增加而减小。（　　）

5. 交换势随离子浓度的增加而增大。高浓度的低价离子甚至可以把相对低浓度的高价离子置换下来，这就是离子交换树脂能够再生的依据。（　　）

（四）多选题

1. 离子交换树脂按照"功能基团"的性质可分为：（　　）这五种类型。

　　A. 含有酸性基团的阳离子交换树脂

　　B. 含有碱性基团的阴离子交换树脂

　　C. 含有胺羧基团等的螯合树脂

　　D. 含有氧化-还原基团的氧化还原树脂

　　E. 两性树脂

2. 离子交换动力学过程，包括以下（　　）五个步骤。

　　A. 溶液中的离子从溶液中扩散到树脂的表面

　　B. 离子透过树脂的颗粒表面的边界膜

　　C. 离子在树脂颗粒"内部孔隙中"扩散到交换点

　　D. 离子在交换点进行交换反应

　　E. 被交换下来的活动离子沿相反方向迁移到溶液中去

二、归纳总结

（一）填空题

1. 在离子交换动力学过程中，_____是瞬时完成的，其余的步骤属于离子的扩散过程，所以离子交换速率实际上是由_____所控制的。

2. 在废水处理的正常流速下，交换速度主要取决于_____及_____。一般来说，溶液中交换离子浓度低时，_____为控制因素；浓度高时，则_____为控制因素。

3. 提高离子交换过程的速度，可以增大溶液的_____程度或者是_____，这样会使膜扩散加速从而促进交换过程。

4. 又因为膜扩散和孔扩散分别与交换树脂颗粒的半径和半径的平方成反比，所以缩小颗粒_____会使交换速率增大。

5. 此外，降低交换树脂颗粒内的_____，增加_____等也可以提高离子交换过程的速率。

（二）单选题

1. （　　）是指离子交换树脂交换能力的大小，表示树脂所能吸着的交换离子数量。
   A. 离子交换树脂的交换容量　　　　　　B. 树脂的溶胀性
   C. 树脂的物理稳定性　　　　　　　　　D. 树脂的化学稳定性

2. （　　）是指由于离子交换树脂含有极性很强的交换基团，其亲水性强，在溶液中有着溶胀和收缩的性能，我们用溶胀率来表示。
   A. 离子交换树脂的交换容量　　　　　　B. 树脂的溶胀性
   C. 树脂的物理稳定性　　　　　　　　　D. 树脂的化学稳定性

3. （　　）是指树脂受到机械作用时磨损的程度，包括温度变化时对树脂影响的程度。
   A. 离子交换树脂的交换容量　　　　　　B. 树脂的溶胀性
   C. 树脂的物理稳定性　　　　　　　　　D. 树脂的化学稳定性

4. （　　）是指树脂承受酸碱度变化的能力、抵抗氧化还原的能力等。
   A. 离子交换树脂的交换容量　　　　　　B. 树脂的溶胀性
   C. 树脂的物理稳定性　　　　　　　　　D. 树脂的化学稳定性

（三）判断题

1. 离子交换树脂的交换选择性：即是离子交换树脂对水溶液或废水中某种离子优先交换的性能。它表征树脂对不同离子亲和能力的差别。（　　　）

2. 树脂的粒度对水流分布、床层的压力没有影响。（　　　）

3. 树脂密度对设计计算交换柱，对交换柱反洗强度以及对混合床再生前的分层分离状态等都有关系。所以，这些性能在选择和使用离子交换树脂时必须予以考虑。（　　　）

4. 用 K 表示交换反应平衡系数，我们可以根据 K 值的大小，判断交换树脂对某种离子吸着选择性的强弱，所以把 K 值也称为离子交换平衡选择系数。K 值越大，则吸着量越大；溶液中 B^{n+} 离子去除率也就越高。（　　　）

（四）多选题

1. 离子交换法就是利用固相离子交换剂功能基团它所带的可交换离子，与溶液中相同电性的离子进行交换反应，以达到离子的 （　　）等目的。
   A. 置换　　　　　B. 分离　　　　　　C. 去除　　　　　　D. 浓缩

2. 离子交换树脂主要具有 （　　）等性能。
   A. 交换选择性　　　B. 交换容量　　　　C. 溶胀性
   D. 物理与化学稳定性　　　　　　　　　E. 粒度、密度

三、知识拓展

如何提高离子交换过程的速率？

四、知识回顾

（一）基本概念

1. 离子交换法：就是利用固相离子交换剂功能基团它所带的可交换离子与溶液中相同电

性的离子进行交换反应，以达到离子的置换、分离、去除、浓缩等目的的方法。

2.离子交换树脂的交换选择性：即是离子交换树脂对水溶液或废水中某种离子优先交换的性能。它表征树脂对不同离子亲和能力的差别。

3.离子交换树脂的交换容量：是指离子交换树脂交换能力的大小，表示树脂所能吸着的交换离子数量。

4.树脂的溶胀性：是指由于离子交换树脂含有极性很强的交换基团，其亲水性强，在溶液中有着溶胀和收缩的性能，我们用溶胀率来表示。

5.树脂的物理稳定性：指树脂受到机械作用时磨损的程度，包括温度变化时对树脂影响的程度。

6.树脂的化学稳定性：指树脂承受酸碱度变化的能力、抵抗氧化还原的能力等。

（二）重点内容

1.离子交换树脂的选择性规律：

第一，在低浓度和常温下交换离子与固定离子结合的能力，即是离子的交换势，它是随着溶液中离子价数的增加而增加，比如：（钍）Th^{4+}＞（镧）La^{3+}＞Ca^{2+}＞Na^+。

第二，在低浓度和常温下价数相同时，交换势随着原子序数增加而增加。这是因为原子序数大，水化离子半径就小，作用力就强。比如：（钡）Ba^{2+}＞（锶）Sr^{2+}＞Ca^{2+}＞Mg^{2+}。

第三，交换势随离子浓度的增加而增大。高浓度的低价离子甚至可以把相对低浓度的高价离子置换下来，这就是离子交换树脂能够再生的依据。

第四，H^+离子和OH^-离子的交换势，取决于它们与固定离子所形成的酸或碱的强度，强度越大，交换势就越小。

第五，金属在溶液中呈络阴离子存在时，一般来说交换势降低。

2.离子交换动力学过程：

第一，溶液中的离子从溶液中扩散到树脂的表面；

第二，离子透过树脂的颗粒表面的边界膜；

第三，离子在树脂颗粒内部孔隙中扩散到交换点；

第四，离子在交换点进行交换反应；

第五，被交换下来的活动离子沿相反方向迁移到溶液中去。

5.2.2　离子交换工艺过程及设备

⊙观看视频 5.2.2

离子交换工艺过程
及设备

一、知识点挖掘

（一）填空题

1.交换阶段是利用离子交换树脂的_____能力，从废水中分离脱除需要去除的离子的这样一个操作过程。

2.以树脂 RA 处理含离子 B 的废水为例，说明离子交换的一个过程：当废水进入交换柱后，首先与顶层的树脂进行接触并进行_____，_____离子被吸着，而_____离子则被交换下来。

3.当废水不断地流过树脂层时，工作层便不断地下移。这样，交换柱在交换过程中，整个树脂层就形成了上部_____、中部_____、下部_____的这样三个部分。

4.当交换柱树脂达到饱和以后，就要对它进行_____。

5. 再生的推动力主要是反应系统的_____。

6. 对弱酸、弱碱树脂而言除浓度差的作用外，还由于它们分别对 H^+ 和 OH^- 的亲和力_____，所以用酸和碱再生时，比强酸、强碱树脂更容易_____，所以使用的再生剂浓度也_____。

7. 再生的方法有两种：一种是_____，第二种是_____。

（二）单选题

1. 通常把厚度 Z 称为工作层或者叫交换层。交换柱中树脂的实际填装高度要远远地（　　）工作层厚度 Z。

    A. 小于　　　　　　B. 等于　　　　　　C. 大于　　　　　　D. 小于等于

2. 串联柱全饱和工艺操作方法是当交换柱达到（　　）时，仍让其继续工作，只是把该交换柱的出水引入到另一个已再生好的投入工作的交换柱，以便保证出水水质符合要求，该交换柱则工作到全部树脂都达到饱和后再进行再生。

    A. 饱和点　　　　　B. 穿透点　　　　　C. 交换点　　　　　D. 耗竭点

3.（　　）离子交换器在工作时，床层固定不变，水流是由上而下流动的。

    A. 固定床　　　　　B. 流化床　　　　　C. 移动床　　　　　D. 流动床

4.（　　）交换设备工作时，需定期从交换柱排出部分失效树脂，送到再生柱再生，同时补充等量的新鲜树脂参与工作。

    A. 固定床　　　　　B. 流化床　　　　　C. 移动床　　　　　D. 流动床

5.（　　）交换设备是交换树脂在连续移动中实现交换和再生的。

    A. 固定床　　　　　B. 流化床　　　　　C. 移动床　　　　　D. 流动床

6. 一个交换周期内去除的污染物总量 $N(mol)$ 的计算方法：选定交换周期 $T(h)$，依据废水的初期浓度 C_0 和出水残留浓度 C，按下式计算：（　　）。

    A. $N=Q(C_0+C)T$　B. $N=(C_0-C)T$　C. $N=(C_0+C)T$　D. $N=Q(C_0-C)T$

7. 根据选定的树脂工作交换容量 $E(mol/m^3)$，来计算所需的树脂体积 V_R（m^3），如下式所示：（　　）。

    A. $V_R=N/E$　　　　　　　　　　B. $V_R=N/E$ (C_0-C) T

    C. $V_R=NT/E$　　　　　　　　　　D. $V_R=N/ET$

8. 根据树脂的湿密度 $\rho(t/m^3)$，按下列公式计算树脂重量 $M(t)$：（　　）。

    A. $M=V_R\rho N$　　　　B. $M=V_R\rho$　　　　C. $M=V_R\rho NT$　　　　D. $M=V_R\rho N/T$

9. 交换柱主要尺寸的计算过程为：先选定树脂层的高度 H_R（一般为 $0.70\sim1.50m$），然后根据 V_R 和 H_R 计算交换柱的直径 $D(m)$，再按照下式计算交换柱的总高度 $H(m)$：（　　）。

    A. $H=(0.8\sim1.0)H_R$　　　　　　B. $H=(1.0\sim1.8)H_R$

    C. $H=(1.8\sim2.0)H_R$　　　　　　D. $H=(2.8\sim3.0)H_R$

（三）判断题

1. 当交换柱尺寸一定时，工作层厚度 z 越小，树脂利用率越高。（　　）

2. 再生阶段就是利用再生剂使树脂恢复到原有的交换容量。（　　）

3. 离子交换树脂的再生是离子交换的逆过程。（　　）

4. 交换柱主要尺寸计算完毕后，需要核算过滤速度，如果计算出的滤速与一般经验值相差太大，就得重新计算。（　　）

（四）多选题

1. 离子交换操作，是在装有离子交换剂的交换柱中以过滤的方式进行的。整个工艺过程一般包括（　　）四个阶段，这四个阶段是依次进行的，形成了不断循环的工作周期。

    A. 交换　　　　　　B. 反洗　　　　　　C. 再生

    D. 清洗　　　　　　E. 过滤

  2. 最常用的离子交换设备有（　　）三种。

    A. 固定床　　　　B. 流化床　　　　C. 移动床　　　　D. 流动床

二、归纳总结

（一）填空题

1. 离子交换过程中，当运行到某一时刻时工作层的前沿达到交换柱树脂底层的下端，于是出水中开始出现 B 离子，这个临界点我们称之为_____。

2. 离子交换过程中，达到穿透点时，最后一个工作层的树脂尚有一定的交换能力。若继续通入废水，仍能去除一定量的 B 离子，不过出水中的 B 离子浓度会越来越高，直到出水和进水中的 B 离子浓度相等，这时整个交换柱的交换能力就算耗尽了，也就是说达到了_____。

3. 一般废水处理中，交换柱到穿透点时就应该停止工作，进行树脂的再生。但是为了利用树脂的交换能力可采用_____工艺。

4. 工作层的厚度是随工作条件而变化的，其主要取决于_____和_____的相互关系。

5. 反冲洗的目的有两个：一个是_____，使再生液能均匀地渗入树脂层中，与交换剂颗粒充分地接触；另一个是，把过滤过程中产生的破碎粒子和截留的污物_____。

6. 清洗的目的是洗涤残留的_____和再生时可能出现的_____。

（二）单选题

离子交换速度就是单位时间内能完成交换历程的离子数量。对于给定的树脂和废水，交换柱的离子交换速度基本上是一个（　　）。

    A. 随温度而变化的值　　　　　　B. 随浓度而变化的值

    C. 变量　　　　　　　　　　　　D. 定值

（三）判断题

1. 所谓离子供应速度，就是单位时间内通过某一树脂层的离子数量，它又取决于过滤速度。过滤速度大，离子供应速度也大。（　　）

2. 离子供应速度小于或者等于离子交换速度时，工作层厚度就大，树脂的利用率就低。（　　）

3. 强酸、强碱树脂大都是二次再生。（　　）

4. 弱酸、弱碱树脂则大多是二次再生：一次是洗脱再生，一次是转型再生。（　　）

（四）多选题

影响离子交换树脂利用率的因素主要有（　　）。

    A. 工作层厚度　　　　　　　　　B. 整个树脂层的高宽尺寸比例

    C. 离子供应速度　　　　　　　　D. 离子交换速度

三、知识拓展

离子交换过程中，达到哪一个点是工作停止点呢？

四、知识回顾

（一）基本概念

1. 离子交换操作：是在装有离子交换剂的交换柱中以过滤的方式进行的。整个工艺过程一般包括：交换、反洗、再生和清洗四个阶段，这四个阶段是依次进行的，形成了不断的循环工作周期。

2.离子供应速度：就是单位时间内通过某一树脂层的离子数量，它又取决于过滤速度。过滤速度大，离子供应速度也大。

3.离子交换速度：就是单位时间内能完成交换历程的离子数量。对于给定的树脂和废水，交换柱的离子交换速度基本上是一个定值。

（二）重点内容

离子交换过程

以树脂 RA 处理含离子 B 的废水为例，说明离子交换的一个过程：

当废水进入交换柱后，首先与顶层的树脂进行接触并进行交换，B 离子被吸着，而 A 离子则被交换下来。

废水继续流过下层树脂时，水中 B 离子浓度逐渐降低，而 A 离子却逐渐升高。

当废水流经一段滤层之后，全部 B 离子都被交换成 A 离子了，再往下便无变化地流过其余的滤层，此时出水中的 B 离子浓度 $c_B=0$。

通常把厚度 Z 称为工作层或者叫交换层。交换柱中树脂的实际填装高度要远远地大于工作层厚度 Z，因此当废水不断地流过树脂层时，工作层便不断地下移。这样，交换柱在交换过程中，整个树脂层就形成了上部饱和、中部工作、下部新料层的这样三个部分。

当运行到某一时刻时，工作层的前沿达到交换柱树脂底层的下端，于是出水中开始出现 B 离子，这个临界点我们称之为穿透点。

达到穿透点时，最后一个工作层的树脂尚有一定的交换能力。若继续通入废水，仍能去除一定量的 B 离子，不过出水中的 B 离子浓度会越来越高，直到出水和进水中的 B 离子浓度相等，这时整个交换柱的交换能力就算耗尽了，也就是说达到了饱和点。

一般废水处理中，交换柱到穿透点时就应该停止工作，进行树脂的再生。但是为了利用树脂的交换能力，可采用串联柱全饱和工艺。这种操作方法是：当交换柱达到穿透点时，仍让其继续工作，只是把该交换柱的出水引入到另一个已再生好的投入工作的交换柱，以便保证出水水质符合要求，该交换柱则工作到全部树脂都达到饱和后再进行再生。

5.2.3　离子交换法在废水处理中的应用

⊙观看视频 5.2.3

一、归纳总结

（一）填空题

1.当汞在废水中呈_____形态存在时，含巯基的树脂如聚硫代苯乙烯阳离子交换树脂，对它们的分离具有特效的作用。

2.本离子交换法处理含汞废水实例的流程是：将甲基汞废水通入_____交换柱进行交换，然后用_____溶液洗脱，洗脱液经过_____照射迅速分解后，再用_____还原回收金属汞。经过处理出水中含甲基汞 $1\mu g/L$，_____得以回收。

3.当汞在废水中呈带负电荷的氯化汞络合离子时，则应采用_____树脂来处理。

4.本离子交换法处理在带负电荷的氯化汞络合离子废水处理实例中，用_____交换树脂，几乎可以完全将废水中的汞吸着，然后用_____进行洗脱，以氯化汞的形式进行回收。

5.在废水中镉以 Cd^{2+} 离子或是络离子形态存在时，例如镀镉漂洗水，含镉约 $20mg/L$，

离子交换法在废水
处理中的应用

pH 值 7 左右，采用_____型的 DK110 阳离子交换树脂进行处理，得到良好的效果。

6. 用离子交换法处理含铬废水，目前国内多采用_____工艺流程。

7. 在城市污水的深度处理中，也可用_____法去除常规二级处理中难以去除的营养物质磷和氮，使水质达到受纳水体或者是某具体回用目的的水质标准。

8. 现在已经研究和开发了一种对铵能选择性交换的_____交换剂，可以使处理后出水铵的浓度降到 0.22～0.26mg/L，再生废液经分离铵后可以重复使用。

（二）判断题

1. 在废水中镉也有两种离子形态。氰化镀镉淋洗水中的镉为四氰络镉阴离子，它可以用 D370 大孔的叔胺型弱碱性阴离子交换树脂来处理，出水含镉低于国家排放标准。（　　）

2. 用离子交换法处理含铬废水，不论是单独使用还是在闭路循环系统中与其他单元组合使用都具有普遍性。一般认为，该法用来回收铬和消除污染是经济合理的，当废水中含铬浓度为 100 mg/L 时，回收铬的价值完全可以抵偿处理费。（　　）

3. 使用普通离子交换树脂去除废水中的含氮物质并不完全适宜，因为这些树脂对铵和硝酸根离子以外的其他离子尤其是高价离子具有优先交换性。（　　）

5.3　膜分离法

5.3.1　扩散渗析法

⊙观看视频 5.3.1

扩散渗析法

一、知识点挖掘

（一）填空题

1. 膜分离过程中，被分离的物质大都不发生____的变化。相比之下蒸发、蒸馏、萃取、吸附等分离过程都伴随着从____或____到气相的变化。

2. 薄膜是具有选择透过性的，将此特性加以利用把混合液中的不同组分进行分离的方法，就叫作____。

3. 起渗析作用的薄膜，因为它对溶质的渗透性有选择作用，所以叫作____。

（二）单选题

扩散渗析是使高浓度溶液中的溶质透过薄膜向低浓度溶液中迁移的过程，它的推动力是薄膜两侧的（　　）。

A. 能量差　　　　B. 温度差　　　　C. 压力差　　　　D. 浓度差

（三）判断题

1. 膜分离技术主要应用于给水脱盐及工业废水的处理等。（　　）

2. 膜分离过程不发生相变，与其他方法相比能耗较高。（　　）

3. 膜分离法容易实现自动化操作、便于运行管理、可以频繁地启动或停止。（　　）

4. 扩散渗析的渗析速率与膜两侧溶液的浓度差成反比。（　　）

5. 扩散渗析的特点是渗析过程不耗电，运转费用低，但是分离效率低，设备投资较大。（　　）

（四）多选题

1. 膜分离技术不仅适用于（　　　）的分离而且还适用于诸如溶液中大分子与无机盐的分离、一些共沸物或近沸物等特殊溶液体系的分离。

    A. 有机物   B. 无机物   C. 细菌   D. 病毒

2. 根据分离精度和驱动力的不同，膜分离技术可以分为（　　　）等。

    A. 扩散渗析法   B. 电渗析法   C. 反渗透

    D. 超滤   E. 液膜渗析   F. 隔膜电解

二、归纳总结

（一）填空题

1. 作为一种新型的水处理方法与常规水处理方法相比，_____法的设备紧凑、占地面积小。

2. 只有当原液中硫酸的浓度不小于_____时，扩散渗析的回收效果才显著，才有实用的价值。

3. 为了提高膜两侧的浓度差，水与原液在阴膜的两侧_____而流。

（二）单选题

用扩散渗析法回收酸洗钢铁废水中的硫酸，回收硫酸的扩散渗析器中，全部使用（　　　）。

    A. 特殊离子交换膜 B. 复合交换膜   C. 阳离子交换膜   D. 阴离子交换膜

（三）判断题

1. 最初扩散渗析使用的薄膜是惰性膜，大多用于高分子物质的提纯。（　　　）

2. 利用膜的选择透过性，可以分离电解质。（　　　）

（四）多选题

1. 膜分离法是利用具有选择透过性能的薄膜，在外力的推动下对双组分或多组分溶质和溶剂进行（　　　）的方法。

    A. 分离   B. 提纯   C. 浓缩   D. 沉降

2. 与传统的分离技术相比，膜分离技术具有（　　　）的特点。

    A. 效率高   B. 能耗低   C. 应用范围广

    D. 占地小   E. 操作方便

三、知识拓展

在日常生活中我们会发现，一些动物膜如膀胱膜、羊皮纸等，有分隔水溶液中某些溶解物质的作用，这是为什么呢？

四、知识回顾

（一）基本概念

1. 膜分离法：是利用具有选择透过性能的薄膜，在外力的推动下对双组分或多组分溶质和溶剂进行分离、提纯、浓缩的方法。

2. 扩散渗析法：利用薄膜的选择透过性把混合液中的不同组分进行分离的方法，就叫作扩散渗析法。

3. 半透膜：起渗析作用的薄膜，因为它对溶质的渗透性有选择作用，所以叫作半透膜。

（二）重点内容

膜分离技术的特点

第一，效率高。传统分离技术的分离极限是微米，而膜分离技术可分离分子量为几千道尔顿，甚至几百道尔顿的物质。

第二，能耗低。膜分离过程不发生相变，与其他方法相比能耗较低。例如在海水淡化过程中，反渗透法能耗最低。主要原因是：膜分离过程中，被分离的物质大都不发生相的变化。相比之下，蒸发、蒸馏、萃取、吸附等分离过程都伴随着从液相或吸附相到气相的变化。

第三，应用范围广。膜分离技术不仅适用于有机物、无机物、细菌和病毒的分离，而且还适用于诸如溶液中大分子与无机盐的分离、一些共沸物或近沸物等特殊溶液体系的分离。

第四，占地小。作为一种新型的水处理方法，与常规水处理方法相比，膜分离法的设备紧凑、占地面积小。

第五，操作方便。容易实现自动化操作、便于运行管理、可以频繁的启动或停止。

5.3.2　电渗析法

⊙**观看视频 5.3.2**

电渗析法

一、知识点挖掘

（一）填空题

1.电渗析器中交替排列着许多_____和_____，隔成小水室。

2.当原水进入这些小水室时，在_____电场的作用下，溶液中的离子就作_____的迁移。阳膜只允许_____通过而把阴离子截留下来；阴膜只允许阴离子通过而把_____截留下来。结果使这些小室的一部分变成含离子很少的淡水室，出水称为_____。而与淡水室相邻的小室则变成聚集大量离子的浓水室，出水称为_____，从而使离子得到了_____和_____，水便得到了净化。

3.电渗析膜也叫离子交换膜，按_____的不同分为阳离子交换膜、阴离子交换膜和特殊离子交换膜。

（二）单选题

1.（　　）是指能离解出阳离子的离子交换膜，或者说在膜结构中含有酸性活性基团的膜。它能选择性地透过阳离子，而不让阴离子透过。

　　A.阳离子交换膜　　B.阴离子交换膜　　C.特殊离子交换膜　　D.钠离子交换膜

2.（　　）是指能离解出阴离子的离子交换膜，或者说在膜结构中含碱性活性基团的膜。它能选择性地透过阴离子，而不让阳离子透过。

　　A.阳离子交换膜　　B.阴离子交换膜　　C.特殊离子交换膜　　D.钠离子交换膜

3.（　　）也叫作复合膜，这种膜是由一张阳膜和一张阴膜复合而成。

　　A.阳离子交换膜　　B.阴离子交换膜　　C.特殊离子交换膜　　D.钠离子交换膜

4.极限电流密度是使膜界面层中产生极化现象时的电流密度，用 $i_{\lim}$ 来表示。依据界面层外溶液中离子浓度 C，扩散系数 D，法拉第常数 F，反离子在交换膜内的迁移数 $t_{平均}$，反离子在溶液中的迁移数 t，界面层厚度 δ，则其理论值计算公式如下式所示：（　　）。

　　A.$i_{\lim}=CDF/(t_{平均}+t)\delta$　　　　　　B.$i_{\lim}=\delta CDF/(t_{平均}-t)$

　　C.$i_{\lim}=CDF/(t_{平均}-t)\delta$　　　　　　D.$i_{\lim}=CDF/t_{平均}\delta$

（三）判断题

1.电渗析和离子交换相比，相同点是分离离子的工作介质均为离子交换树脂。（　　）

2.极限电流密度是使膜界面层中产生极化现象时的电流密度。（　　）

（四）多选题

1.电渗析器是利用电渗析原理脱盐或处理废水的装置。它由（　　）三大部分构成。

　　A.膜堆　　　　　　B.支撑装置　　　　　C.极区　　　　　　D.压紧装置

2.总体上电渗析法处理废水的特点是（　　）。

　　A.不需要消耗化学药品　　　　　　B.设备简单

　　C.操作方便　　　　　　　　　　　D.介质需要再生

二、归纳总结

（一）填空题

1.从工作介质来说，电渗析的工作介质不需要_____，但消耗电能；而离子交换的介质必须_____，但不消耗电能。

2.电渗析过程中，在阴离子交换膜或阳离子交换膜的淡水一侧，由于离子在膜中的迁移数大于在溶液中的迁移数，就使得膜和溶液界面处的离子浓度 C_1' _____溶液相中的离子浓度 C_1。

3.电渗析过程中，在阴膜或阳膜的浓水一侧，从膜中迁移出来的离子量大于溶液中的离子迁移数，就使相界面处的离子浓度 C_2' _____溶液相中的离子浓度 C_2。

4.电渗析过程中，在膜的两侧都产生了浓度差值。显然，通入的电流强度越大，离子迁移的速度就越快，浓度差值也就越大。如果电流提高到相当程度，将会出现膜和溶液界面处的离子浓度 C_1' 值趋于零的情况，这时在淡水侧就会发生水分子的电离，由 H^+ 和 OH^- 的迁移来补充传递电流，这种现象称为_____。

5.电渗析器的电能效率一般在 10% 以下。为了提高电能效率就必须提高_____ 和_____，其中提高电压效率的关键在于降低电渗析器的_____。

6.电渗析法最先用于海水_____制取饮用水和工业用水，海水_____制取食盐，以及与其他的单元技术组合制取_____，后来在_____方面得到了广泛的应用。

7.在废水处理中，根据工艺特点，电渗析操作有两种类型，一种是由阳膜和阴膜交替排列而成的普通电渗析工艺，主要用来从废水中单纯分离_____或者把废水中的污染物离子与_____污染物分离开来。

8.在废水处理中，根据工艺特点，电渗析操作有两种类型，另一种是由复合膜与阳膜构成的特殊电渗析分离工艺，利用复合膜中的_____反应和极室中的_____反应以产生氢离子和氢氧根离子，从废水中制取_____和_____。

（二）单选题

1.防止极化现象发生的最有效方法则是控制电渗析器在（　　）以下运行。另外，定期进行倒换电极和酸洗，将膜上的积聚的沉淀溶解下来。

　　A.电流效率　　　B.极限电流密度　　　C.电能效率　　　　D.工作电压

2.（　　）是指从废水溶液中除去一定量的盐类物质时，理论上需要的电量与实际消耗的电量的比值。它是衡量电渗析器电流利用率的一个指标。

　　A.电流效率　　　B.极限电流密度　　　C.电能效率　　　　D.工作电压

3.（　　）是电渗析器电能利用率的指标，它是理论电能消耗量与实际电能消耗量的比值。

　　A.电流效率　　　B.极限电流密度　　　C.电能效率　　　　D.工作电压

（三）判断题

1.电渗析和离子交换相比，相同点是：分离离子的工作介质均为离子交换树脂；不同点是：从作用机理来说，离子交换属于离子的转移置换，离子交换树脂在过程中发生离子交换反应，而电渗析属于离子的截留置换，离子交换膜在过程中起离子选择透过和截阻作用。
（　　）

2. 电渗析器需要的电压越高，电耗就越小。（　　）

（四）多选题

1. 对电渗析膜的性能主要有（　　）方面的要求。

A. 选择透过性高　　　　　　　　B. 导电性好

C. 交换容量大　　　　　　　　　D. 溶胀率和含水率适量

E. 化学稳定性强　　　　　　　　F. 机械强度大

2. 极化现象出现的结果是：（　　）。

A. 在阴膜浓水一侧，由于 OH^- 富集起来，水的 pH 值增大，会产生氢氧化物沉淀；
造成膜面附近结垢

B. 在阳膜的浓水一侧，由于膜表面处的离子浓度 C_2' 比 C_2 大，也容易造成膜面附近
结垢

C. 结垢的结果必然导致膜电阻增大，电流效率降低，膜的有效面积减小，寿命缩短

D. 影响电渗析过程的正常运行

3. 目前，电渗析法在废水处理实践中应用最普遍的有（　　）等。

A. 处理碱法造纸废液，从浓液中回收碱，从淡液中回收木质素

B. 从含金属离子的废水中分离和浓缩重金属离子，然后对浓缩液进一步的处理与回
收利用

C. 从放射性废水中分离放射性元素

D. 从芒硝废液中制取硫酸和氢氧化钠

E. 从酸洗废液中制取硫酸及沉积重金属离子

F. 处理电镀废水和废液

三、知识拓展

什么是电渗析的极化现象？出现极化现象有什么样的结果？如何防止极化现象的发
生呢？

四、知识回顾

（一）基本概念

1. 电渗析膜：也叫离子交换膜，按活性基团的不同分为阳离子交换膜、阴离子交换膜和
特殊离子交换膜。

2. 极限电流密度：是使膜界面层中产生极化现象时的电流密度，用 i_{lim} 来表示。

3. 电流效率：是指从废水溶液中除去一定量的盐类物质时，理论上需要的电量与实际消
耗的电量的比值。它是衡量电渗析器电流利用率的一个指标。

4. 电能效率是电渗析器电能利用率的指标，它是理论电能消耗量与实际电能消耗量的
比值。

（二）重点内容

1. 电渗析法的基本原理

以电渗析脱盐为例，了解一下电渗析法的基本原理：电渗析器中交替排列着许多阳膜和
阴膜，隔成小水室。当原水进入这些小水室时，在直流电场的作用下，溶液中的离子就做定
向的迁移。阳膜只允许阳离子通过而把阴离子截留下来；阴膜只允许阴离子通过而把阳离子
截留下来。结果使这些小室的一部分变成含离子很少的淡水室，出水称为淡水。而与淡水室

相邻的小室则变成聚集大量离子的浓水室，出水称为浓水，从而使离子得到了分离和浓缩，水便得到了净化。

2.电渗析和离子交换相比的异同点

相同点是：分离离子的工作介质均为离子交换树脂。

不同点是：从作用机理来说，离子交换属于离子的转移置换，离子交换树脂在过程中发生离子交换反应，而电渗析属于离子的截留置换，离子交换膜在过程中起离子选择透过和截阻作用；从工作介质来说，电渗析的工作介质不需要再生，但消耗电能，而离子交换的介质必须再生，但不消耗电能。总体上，电渗析法处理废水的特点是不需要消耗化学药品，设备简单，操作方便。

5.3.3　反渗透法

⊙**观看视频 5.3.3**

反渗透法

一、知识点挖掘

（一）填空题

1.如果将纯水和某种溶液用半透膜隔开，水分子就会自动地透过半透膜进到溶液一侧去，这种现象叫作_____。

2.在渗透进行过程中，纯水一侧的液面不断_____，溶液一侧的液面则不断地_____。当液面不再变化时，渗透便达到了平衡状态。此时，两侧的液面差称为该溶液的_____。

3.为了保证反渗透装置的正常运行和延长膜的寿命，在反渗透装置之前必须设置有充分的_____装置。

（二）单选题

溶液的渗透压与溶质的浓度及溶液的绝对温度成正比，以 C 表示溶质的浓度（mol/L）；i 为系数，一般海水 $i=1.8$。其数学表达式为：（　　）。

　A.$\pi=iRT/C$　　　　B.$\pi=iRC$　　　　C.$\pi=RTC$　　　　D.$\pi=iRTC$

（三）判断题

1.如果在溶液一侧施加大于渗透压的压力，则溶液中的水就会透过半透膜，流向纯水一侧，溶质则被截留在溶液一侧，这种作用称为渗透。（　　）

2.近年来，反渗透技术发展迅速，已广泛用于海水的淡化、除盐和制取纯水等，还能用于去除水中的细菌和病毒。（　　）

（四）多选题

反渗透装置主要有（　　）四种。

　A.板框式　　　　　　B.管式　　　　　　C.螺旋卷式　　　　　D.空纤维式

二、归纳总结

（一）填空题

1.反渗透膜是一类具有_____的亲水性基团的膜。

2.反渗透膜按成膜材质，应用比较广的是_____和_____两种。

（二）单选题

1.用反渗透法处理酸性尾矿废水实例中，废水经过滤后，用高压泵送进（　　），产出的淡水加碱进行 pH 值的调整之后，即可作为工业用水，若再经过滤和消毒处理后，还可以作为饮用水。

　　A. 扩散渗析　　　　　B. 电渗析　　　　　C. 渗透器　　　　　D. 反渗透器

　　2. 用反渗透法处理酸性尾矿废水实例中，废水中的$CaCO_3$容易沉淀，可黏污、堵塞反渗透膜，所以反渗透器的进水，应控制废水与沉淀池返回来的上清液之比为（　　　　）。

　　A. 3∶1　　　　　　　B. 5∶1　　　　　　　C. 10∶1　　　　　　D. 15∶1

（三）判断题

　　1. 任何溶液都具有相应的渗透压，其值依一定的溶液中溶质的分子数而定，与溶质的本性无关。（　　　　）

　　2. 溶液的渗透压与溶质的浓度及溶液的绝对温度成反比。（　　　　）

　　3. 反渗透装置一般都是由专门的厂家制成成套设备后出售。在生产中，根据需要予以选用。（　　　　）

　　4. 生产试验表明，反渗透法可降低造纸厂废水中的BOD_5约70%～80%，COD约85%～90%，色度约为96%～98%，钙约96%～97%。（　　　　）

　　5. 实践说明，用外压管束式反渗透装置处理丝绸染整废水，脱色率达到98%以上，BOD_5去除率达到80%～99%，COD去除率达到85%～98%之间，出水清亮透明，可以返回生产使用。（　　　　）

三、知识回顾

（一）基本概念

　　1. 反渗透：如果在溶液一侧施加大于渗透压的压力，则溶液中的水就会透过半透膜，流向纯水一侧，溶质则被截留在溶液一侧，这种作用称为反渗透。

　　2. 反渗透膜：是一类具有不带电荷的亲水性基团的膜，种类很多。按成膜材质，应用比较广的是醋酸纤维素膜和芳香族聚酰胺膜两种。

（二）重点内容

　　反渗透的原理：如果将纯水和某种溶液用半透膜隔开，水分子就会自动地透过半透膜进到溶液一侧去，这种现象叫作渗透。在渗透进行过程中，纯水一侧的液面不断下降，溶液一侧的液面则不断地上升。当液面不再变化时，渗透便达到了平衡状态。此时，两侧的液面差称为该溶液的渗透压。如果在溶液一侧施加大于渗透压的压力，则溶液中的水就会透过半透膜，流向纯水一侧，溶质则被截留在溶液一侧，这种作用称为反渗透。

5.4　溶解态污染物的其他分离方法——萃取法

⊙观看视频 5.4

一、知识点挖掘

萃取法

（一）填空题

　　1. 当某一种溶质溶解在两个互不相溶的溶剂中时，若溶质在两相中的分子状态相同，在一定的温度下，溶质在两相中平衡浓度的比值为一个常数，这种关系称为_____。

　　2. 在萃取工艺过程混合工序，萃取剂与废水充分接触，使溶质从废水中转移到_____

中去。

3.在萃取工艺过程_____工序，萃取相与萃余相分层分离。

4.在萃取工艺过程回收工序，分别从两相中回收_____和_____。

（二）单选题

1.萃取法则是利用（　　）这一原理，用一种与水"不互溶"而对废水中某种污染物溶解度大的有机溶剂，从废水中分离去除该污染物的方法。

　　A.质量守恒定律　　　B.盖斯定律　　　　　　C.分配定律　　　　　D.阿伏伽德罗定律

2.萃取是物质从一相转移到另一相的传质过程。以 F 表示两相的接触面积（m^2），ΔC 表示传质动力，即废水中污染物的实际浓度与平衡浓度之差值（kg/m^3），K 表示传质系数，则两相之间物质的转移速率 G 可用（　　）公式表示。

　　A.$G=KF\Delta C$　　　B.$G=K\Delta C$　　　　C.$G=KF$　　　　　D.$G=tKF\Delta C$

（三）判断题

1.分配定律是在溶质为低浓度状态，而且它是在两相内的存在形态相同的条件下得出的。（　　）

2.由分配系数的定义可知，分配系数越大，即表示被萃取组分在有机相中的浓度越小，也就是说，它越难被萃取。（　　）

3.焦化厂、煤气厂、石油化工厂排出的废水均含有较高浓度的酚，为避免高酚废水污染环境，同时回收有用的酚，常采用萃取法处理这类废水。（　　）

4.萃取剂的再生方法有物理再生法和化学再生法。（　　）

（四）多选题

溶解态污染物的其他分离方法主要有：（　　）等。

　　A.吹脱法　　　　　　B.汽提法　　　　　　C.萃取法　　　　　D.结晶法

二、归纳总结

（一）填空题

1._____来表征被萃取组分在两相中的实际平衡分配关系。分配系数 D 就是溶质在有机相（或叫萃取相）中的总浓度 C_1 与在水相中的总浓度 C_2 的比值，即 $D=C_1/C_2$。

2.萃取剂的_____直接影响到萃取的效果，也影响萃取的费用。

3.萃取法用于处理含铜废水处理的实例中，该铜矿废石场采选废水含铜 $230\sim1600mg/L$，含铁 $4700\sim5400mg/L$，含砷 $10.3\sim300mg/L$，$pH=0.1\sim3$。该废水用 N-510 作复合萃取剂，用萃取器进行_____萃取，每级混合时间 7min，总萃取率在 90%。

4.萃取法用于处理含铜废水处理的实例中，含铜萃取相用 $1.5mol/L$ 的_____进行反萃取，再生后萃取剂重复使用，反萃取所得的_____溶液送去电解沉积金属铜，硫酸回收用于反萃取工序。

5.萃取法用于处理含铜废水处理的实例中，萃余相用_____除铁，在 $90\sim95℃$ 下反应 2h，除铁率达到 90%，生成的固体磺铵铁矾，经煅烧后得到品位为 95.8% 的产品铁红，可作涂料使用。过滤液经_____处理达到排放标准后，即可排放或回收利用。

（二）单选题

萃取剂应有良好的（　　）。这样分离效果就好，相应的萃取设备也较小，萃取剂用量也较少。

　　A.溶解性能　　　　　B.密度差　　　　　　C.易于回收和再生　　　　D.化学稳定性

（三）判断题

1.实际上，溶质浓度通常不可能很低，且由于缔合、离解、络合等原因，溶质在两相中

的形态也不可能完全相同，因此它在两相中的平衡分配浓度的比值，并不一定是一个常数。（　　）

2. 萃取剂与水的密度差要小。二者的密度差越小，两相就越容易分层分离。（　　）

3. 萃取剂要易于回收和再生。要求与萃取物的沸点差要小，二者可形成恒沸物。（　　）

4. 价格要低廉、来源广，而且没有毒、不易燃烧和爆炸、化学稳定。（　　）

5. 各种重金属废水大多可以用萃取法处理。（　　）

（三）多选题

1. 在选择萃取剂时，一般应考虑（　　）方面的因素。

  A. 良好的溶解性能   B. 萃取剂与水的密度差要大

  C. 萃取剂要易于回收和再生   D. 价格低廉、来源广

  E. 无毒   F. 不易燃易爆

  G. 化学稳定

2. 萃取过程包括（　　）三个工序。

  A. 吸附   B. 混合   C. 分离   D. 回收

3. 焦化厂废水用萃取法脱酚实例中，废水先经过（　　）预处理后进入脉冲筛板塔，由塔底进入二甲苯。

  A. 除油   B. 澄清   C. 降温   D. 回收

三、知识回顾

（一）基本概念

1. 分配定律：当某一种溶质溶解在两个互不相溶的溶剂中时，若溶质在两相中的分子状态相同，在一定的温度下，溶质在两相中平衡浓度的比值为一个常数，这种关系称为分配定律。

2. 萃取法：是利用分配定律原理，用一种与水不互溶而对废水中某种污染物溶解度大的有机溶剂，从废水中分离去除该污染物的方法。

3. 分配系数：来表征被萃取组分在两相中的实际平衡分配关系。分配系数 D 就是溶质在有机相（或叫萃取相）中的总浓度 C_1 与在水相中的总浓度 C_2 的比值，即 $D = C_1/C_2$。

（二）重点内容

1. 选择萃取剂应考虑的因素

萃取剂应有良好的溶解性能。这样，分离效果就好，相应的萃取设备也较小，萃取剂用量也较少。

萃取剂与水的密度差要大。二者的密度差越大，两相就越容易分层分离。

萃取剂要易于回收和再生。要求与萃取物的沸点差要大，二者不能形成恒沸物。

价格要低廉、来源广，而且没有毒、不易燃烧和爆炸、化学稳定。

2. 萃取工艺过程

萃取过程包括：混合、分离和回收三个工序。在混合工序，萃取剂与废水充分接触，使溶质从废水中转移到萃取剂中去；在分离工序，萃取相与萃余相分层分离；在回收工序，分别从两相中回收萃取剂和溶质。

第6章
废水的脱氮除磷技术

>> 预习任务 视频 6.1.1~6.1.7、6.2.1~6.2.3、6.3.1~6.3.2

学习知识点

　　含氮化合物的危害，氮在水体中的存在形态，吹脱（汽提）法，折点加氯法，离子交换法，同化、氨化、硝化概念及原理，影响硝化过程的主要因素，反硝化概念及原理，A/O脱氮工艺，Bardenpho生物脱氮工艺，三段活性污泥法脱氮工艺，新型生物脱氮工艺（厌氧氨氧化、短程硝化-反硝化），化学除磷的方法，生物除磷的机理，A/O除磷工艺，Phostrip除磷工艺，废水生物脱氮除磷工艺。

6.1　氮的去除　◁

6.1.1　氮的去除概述

⊙ 观看视频 6.1.1

氮的去除概述

一、知识点挖掘

（一）单选题

1.氮素循环的五个主要环节是（　　）。
　　A.脱氮、氮的同化、氨化、硝化、反硝化
　　B.氮的还原、氮的同化、氨化、硝化、反硝化
　　C.固氮、氮的氧化、氨化、硝化、反硝化
　　D.固氮、氮的同化、氨化、硝化、反硝化

2.大气中分子态的氮气被还原成氨和其他含氮化合物的过程，叫作（　　）。
　　A.氨化作用　　　　　B.固氮作用　　　　　C.硝化作用　　　　　D.同化作用

3.氮元素被植物或者微生物吸收进入体内，并合成自身的细胞物质的过程，叫作（　　）。
　　A.氨化作用　　　　　B.固氮作用　　　　　C.硝化作用　　　　　D.同化作用

4.以下关于凯氏氮的说法正确的是（　　　）。

  A.是有机氮和氨氮之和   B.是有机氮和无机氮之和

  C.凯氏氮等于总氮减去硝酸盐氮   D.是氨氮与硝态氮之和

5.生物脱氮不包括（　　　）。

  A.碳化反应   B.氨化反应   C.硝化反应   D.反硝化反应

（二）判断题

1.氮是组成地球上各种生物的主要元素，它们在生物圈中不停地进行着空间上的迁移和形态上的转化，形成了氮素循环。（　　　）

2.在自然界中，氮的固定方式一般分为两种，一种叫非生物固氮，另一种叫生物固氮。通过高温放电等形成的固氮作用就属于生物固氮。（　　　）

3.总氮，用大写的 TN 表示，指的是凯氏氮和无机氮之和。（　　　）

4.污水的生物脱氮是指污水中含氮的化合物在微生物的作用下被转化为氮气的过程。（　　　）

（三）多选题

水中含氮化合物过量带来的危害有（　　　）。

  A.产生水体的"富营养化"

  B.氨氮浓度过高对鱼类有毒害作用

  C.水体颜色变化，带来感官污染

  D. NO_3^- 和 NO_2^- 可被转化为"三致"物质亚硝胺

二、知识应用

单选题

1.某污水处理厂的原水经过测定，得知凯氏氮（TKN）为 25mg/L，硝酸盐氮为 3mg/L，亚硝酸盐氮为 1mg/L，则该污水中的总氮含量是（　　　）。

  A.25mg/L   B.29mg/L   C.28mg/L   D.21mg/L

2.已知某污水处理厂的原水中，凯氏氮（TKN）为 25mg/L，氨氮为 18mg/L，则该污水中的有机氮的含量是（　　　）。

  A.7mg/L   B.43mg/L   C.25mg/L   D.18mg/L

3.某污水处理的好氧硝化反应器，测得进水氨氮为 22mg/L，硝酸盐氮和亚硝酸盐氮均为 0，而出水中氨氮为 0.5mg/L，亚硝酸盐氮为 2.5mg/L，则出水中的硝酸盐氮理论上应该为（　　　）。

  A.25mg/L   B.21.5mg/L   C.19mg/L   D.3mg/L

三、知识拓展

1.叙述自然界的氮素循环过程。

2.详细分析水体中含氮浓度过高所带来的危害。

四、知识回顾

（一）基本概念

1.自然界的氮素循环主要有五个环节：固氮、氮的同化、氨化、硝化、反硝化。

2.固氮作用：是指大气中分子态的氮气被还原成氨和其他含氮化合物的过程。氮的固定方式分为非生物固氮和生物固氮两种。

3.氮的同化：是指氮元素被植物或者微生物吸收进入体内，并合成自身的细胞物质的过程。

（二）重点内容

1. 含氮化合物的危害：①产生水体的"富营养化"；②氨氮对鱼类有毒害作用；③NO_3^-和NO_2^-可被转化为"三致"物质亚硝胺。

2. 水体中的氮分为有机氮和无机氮两种形态。在污水处理中，无机氮一般主要是指氨氮、亚硝态氮以及硝态氮三种。

3. 污水处理中几个重要名词及他们之间的关系：①总氮（TN），指污水中有机氮和无机氮之和；②凯氏氮（TKN），指污水中有机氮和氨氮之和；③总氮与凯氏氮的关系是，总氮等于凯氏氮加上硝态氮。

6.1.2　物化法脱氮

⊙观看视频 6.1.2

物化法脱氮

一、知识点挖掘

（一）单选题

1. 以下脱氮技术中不属于物化法脱氮的是（　　）。
　　A. 离子交换法　　　　　　　　　　B. 生物硝化反硝化法
　　C. 吹脱法　　　　　　　　　　　　D. 折点加氯法

2. 沸石对氨离子具有很强的选择吸附性，可以利用沸石作为离子交换剂来去除废水中的氨氮，交换吸附饱和的沸石经过再生可重复利用，常用（　　）进行沸石的再生。
　　A. 阳离子树脂　　　B. 活性炭　　　　C. 阴离子树脂　　　D. 石灰

3. （　　）可以直接用于高浓度的氨氮废水处理。
　　A. 折点氯化法　　　　　　　　　　B. 沸石选择性交换吸附
　　C. 吹脱法　　　　　　　　　　　　D. A/O 法

4. 投加过量氯或次氯酸钠，使废水中的氨完全氧化为 N_2 的方法叫作（　　）。
　　A. 折点加氯法　　　　　　　　　　B. 生物硝化反硝化法
　　C. 吹脱法　　　　　　　　　　　　D. 离子交换法

（二）判断题

1. 天然沸石具有较高的阳离子交换容量，用于去除氨氮的主要为丝光沸石。（　　）

2. 对于氨的吹脱法，pH 值上升，水中的游离氨比例增加，氨的脱除效果也相应增加，一般 pH 值的控制范围是 10.8～11.5。（　　）

3. 空气吹脱法除氨，去除率可以达到 60%～95%，流程简单，处理效果稳定，基建费和运行费较低，但不可以处理高浓度的含氨废水。（　　）

4. 折点氯化法对氨氮的去除率可达到 90% 以上，处理效果稳定，不受水温影响，基建费用也不高，但不足之处在于运行费用高。此外，残余氯及氯代有机物须进行后续处理。（　　）

（三）多选题

1. 污水脱氮可以采用以下的哪些方法？（　　）
　　A. 离子交换法　　　B. 吹脱法　　　　C. 折点加氯法　　　D. 生物脱氮技术

2. 溶液的 pH 值对于沸石除氨影响很大，其原因在于（　　），通常进水的 pH 值以 6～8 为宜。
　　A. 当 pH 值过高时，NH_3 向 NH_4^+ 转化，交换吸附作用减弱

B. 当 pH 值过高时，NH_4^+ 向 NH_3 转化，交换吸附作用减弱

C. 当 pH 值过低时，H^+ 的竞争吸附作用减弱，不利于 NH_4^+ 的去除

D. 当 pH 值过低时，H^+ 的竞争吸附作用增强，不利于 NH_4^+ 的去除

3. 影响氨的吹脱法的因素有很多，以下说法正确的是（　　）。

A. 水力负荷过大，将破坏高效吹脱所需的水滴状态而形成水幕，降低吹脱效果

B. 对于一定高度的吹脱塔，增加空气流量，可以提高氨的去除率

C. 水温降低时氨的溶解度增加，吹脱效率增加

D. 吹脱塔中的填料结垢将会降低吹脱塔的处理效率

二、知识应用

单选题

下列氮的去除方法中，适用于大水量污水处理厂的是（　　）。

A. 离子交换法　　　　B. 吹脱法　　　　C. 折点加氯法　　　　D. 生物脱氮技术

三、知识拓展

叙述折点氯化的过程及其除氨的原理。

四、知识回顾

（一）基本概念

污水中氮的去除方法主要有物理化学法和生物化学法两大类。其中，物理化学法常见的有沸石选择性交换吸附、空气吹脱、折点氯化。而生物化学法主要就是硝化-反硝化生物脱氮。

（二）重点内容

1. 沸石选择性交换吸附（离子交换法）。沸石对氨离子具有很强的选择吸附性，可以利用沸石作为离子交换剂来去除废水中的氨氮，交换吸附饱和的沸石经过再生（用石灰再生）可重复利用。

2. 空气吹脱。在碱性条件下，废水中的氨氮主要以 NH_3 的形式存在。当废水与空气充分接触时，水中具有挥发性的 NH_3 将由液相向气相转移，从而脱除水中的氨。空气吹脱法可以用以处理高浓度的含氨废水。

3. 折点氯化。投加过量氯或次氯酸钠（超过"折点"，原理见消毒章节），使废水中的氨完全氧化为 N_2 的方法。

4. 物理化学方法脱氮存在工艺复杂、运行成本高、对环境易造成二次污染等问题，因此，常用于水量较小的工业废水，在城市生活污水等水量较大的情况下会受到一定的限制。

6.1.3　生物脱氮原理（一）

⊙**观看视频 6.1.3**

一、知识点挖掘

生物脱氮原理（一）

（一）单选题

1. 含氮有机物在微生物的作用下被分解产生氨的过程叫作（　　），实现了氮元素从有机向无机的转化。

A. 氨化   B. 硝化   C. 反硝化   D. 同化

2. 在有氧条件下，通过氨氧化细菌（AOB）和亚硝酸盐氧化细菌（NOB）的作用，将氨氧化成 NO_2^--N 和 NO_3^--N 的过程叫作（   ）。

A. 氨化   B. 硝化   C. 反硝化   D. 同化

3. 硝化过程分为两个步骤完成，且涉及两组硝化细菌，这两个步骤是（   ）。

A. 第一步将氨氮氧化成亚硝酸盐氮，由 NOB 来完成；第二步亚硝酸盐氮继续被 AOB 氧化成硝酸盐氮

B. 第一步亚硝酸盐氮被 AOB 氧化成硝酸盐氮；第二步将氨氮氧化成亚硝酸盐氮，由 NOB 来完成

C. 第一步将氨氮氧化成亚硝酸盐氮，由 AOB 来完成；第二步亚硝酸盐氮继续被 NOB 氧化成硝酸盐氮

D. 第一步亚硝酸盐氮被 NOB 氧化成硝酸盐氮；第二步将氨氮氧化成亚硝酸盐氮，由 AOB 来完成

4. 硝化细菌属于（   ）。

A. 光能自养菌   B. 光能异养菌   C. 化能自养菌   D. 化能异养菌

5. 在污水处理的硝化过程中，能够将氨氮氧化成亚硝酸盐氮的细菌是（   ）。

A. 氨化细菌   B. AOB   C. NOB   D. 反硝化细菌

6. 在污水处理的硝化过程中，能够将亚硝酸盐氮氧化成硝酸盐氮的细菌是（   ）。

A. 氨化细菌   B. AOB   C. NOB   D. 反硝化细菌

7. 从反应可以看出，在涉及硝化的工艺中，必须要不断地补充（   ）才能够维持硝化过程的进行，否则，将会形成不利于硝化细菌生存的环境，破坏整个硝化过程。

A. 碱度   B. 酸度   C. 有机物   D. 硝酸盐

8. 在脱氮的过程中，下列（   ）反应是需要消耗污水中的碱度的。

A. 氨化   B. 氨氧化   C. 亚硝酸盐氧化   D. 反硝化

9. 整个硝化过程是好氧过程，由其反应方程式可知，将 1g 的氨氮最终氧化为硝酸盐氮，需要消耗（   ）氧气。

A. 1.22g   B. 2.34g   C. 3.69g   D. 4.57g

（二）判断题

1. 生物脱氮就是水中含氮的化合物在微生物作用下被转化为硝酸盐的过程。该过程包括了氨化、同化、硝化、反硝化等多种生物反应。（   ）

2. 根据硝化细菌自身的生长特点，在脱氮工艺设计中，要保证系统的脱氮效果，就必须拥有较短的污泥龄（SRT）。（   ）

3. 根据硝化细菌是好氧和化能自养型细菌的特点，决定了在硝化工艺的设计中应该拥有好氧曝气池，而且脱氮过程不需要消耗有机碳源。（   ）

4. 在亚硝酸盐氧化过程中，氨氮在好氧条件下，由 AOB 氧化成亚硝酸盐氮，并有氢离子的生成。因此，为了中和产生的氢离子，该反应会消耗系统中一定的碱度。（   ）

（三）多选题

1. 下列对于硝化细菌的说法正确的是（   ）。

A. 绝大部分污水厂的活性污泥中，AOB 和 NOB 以螺菌和杆菌居多

B. 革兰氏染色均为阴性

C. 硝化细菌生长很快

D. 脱氮过程需要消耗有机碳源

2.从细胞产率来看，氨氧化细菌的产率是 0.146g/g NH_4^+-N，亚硝酸盐氧化细菌的产率是 0.02 g/g NO_2^--N，由此可以得出以下结论正确的是（   ）。

A. 硝化细菌（包括 AOB 和 NOB）的生长非常缓慢

B. 硝化细菌（包括 AOB 和 NOB）的生长较快

C. 硝化细菌中 NOB 的生长速率要比 AOB 缓慢

D. 硝化细菌中 AOB 的生长速率要比 NOB 缓慢

二、知识应用

（一）单选题

1.当外在营养物质不足的情况下，微生物利用体内储藏的物质提供能量，从而维系生命的活动叫作（   ）。

A. 同化作用　　　　B. 外源呼吸　　　　C. 内源呼吸　　　　D. 异化作用

2.硝化菌属于自养型细菌，所谓自养指的是（   ）。

A. 微生物利用水中的有机物，进行生化反应，并提供能量给自身生长

B. 微生物以光合作用进行生长，不需要其他的外来物质

C. 微生物以水中的有机物为碳源，来合成有机物，并且储存能量的新陈代谢类型

D. 微生物以环境中的二氧化碳为碳源，来合成有机物，并且储存能量的新陈代谢类型

3.下列反应方程式中，由氨氧化细菌参与完成的是（   ）。

A. $NH_4^+ + 1.5O_2 = NO_2^- + H_2O + 2H^+$

B. $NO_2^- + 0.5O_2 = NO_3^-$

C. $6NO_3^- + 2CH_3OH = 6NO_2^- + 2CO_2 + 4H_2O$

D. $6NO_2^- + 3CH_3OH = 3N_2 + 3CO_2 + 3H_2O + 6HO^-$

4.下列反应方程式中，由亚硝酸盐氧化细菌参与完成的是（   ）。

A. $NH_4^+ + 1.5O_2 = NO_2^- + H_2O + 2H^+$

B. $NO_2^- + 0.5O_2 = NO_3^-$

C. $6NO_3^- + 2CH_3OH = 6NO_2^- + 2CO_2 + 4H_2O$

D. $6NO_2^- + 3CH_3OH = 3N_2 + 3CO_2 + 3H_2O + 6HO^-$

（二）多选题

1.从微生物学的角度来看，下列对于硝化反应过程中涉及的物质的说法正确的是（   ）。

A. 氨作为电子供体是硝化细菌的营养物质

B. 氨作为电子受体是硝化细菌的营养物质

C. 亚硝酸盐或硝酸盐均是硝化细菌的代谢产物，反应过程中氧作为电子受体

D. 亚硝酸盐或硝酸盐均是硝化细菌的代谢产物，反应过程中氧作为电子供体

2.从细胞的形状来看，目前大多数城市污水处理厂活性污泥中的硝化细菌主要是（   ）。

A. 球菌　　　　B. 螺菌　　　　C. 杆菌　　　　D. 弧菌

三、知识拓展

1.叙述污水处理中硝化过程中每个反应步骤的特征和涉及的细菌。

2.简述硝化细菌的特点以及根据他们的特点在污水处理构筑物设计的时候需要注意的问题。

四、知识回顾

（一）基本概念

1.生物脱氮，就是水中含氮的化合物在微生物作用下被转化为氮气的过程。该过程包括

了氨化、同化、硝化、反硝化等多种生物反应。

2.氨化，是指含氮有机物在微生物的作用下被分解产生氨的过程。

3.硝化，是指在有氧条件下，通过氨氧化细菌（AOB）和亚硝酸盐氧化细菌（NOB）的作用，将氨氧化成 NO_2^--N 和 NO_3^--N 的过程。

（二）重点内容

1.硝化过程分为两个步骤完成，且涉及两组硝化细菌。第一步是将氨氮氧化成亚硝酸盐氮，由 AOB 来完成，该步骤中有氢离子的生成，会消耗系统的碱度；第二步是亚硝酸盐氮继续被 NOB 氧化成硝酸盐氮的过程。

2.硝化细菌特点：①绝大部分污水厂的活性污泥中，AOB 和 NOB 以螺菌和杆菌居多；②细胞尺寸约为 $0.5\sim1.5\mu m$；③革兰氏染色均为阴性；④世代生长周期较长，AOB 为 $8\sim36$ 小时，NOB 为 $12\sim59h$；⑤是严格好氧和化能自养型的细菌，因而脱氮过程不需要消耗有机碳源。

6.1.4 生物脱氮原理（二）

⊙**观看视频 6.1.4**

一、知识点挖掘

（一）单选题

1.生物硝化反应最适宜的温度范围是（　　）。

　　A.$4\sim15℃$　　　　　　B.$0\sim5℃$　　　　　　C.$30\sim50℃$　　　　　　D.$25\sim30℃$

2.硝化细菌对 pH 值非常敏感，在污水处理过程中，适宜氨氧化细菌生长的 pH 值范围是（　　）。

　　A.$5.5\sim6.8$　　　　　B.$7.0\sim7.8$　　　　　C.$9.0\sim10.2$　　　　　D.$3.5\sim5.2$

3.在污水处理过程中，适宜亚硝酸盐氧化细菌生长的 pH 值范围是（　　），在此范围内活性最强，超出此范围，活性将会大打折扣。

　　A.$5.5\sim6.8$　　　　　B.$6.3\sim7.2$　　　　　C.$7.7\sim8.1$　　　　　D.$9.8\sim10.6$

（二）判断题

1.在其他运行条件一定时，混合液中含碳有机底物浓度越高越有利于硝化细菌的增殖。（　　）

2.某些重金属络合离子和有毒有机物对硝化细菌有毒害作用，游离氨也会对硝化反应产生抑制作用。（　　）

3.曝气池中的 DO 浓度会影响硝化细菌的生长速率，为了提高硝化效率，一般建议硝化池中的 DO 浓度大于 2mg/L。（　　）

4.当环境的温度低到一定数值的时候，硝化细菌的细胞膜会呈现出凝胶的状态，营养物质的跨膜运输受到阻碍，细胞也会因为"饥饿"而停止生长，反映出来的是硝化系统效果变差。（　　）

5.随着温度逐渐的升高，硝化细菌细胞内部的生化反应相应地加快，呈现出来的就是细菌生长的速度也随之加快。因此，对于硝化系统来说，温度越高越好。（　　）

6.在进行硝化反应的曝气池中，溶解氧含量不能低于1mg/L，一般来说，比较适宜的溶解氧含量应维持在 $8\sim10mg/L$。（　　）

7.在硝化系统中如果有比较多的有机物，将会造成异养细菌的大量繁殖，而硝化细菌不

生物脱氮原理（二）

需要有机碳源，因此并不会影响到硝化细菌的生长。（　　　）

（三）多选题

1.关于硝化过程，以下说法正确的是（　　　）。

　　A.氨氧化过程不需要消耗系统中的碱度

　　B.氨氧化过程会消耗系统中的碱度

　　C.亚硝酸盐氧化过程不需要消耗系统中的碱度

　　D.亚硝酸盐氧化过程需要消耗系统中的碱度

2.在污水处理过程中，pH值的变化会影响污水中（　　　）的浓度，从而影响硝化细菌的生长。

　　A.氨分子　　　　　B.硝酸分子　　　　C.亚硝酸分子　　　　D.有机物

3.以下对于污水处理工艺中硝化系统污泥龄的说法正确的是（　　　）。

　　A.一般来说，普通生物脱氮工艺的污泥龄应维持在5～8d较为合适

　　B.硝化细菌的增殖速度非常小，较长的污泥龄有利于增加硝化系统的硝化能力

　　C.一般来说，普通生物脱氮工艺的污泥龄应维持在10～15d较为合适

　　D.过长的污泥龄会带来系统内惰性物质的积累，从而降低污泥的硝化活性

二、知识应用

（一）单选题

1.为了保持硝化系统拥有合适的pH值，通常需要在系统中投加（　　　），用来缓冲整个系统中的酸碱度。

　　A.盐酸　　　　　　B.氢氧化钠　　　　C.石灰乳　　　　　D.氨水

2.通常情况下，在温度低于15℃以下之后，硝化活性会急剧的降低。而当温度低于（　　　）以下的时候，硝化细菌的硝化活性基本就处于停止的状态。

　　A.0℃　　　　　　B.5℃　　　　　　C.10℃　　　　　　D.12℃

（二）多选题

1.BOD负荷过高对硝化过程是十分不利的，为了达到比较好的硝化效果，在工程上的应对措施有（　　　）。

　　A.降低系统的有机负荷　　　　　　　B.提高系统的水力负荷

　　C.缩短曝气时间　　　　　　　　　　D.延长曝气时间

2.某硝化系统的进水中有机物含量过高，造成异养细菌的大量繁殖，并形成与硝化细菌争夺溶解氧的局面，整个系统硝化性能下降，为了维持硝化系统的效果，可以采取的措施是（　　　）。

　　A.采取措施降低整个系统的有机负荷，让硝化系统处于低负荷运行的状态

　　B.采取措施增加整个系统的有机负荷，让硝化系统处于高负荷运行的状态

　　C.采用延长曝气时间的方法，让异养细菌和硝化细菌都能得到充足的氧气

　　D.采用间断曝气的方法，让异养细菌和硝化细菌都能得到充足的氧气

三、知识拓展

影响硝化细菌生长的外在因素主要有哪些？请详细说明。

四、知识回顾

重点内容

影响硝化细菌生长的主要外在因素：

（1）pH值。pH值的变化会影响水中氨分子和亚硝酸分子的浓度，从而影响硝化细菌

的生长。另外，AOB 和 NOB 分别在 pH 值为 7.0～7.8 和 7.7～8.1 时活性最强，而硝化反应需要消耗一定的碱度，为保持系统拥有合适的 pH 值，常需投碱液缓冲酸碱度。

（2）温度。多数硝化细菌生长的温度范围是 5～35℃，而最适宜生长的温度范围是 25～30℃。通常情况下，当温度低于 15℃时，硝化活性会急剧降低。而当温度低于 5℃时，硝化细菌的活性基本处于停止状态。

（3）污泥龄（SRT）。由于硝化细菌的增殖速度非常小，为了维持硝化系统内有一定数量的硝化细菌，就需要较长的 SRT。但过长的 SRT 会产生惰性物质的积累，反而使系统硝化活性下降，影响处理效果。普通生物脱氮工艺的污泥龄在 10～15d 较为合适。

（4）溶解氧（DO）。硝化细菌属于好氧细菌，氧是硝化反应过程中的电子受体，反应器内溶解氧的高低，会影响到硝化反应的进程。在进行硝化反应的曝气池中，比较适宜的 DO 至少应维持在 2～3mg/L。

（5）BOD 负荷。在硝化系统中如果有机物过多，将会造成异养细菌的大量繁殖，并形成与硝化细菌争夺 DO 的局面，对硝化过程十分不利。应对措施：降低整个系统的有机负荷，或延长曝气时间。

6.1.5　生物脱氮原理（三）

⊙观看视频 6.1.5

生物脱氮原理（三）

一、知识点挖掘

（一）单选题

1.缺氧条件下，由反硝化菌（异养型兼性菌）的作用将 NO_2^- 和 NO_3^- 还原转化为 N_2 的过程叫作（　　）。

  A.反硝化过程   B.硝化过程   C.氨化过程   D.同化过程

2.下列对污水中含氮化合物的氨化和硝化过程的叙述，错误的是（　　）。

  A.氨氮在 AOB 的作用下被氧化成亚硝酸盐

  B.亚硝酸盐在亚硝酸盐氧化细菌的作用下被氧化成硝酸盐

  C.有机氮在硝化细菌的作用下被分解产生氨

  D.在反硝化菌的作用下，硝酸盐被还原成为氮气

3.关于反硝化过程，以下说法不正确的是（　　）。

  A.反硝化过程需要消耗有机碳源

  B.反硝化过程应该保持系统的 pH 值不低于 7.3

  C.反硝化过程需要在严格厌氧的条件下进行

  D.当温度低于 15℃的时候，反硝化的速度会明显地降低

4.反硝化菌属于（　　）。

  A.好氧异养菌   B.兼性异养菌   C.厌氧异养菌   D.兼性自养菌

5.以下关于反硝化反应过程适宜的环境因素的描述，正确的是（　　）。

  A.系统应当保持充足的碳源，否则反硝化速率会降低

  B.pH 值范围：pH 小于 6 或 pH 大于 8

  C.系统应该严格厌氧

  D.适宜的温度在 10～15℃之间

6.常规的生物脱氮过程中，含氮化合物在微生物的作用下发生反应的顺序是（　　）。

　　A. 氨化-反硝化-硝化　　　　　　　　B. 硝化-反硝化-氨化

　　C. 氨化-硝化-反硝化　　　　　　　　D. 反硝化-氨化-硝化

7. 关于生物法脱氮过程的说法，不正确的是（　　　）。

　　A. 先硝化再反硝化

　　B. 硝化菌是好氧自养菌，反硝化菌是厌氧异养菌

　　C. 硝化要有足够的碱度，反硝化碱度不能太高

　　D. 硝化要维持足够的 DO，反硝化需要在缺氧条件下进行

8. 在污水处理过程中，最适宜反硝化细菌生长的 pH 值为（　　　）。

　　A. 11.0～11.5　　　　B. 9.0～9.5　　　　C. 3.5～4.5　　　　D. 7.0～8.5

（二）判断题

1. 绝大多数反硝化菌属于自养型兼性菌，只有在无分子氧而同时存在硝态氮的条件下才能进行有效的反硝化反应。（　　　）

2. 硝化反应过程是降低碱度的，而反硝化反应过程是增加碱度的。（　　　）

3. 反硝化反应是由异养型微生物在溶解氧缺少的情况下，利用硝酸盐作为电子供体，有机物作为电子受体进行的。（　　　）

4. 溶解氧的存在会抑制反硝化反应的顺利进行，因此应该避免或尽可能减少溶解氧进入缺氧区。（　　　）

5. 反硝化过程一般在 40～50℃ 比较合适，当温度低于 20℃ 的时候，反硝化的速度会明显降低。（　　　）

6. 反硝化细菌在没有分子氧的条件下，才可以将硝态氮进行还原，因此，反硝化过程应在缺氧条件下进行。（　　　）

7. 反硝化细菌是异养细菌，生长需要消耗有机碳源。当原水中 BOD 与 TN 比值小于 10～15 时，需要外加一定量的碳源（常采用甲醇）。（　　　）

8. 反硝化过程需要消耗有机碳源，同时会产生一定的碱度，设计恰当的情况下，可以为硝化过程提供一定的碱度。（　　　）

（三）多选题

1. 适宜反硝化菌生长的条件是（　　　）。

　　A. 以有机碳为碳源　　　B. 有足够的碱度　　C. 缺氧　　　　　　D. 温度 15～40℃

2. 下列关于 pH 值对反硝化细菌的影响的说法正确的是（　　　）。

　　A. 污水中 pH 值的大小对于反硝化的最终产物均没有影响

　　B. 当污水中 pH 值超过 7.3 时，反硝化最终产物为氮气

　　C. 当污水中 pH 值低于 7.3 时，反硝化最终产物中会产生氧化二氮，且含量随 pH 值的降低而逐渐增加

　　D. 反硝化过程应该保持系统的 pH 值不低于 7.3

3. 反硝化过程应在缺氧条件下进行，通常反硝化反应器内 DO 浓度应控制在（　　　）。

　　A. 活性污泥法为 3.0mg/L 以下　　　　　B. 活性污泥法为 0.5mg/L 以下

　　C. 生物膜法为 2.5mg/L 以下　　　　　　D. 生物膜法为 1.0mg/L 以下

二、知识应用

（一）单选题

1. 经测量，某污水处理厂的原水中 TN 的含量为 38mg/L，BOD 含量为 62mg/L，则下列对该污水处理厂的反硝化构筑物的说法正确的是（　　　）。

　　A. 反硝化过程不消耗原水中的有机碳源，因此无须外加有机碳源

B. 有机物 BOD 浓度过高，需要将原水进行稀释在进行反硝化

C. 原水中 BOD 与 TN 比值太低，需要投加甲醇以补充有机碳源

D. 原水中 BOD 与 TN 比值合适，无须外加有机碳源

2. 当原水中有机碳源不足时，常采用甲醇作为外加碳源，以稳定系统反硝化的效果，根据反硝化反应的方程式，其理论投加量为（　　　）。

A. 每 1 克硝酸盐氮进行反硝化，需要消耗 1.2g 甲醇

B. 每 1 克硝酸盐氮进行反硝化，需要消耗 1.9g 甲醇

C. 每 1 克硝酸盐氮进行反硝化，需要消耗 2.3g 甲醇

D. 每 1 克硝酸盐氮进行反硝化，需要消耗 2.7g 甲醇

（二）多选题

1. 某污水处理厂在气温很低的冬季出现了反硝化效果不好的现象，为了提高反硝化效果，下列措施中正确的是（　　　）。

A. 增加污泥龄　　　　B. 投加有机碳源　　　C. 降低氨氮负荷　　　D. 提高曝气强度

2. 下列反应方程式中，反映了反硝化过程的是（　　　）。

A. $NH_4^+ + 1.5O_2 \Longrightarrow NO_2^- + H_2O + 2H^+$

B. $NO_2^- + 0.5O_2 \Longrightarrow NO_3^-$

C. $6NO_3^- + 2CH_3OH \Longrightarrow 6NO_2^- + 2CO_2 + 4H_2O$

D. $6NO_2^- + 3CH_3OH \Longrightarrow 3N_2 + 3CO_2 + 3H_2O + 6HO^-$

三、知识拓展

1. 叙述反硝化过程的机理。

2. 叙述污水处理的脱氮过程。

四、知识回顾

（一）基本概念

反硝化，在缺氧条件下，由反硝化菌（异养型兼性菌）的作用将 NO_2^- 和 NO_3^- 还原转化为 N_2 的过程。

（二）重点内容

1. 反硝化细菌的特性：①绝大多数反硝化细菌是异养型的兼性细菌，在分类学上没有专门的类群，分散于原核生物众多的属中；②反硝化细菌由于是异养菌，因此其生长需要消耗有机碳源；③反硝化细菌能在缺氧条件下，以 NO_2^--N 或 NO_3^--N 为电子受体，以有机物为电子供体，将氮还原。

2. 影响反硝化过程的主要因素

（1）温度。反硝化过程一般在 20～40℃ 比较合适，当温度低于 15℃ 的时候，反硝化的速度会明显降低。

（2）pH 值。最适宜反硝化细菌生长的 pH 值为 7.0～8.5。另外，pH 值还会影响反硝化的最终产物，当污水中 pH 值超过 7.3 时，最终产物为氮气，而当 pH 值低于 7.3 时，最终产物中会产生氧化二氮，且含量会随 pH 值的降低而逐渐增加。因此，反硝化过程应该保持系统的 pH 值不低于 7.3。

（3）溶解氧（DO）。反硝化细菌在没有分子氧的条件下，才可以将硝态氮进行还原，因此，反硝化过程应在缺氧条件下进行。通常反硝化反应器内 DO 浓度应控制在 0.5mg/L 以下（活性污泥法），或 1.0mg/L 以下（生物膜法）。

（4）有机碳源。反硝化细菌是异养细菌，生长需要消耗有机碳源。当原水中 BOD 与

TN 比值小于 3～5 时，需要外加一定量的碳源（常采用甲醇）。

6.1.6　生物脱氮工艺（一）

⊙ 观看视频 6.1.6

生物脱氮工艺（一）

一、知识点挖掘

（一）单选题

1. AO 脱氮工艺中的混合液回流比是混合液回流量与污水量的比值，它会影响到（　　　），是一项非常重要的工艺参数。

　　A. 系统的建设成本和动力消耗　　　　B. 系统的脱氮效果和动力消耗

　　C. 系统的氨化效果和动力消耗　　　　D. 系统的硝化效果和动力消耗

2. A/O 脱氮工艺的混合液回流比越大，总氮去除率越高，当回流比大于（　　　）时，总氮去除率的增加则十分有限。

　　A. 50%　　　　　　B. 100%　　　　　　C. 200%　　　　　　D. 300%

3. A/O 脱氮工艺的 N 负荷率应该低于（　　　），高于此值时脱氮效果将急剧下降。

　　A. 0.3g/(g·d)　　B. 0.6g/(g·d)　　C. 1.2g/(g·d)　　D. 2.4g/(g·d)

4. Bardenpho 生物脱氮工艺是由（　　　）组合而成，总氮去除率得以提高，可以达到 90%～95%。

　　A. A/O+A/O　　　B. A/O+A^2/O　　C. A/O+OD　　　D. A/O+SBR

5. Bardenpho 生物脱氮工艺最大的不足之处在于（　　　）。

　　A. 在第二级 A/O 工艺的好氧池中需要外加碱度以维持硝化过程

　　B. 在第二级 A/O 工艺的缺氧池中需要外加碳源以维持反硝化过程

　　C. 脱氮效率难以进一步提高，甚至低于 A/O 工艺

　　D. 工艺相对来说比较复杂，导致建设和运行成本比较高

（二）判断题

1. A/O 脱氮工艺的主体是由缺氧池和好氧池组合而成，又称为后置反硝化生物脱氮系统。（　　　）

2. 在设计 A/O 生物脱氮工艺时，应该取较短的 SRT。（　　　）

3. 在 A/O 脱氮工艺中设计缺氧池前置的好处在于可以减轻好氧池的有机负荷，同时也无需外加碳源以保证反硝化的进行。（　　　）

4. 为了保证反应器中维持足够数量的硝化细菌，A/O 脱氮工艺通常需要采用比较长的污泥龄，一般应该控制在 20 天以上。（　　　）

5. 对于利用 A/O 脱氮工艺来处理城市污水，一般好氧池的水力停留时间约为 2h，缺氧池的水力停留时间不低于 6h，即可获得良好的硝化-反硝化生物脱氮效果。（　　　）

6. 在 A/O 生物脱氮工艺中，缺氧池和好氧池可以是两个独立的构筑物，也可以合建在同一个构筑物内，用隔墙隔开。（　　　）

（三）多选题

1. AO 脱氮工艺的优点是（　　　）。

　　A. 流程简单、装置少、建设和运行费用较低

　　B. 缺氧池前置，无需外加碳源

　　C. 好氧池在后，可以进一步去除有机物，保证出水水质

D. 缺氧池前置，可以减轻好氧池的有机负荷

2. A/O 脱氮工艺的不足之处有（　　　）。

　　A. 缺氧池前置，对于系统的反硝化来说，需要外加碳源

　　B. 若沉淀池运行不当，会在沉淀池内发生反硝化，导致污泥上浮

　　C. 要提高脱氮效率，就必须加大内循环比，势必会增加运行费用

　　D. 来自好氧池的内循环液含有溶解氧，导致缺氧池难以保持理想的缺氧状态，影响反硝化进程

3. 对于生物脱氮工艺描述正确的是（　　　）。

　　A. 好氧段完成有机物降解和硝化两个过程

　　B. 一般内回流比低于污泥回流比

　　C. 反硝化过程不需要消耗有机碳源

　　D. 缺氧段完成反硝化过程

4. 以下对脱氮工艺参数要求正确的是（　　　）。

　　A. 较低的有机负荷　　　　　　　　　　B. 较高的有机负荷

　　C. 较长的 SRT　　　　　　　　　　　　D. 较短的 SRT

5. A/O 脱氮工艺中设置的循环系统有（　　　）。

　　A. 内循环系统，将好氧池的一部分出水回流到缺氧池，以进行反硝化

　　B. 外循环系统，将好氧池的一部分出水回流到缺氧池，以保证生化池拥有一定浓度的活性污泥

　　C. 内循环系统，将二次沉淀池沉淀下来的一部分污泥回流到缺氧池，以进行反硝化

　　D. 外循环系统，将二次沉淀池沉淀下来的一部分污泥回流到缺氧池，以保证生化池拥有一定浓度的活性污泥

二、知识应用

单选题

1. 某污水处理厂采用 A/O 生物脱氮工艺，系统的硝化效果一直不好，其原因不可能是（　　　）。

　　A. 好氧池曝气量不足，DO 浓度小于 1mg/L

　　B. 运行温度低于 15℃

　　C. 碱度不足

　　D. 进水碳氮比较低

2. 在 Bardenpho 生物脱氮工艺中，第二级 A/O 工艺的缺氧池作用是（　　　）。

　　A. 将第一级 A/O 工艺出水中剩余的少量氨氮进一步去除，使整体脱氮效果得到提高

　　B. 将第一级 A/O 工艺出水中剩余的少量硝酸盐进一步反硝化去除，使整体脱氮效果得到提高

　　C. 将第一级 A/O 工艺出水中剩余的少量悬浮物进一步去除，使整体水质状况得到提高

　　D. 培养更多的反硝化细菌，通过回流系统，回流到第一级 A/O 工艺的缺氧池中

3. 在 Bardenpho 生物脱氮工艺中，第二级 A/O 工艺好氧池的主要作用是（　　　）。

　　A. 进一步将第一级 A/O 出水中剩余的少部分有机物进行氧化降解

　　B. 进一步将第一级 A/O 出水中剩余的少部分氨氮进行硝化作用

　　C. 吹脱污水中因为反硝化产生的氮气，防止污泥在二沉池中上浮

D. 培养大量的异养细菌，能够有效去除污水中剩余的有机物

三、知识拓展

结合生物脱氮原理详细叙述 A/O 脱氮工艺中每个构筑物起到的作用。

四、知识回顾

重点内容

1. AO 脱氮工艺。其主体是由缺氧池和好氧池组合而成，又称为前置反硝化生物脱氮系统。

优点：①流程简单、装置少、建设和运行费用较低；②缺氧池前置，无需外加碳源；③好氧池在后，进一步去除有机物，保证出水水质；④缺氧池在前，减轻好氧池有机负荷。

不足：①若二次沉淀池运行不当，将会在沉淀池内发生反硝化反应，导致污泥上浮，最终使得出水水质恶化；②要提高整体脱氮效率，必须加大内循环比，势必会增加运行费用；③来自于好氧池的内循环液含有一定的溶解氧，导致缺氧池难以保持理想的缺氧状态，影响整个反硝化进程，使脱氮效率很难进一步得到提高。

影响 AO 脱氮工艺的主要因素有水力停留时间（HRT）、混合液回流比、MLSS 值、SRT、N 的负荷率等。

2. Bardenpho 生物脱氮工艺。其实质是由两级 AO 工艺组合而成。Bardenpho 生物脱氮工艺的不足之处是工艺相对较为复杂，导致建设和运行成本较高，但在需要提高脱氮效果的地方仍然能够得到运用。

6.1.7　生物脱氮工艺（二）

⊙观看视频 6.1.7

一、知识点挖掘

生物脱氮工艺（二）

（一）单选题

1. 三段活性污泥法脱氮工艺中第一段曝气池的主要作用是（　　）。

    A. 将原水中的有机物进行去除，另外还会进行大部分氨氮的硝化作用

    B. 将原水中的有机物进行去除，另外还会进行硝酸盐的反硝化作用

    C. 将原水中的氨氮进行硝化作用，另外还会进行有机氮的同化作用

    D. 将原水中的有机物进行去除，另外还会进行有机氮的氨化作用

2. 三段活性污泥法脱氮工艺中第二段曝气池的主要作用是（　　）。

    A. 将来水中的有机物进行去除

    B. 将来水中的硝酸盐进行反硝化作用

    C. 将来水中的氨氮进行硝化作用

    D. 将来水中的有机氮进行氨化作用

3. 三段活性污泥法脱氮工艺的优点是（　　）。

    A. 通过中间沉淀池将各构筑物分开，实现各自功能的独立

    B. 工艺简单、操作方便，成本低

    C. 能够实现同时脱氮除磷以及去除有机物

    D. 不需要外加碳源和碱度

4. 同步硝化-反硝化工艺最大的不足之处在于（　　）。

    A. 流程比较复杂，成本也很高

B. 对于工艺的整体控制较为困难，且维护也比较复杂

C. 脱氮效果较差

D. 工艺的整体占地面积大

（二）判断题

1. 三段活性污泥法脱氮工艺的特点，是将有机物氧化、氨氮的硝化以及反硝化过程独立开来，每个阶段都有自己的沉淀池和独立的污泥回流系统。（　　）

2. 由于硝化细菌生长比较缓慢，在有机负荷相对较高的时候，竞争能力不如异养细菌。因此，在刚进入三段活性污泥法脱氮工艺中第一段曝气池时，有机物充足，异养细菌能够大量繁殖，从而保证有机物先得到降解。（　　）

3. 三段活性污泥法脱氮工艺中第一段曝气池由于进行硝化导致 pH 值降低，因此必须投加一定的碱，用以维持系统的 pH 值。（　　）

4. 三段活性污泥法脱氮工艺中第三段缺氧池由于有机物已经消耗殆尽，需要投加一定量的外加碳源保证反硝化过程的有效进行。（　　）

（三）多选题

以下对于同步硝化-反硝化工艺的说法正确的是（　　）。

A. 硝化和反硝化过程分别在同一处理构筑物的同一区域中进行

B. 硝化和反硝化过程分别在同一处理构筑物的不同区域中进行

C. 硝化和反硝化过程在同一污泥絮体中同时进行

D. 硝化和反硝化过程在不同污泥絮体中分别进行

二、知识应用

单选题

1. 在缺氧条件下，通过某种特定细菌的作用，以 $NO_2^- $-N 为电子受体，氨氮为电子供体，将 $NO_2^- $-N 和氨氮直接转化为 N_2 的过程叫作（　　）。

    A. 厌氧氨氧化　　　　　　　　　　B. 短程硝化-反硝化

    C. 同步硝化-反硝化　　　　　　　　D. 传统硝化-反硝化

2. 利用 AOB 和 NOB 在动力学特性上存在的固有差异，控制硝化反应只进行到 $NO_2^- $-N 阶段，然后进行反硝化，这样的过程叫作（　　）。

    A. 厌氧氨氧化　　　　　　　　　　B. 短程硝化-反硝化

    C. 同步硝化-反硝化　　　　　　　　D. 传统硝化-反硝化

3. 短程硝化-反硝化工艺的关键是（　　）。

    A. 如何控制稳定的反硝化过程　　　　B. 如何控制稳定的亚硝酸盐氧化过程

    C. 如何控制稳定的氨化过程　　　　　D. 如何控制稳定的氨氧化过程

三、知识拓展

1. 生物脱氮原理是怎么样的？列举几种生物脱氮工艺。

2. 简述厌氧氨氧化、短程硝化-反硝化、同步硝化-反硝化工艺等新型工艺的原理及特点。

四、知识回顾

（一）基本概念

1. 厌氧氨氧化（anammox）。在缺氧条件下，通过厌氧氨氧化菌作用，以 $NO_2^- $-N 为电子受体，氨氮为电子供体，将 $NO_2^- $-N 和氨氮转化为 N_2 的过程。

2. 短程硝化-反硝化（sharon）。利用 AOB 和 NOB 在动力学特性上存在的固有差异，控

制硝化反应只进行到 NO_2^--N 阶段,然后进行反硝化。

(二) 重点内容

1.三段活性污泥法脱氮工艺。特点:将有机物氧化、氨氮的硝化以及反硝化过程独立开来,每个阶段都有自己的沉淀池和独立的污泥回流系统。异养菌、硝化细菌、反硝化细菌分别在各自独立的反应器内生长,容易实现各自的最佳环境条件。缺点:流程复杂、投资高。

2.同步硝化-反硝化工艺 (SND)。硝化和反硝化过程分别在同一处理构筑物的不同区域中进行,或者在同一污泥絮体中同时进行,省去了 A/O 脱氮工艺中硝化段出水混合液的内循环回流部分。流程比较简单,成本低。但对于工艺的整体控制比较困难,且维护较为复杂。

6.2 磷的去除

6.2.1 概述及化学除磷

⊙观看视频 6.2.1

概述及化学除磷

一、知识点挖掘

(一) 单选题

1.通过投加化学沉淀剂与废水中的磷酸盐生成难溶沉淀物,然后分离去除的方法叫作(　　)。

　　A.氧化除磷　　　　B.还原除磷　　　　C.化学除磷　　　　D.生物除磷

2.石灰法除磷投加的石灰一般是指(　　)。

　　A.CaO　　　　　　B.$Ca(OH)_2$　　　　C.$CaCO_3$　　　　D.$Ca(HCO_3)_2$

3.化学除磷与生物处理相比的不足之处在于(　　)。

　　A.化学除磷成本较高　　　　　　　　B.化学除磷效果较差

　　C.化学除磷过程难以控制　　　　　　D.化学除磷容易产生二次污染

(二) 判断题

1.磷不同于氮元素,它既不能形成氧化体、不能形成还原体,也不能形成气体向大气中释放。但是,磷具有以固体形态和溶解形态相互循环转化的性能。(　　)

2.在石灰沉淀法除磷的技术中,pH值是影响除磷效果最主要的因素,当系统的pH值在 7.0 左右的时候,出水总磷浓度可小于 0.5mg/L。(　　)

3.对于石灰沉淀法除磷工艺,所产生的石灰污泥需要进一步的处理,或者回收再生石灰,否则可能造成二次污染。(　　)

4.在利用金属盐沉淀法进行化学除磷的过程中,沉淀剂的实际投加量往往小于理论投加量。(　　)

5.若将沉淀剂直接加入曝气池,当曝气池出水含磷浓度高时,高剂量药剂的加入对活性污泥中的微生物有一定的毒害作用,会引起系统有机物去除效率的降低。(　　)

6.在二级出水中投加化学除磷沉淀剂,会使出水 pH 值过高,应加酸或通入 CO_2 以降低 pH，使出水 pH 符合排放标准。当处理规模大时，应设置石灰加热再生回收系统。
（　　）

（三）多选题

1.合成洗涤剂、农药、化肥以及一些工业废水都会将磷带入水体，过量的磷进入水体后带来的危害有（　　）。

A.产生水体的"富营养化"

B.过量的磷对水生生物有毒害作用

C.过量的磷会造成水体变色，带来视觉上的污染

D.饮用水源受到磷的污染，也会直接危害到人类的健康

2.磷在水中存在的形态有（　　）。

A.偏磷酸盐　　　　B.正磷酸盐　　　　C.聚磷酸盐　　　　D.有机磷

3.在污水处理中常用的化学除磷法有（　　）。

A.石灰沉淀法　　　B.氢氧化钠沉淀法　C.金属盐沉淀法　　D.吸附法

4.以下哪些试剂可以用于化学除磷中？（　　）。

A.石灰　　　　　　B.硫酸铜　　　　　C.PAC　　　　　　D.氯化亚铁

5.在利用金属盐沉淀法进行化学除磷的过程中，可以用到的化学试剂有（　　）。

A.石灰　　　　　　B.聚合氯化铝　　　C.硫酸亚铁　　　　D.氯化亚铁

二、知识应用

（一）单选题

在实际的石灰沉淀法除磷工程中，常常需要计算石灰的投加量，此时，还应该考虑到废水中的（　　）对石灰的消耗量。

A.Ca　　　　　　　B.碳酸盐碱度　　　C.铁　　　　　　　D.镁

（二）多选题

化学除磷的金属盐沉淀法中，沉淀剂在污水处理工艺中投加的位置有（　　）。

A.初沉池投加　　　B.曝气池投加　　　C.提升泵站投加　　D.二级出水投加

三、知识拓展

1.简述化学除磷的方法及原理。

2.化学除磷药剂在污水处理工艺中的投加位置有哪些？并说明每种投加方式的特点。

四、知识回顾

（一）基本概念

1.污水的除磷技术分为两种：一种是使磷成为不溶性的固体沉淀物，从污水中分离出去的化学除磷法；另一种是使磷以溶解态被微生物所摄取，与微生物成为一体，并和微生物在二沉池中以剩余污泥形式外排去除的生物除磷法。

2.化学除磷，指通过投加化学沉淀剂与废水中的磷酸盐生成难溶沉淀物，然后分离去除的方法。

（二）重点内容

1.含磷化合物的危害：①产生水体的"富营养化"；②过量的磷对水生生物有毒害作用；③危害人体健康。

2.化学除磷中常用的沉淀剂为石灰、铁盐、铝盐或石灰与氯化铁混合物等。常用的化学除磷法有石灰沉淀法和金属盐沉淀法。

6.2.2 生物除磷原理

⊙观看视频6.2.2

生物除磷原理

一、知识点挖掘

（一）单选题

1. 在生物除磷过程中，聚磷菌于好氧条件下对污水中溶解性磷酸盐过量吸收，并将其以（　　）的形式贮藏于体内，最后随剩余污泥排出系统，从而达到从污水中除磷的目的。

  A. 偏磷酸盐　　　　B. 正磷酸盐　　　　C. 聚合磷酸盐　　　　D. 有机磷

2. 关于生物除磷过程的说法错误的是（　　）。

  A. 厌氧区溶解氧的存在对于污泥的释磷是十分不利的

  B. 碳磷比太低会影响聚磷菌在释磷时不能很好地吸收和储存易降解的有机物

  C. 除磷系统的 pH 值一般应该控制在 6～8 之间

  D. 污泥龄越长除磷效果就会越好

3. 以除磷为目的的生物处理工艺，一般来说污泥龄应该控制在（　　）是比较合适的。

  A. 1.5～3d　　　　B. 3.5～7d　　　　C. 10～18d　　　　D. 20～25d

4. 生物除磷系统进水 BOD 与总磷比值过低，会影响聚磷菌在释磷的时候不能很好地吸收和储存易降解的有机物，从而影响好氧吸磷，使除磷的效果下降。一般要求其比值不得小于（　　）。

  A. 5　　　　　　　B. 10　　　　　　　C. 15　　　　　　　D. 20

（二）判断题

1. 生物除磷的实现必须经历缺氧和好氧两个阶段。（　　）

2. 聚磷菌胞内 PHB 的分解和聚合磷的分解是同步进行的。（　　）

3. 在好氧吸磷阶段，聚磷菌将体内积聚的聚合磷酸盐进行分解，分解所产生的能量一部分供给自身生存，而另一部分则供聚磷菌主动吸收 VFA，并将其转化为 PHB 的形态储藏于体内。（　　）

4. 当污水进入好氧状态后，聚磷菌在有溶解氧和氧化态氮的条件下将储存于体内的 PHB 进行好氧分解，并释放出大量的能量，大部分提供给聚磷菌进行合成和维持生命活动。另一部分则给聚磷菌主动吸收污水中的磷酸盐提供能量，同时将这些磷酸盐转变成聚合磷酸盐的形式聚集于体内，这就是好氧吸磷的过程。（　　）

5. 在厌氧释磷的过程中，所谓的厌氧条件，指的是没有分子氧的存在，但可以有氮氧化物的氧（如硝酸盐）的存在。（　　）

6. 实际的生物除磷系统中，活性污泥的含磷量取决于活性污泥中聚磷菌的比例，占比越高，除磷能力就越强，污泥的含磷量就越大。（　　）

7. 厌氧反应器中如果存在硝酸盐和亚硝酸盐，反硝化细菌将以他们作为电子受体而去氧化有机质，使厌氧区中的厌氧发酵受到一定的抑制，从而不产生 VFA，进而影响到聚磷菌的释磷。（　　）

8. BOD 浓度相同，有机酸含量越低的污水，除磷效果越好。（　　）

（三）多选题

1. 下列哪项是聚磷菌的特点？（　　）

  A. 好氧释磷　　　B. 好氧超量吸磷　　　C. 厌氧释磷　　　D. 厌氧超量吸磷

2.在生物除磷系统中，磷的最终去除是通过排除剩余污泥来实现的，剩余污泥排放量的多少会直接影响到除磷的效果。下列说法正确的是（　　　）。

  A.污泥龄越长除磷效果越差

  B.污泥龄越短除磷效果越好

  C.污泥龄越长除磷效果越好

  D.污泥龄过短会导致微生物量的减少，从而影响生物处理的效果

二、知识应用

（一）单选题

1.污水中的有机物在厌氧条件下，由发酵产酸菌的作用而转化为乙酸和丙酸等很容易被微生物利用的简单有机物，我们称这些简单有机物叫作（　　　）。

  A.单链脂肪酸 B.简单脂肪酸 C.挥发性脂肪酸 D.易降解脂肪酸

2.厌氧区中溶解氧的存在对于污泥的释磷是十分不利的，其原因是（　　　）。

  A.厌氧区中溶解氧的存在，促使硝化反应的进行，硝化细菌得到增殖，与聚磷菌形成竞争关系

  B.微生物的好氧呼吸消耗了一部分BOD，从而使产酸菌可利用的有机基质减少，结果导致聚磷菌所需的VFA大量减少

  C.厌氧区中溶解氧的存在会导致聚磷菌吸磷而不是释磷

  D.厌氧区中溶解氧的存在，促使硝化反应的进行，降低了系统的pH值，对聚磷菌的生长不利

（二）多选题

1.在某污水处理厂的厌氧池中，聚磷菌的释磷效果不好，可能导致的原因有（　　　）。

  A.厌氧池中有一定浓度的溶解氧

  B.进入厌氧池的回流污泥中硝酸盐含量过高

  C.进入厌氧池的原污水中可生物降解有机物含量过低

  D.进入厌氧池的原污水中含磷量过低

2.对于下列污水水质，能够满足生物除磷需要的有（　　　）。

  A.BOD＝52mg/L，TP＝5.2mg/L B.BOD＝47mg/L，TP＝3.5mg/L

  C.BOD＝73mg/L，TP＝2.3mg/L D.BOD＝55mg/L，TP＝2.6mg/L

3.生物除磷的适宜温度为5～30℃，在此范围内，温度越高，释磷就越快，除磷效果就越好。当污水处理厂遇到低温影响除磷效果时，可以采取的办法有（　　　）。

  A.延长厌氧区的SRT，让聚磷菌充分释磷

  B.缩短厌氧区的水力停留时间

  C.进入厌氧池的原污水中可生物降解有机物含量过低

  D.投加外源挥发性有机物

三、知识拓展

1.叙述污水生物除磷的机理。

2.影响生物除磷的因素都有哪些？逐一进行说明。

四、知识回顾

（一）基本概念

1.生物除磷：利用聚磷菌在好氧条件下对污水中溶解性磷酸盐过量吸收作用，并将其以聚合磷酸盐的形式贮藏于体内，以剩余污泥的形式排出系统。

2.挥发性脂肪酸（VFA）：是指具有 1～6 个碳原子碳链的有机酸，包括乙酸、丙酸、异丁酸、戊酸、异戊酸、正丁酸等，很容易被微生物利用。

（二）重点内容

1.聚磷菌（PAO）的特点：厌氧释磷，好氧超量吸磷。

2.生物除磷机理：在厌氧条件下，聚磷菌将储存于体内的聚磷水解为正磷获得能量，用于吸收水中的 VFA，并以聚羟基丁酸（PHB）的形式储存，在这一过程中同时伴随糖原的利用。在好氧条件下，聚磷菌利用储存的 PHB 进行有氧呼吸，产生的能量吸收水中的磷酸盐并将其合成为聚磷，同时伴随着糖原的合成。

3.影响生物除磷的主要因素：

（1）溶解氧和硝酸盐。溶解氧、硝酸盐的存在会给其他异养菌提供电子受体，消耗水中的 VFA，与聚磷菌形成竞争关系。因此，二者的浓度应尽可能低，一般厌氧池的 DO 应尽量控制在 0.2mg/L 以下；

（2）污泥龄。磷的最终去除是通过排除剩余污泥来实现的，剩余污泥排放量的多少会直接影响到除磷的效果，因此，污泥龄越长除磷效果就会越差。以除磷为目的的生物处理工艺，一般来说污泥龄应控制在 3.5～7d 较为合适；

（3）温度和 pH。聚磷菌生长适宜的温度为 5～30℃，适宜的 pH 为 6～8。

（4）C/P 比。生物除磷系统要求进水的 BOD 与总磷的比值不小于 20。

6.2.3　生物除磷工艺

⊙**观看视频 6.2.3**

生物除磷工艺

一、知识点挖掘

（一）单选题

1.以下选项中，哪项不是 AO 生物除磷工艺的优点？（　　）。

　　A.工艺流程比较简单，建设和运行费用也比较低

　　B.工艺流程中不需要消耗系统的有机碳源

　　C.前置厌氧池具有生物选择器的功能，可以避免污泥膨胀

　　D.没有内循环带来溶解氧的影响，使厌氧池能保持良好的厌氧环境，有利于聚磷菌发挥作用

2.A/O 生物除磷工艺中的"A"代表的是（　　）。

　　A.好氧池　　　　　　B.缺氧池　　　　　　C.厌氧池　　　　　　D.沉淀池

（二）判断题

1.Phostrip 除磷工艺是生物除磷与化学除磷相结合的一种工艺。（　　）

2.在 Phostrip 除磷工艺中，除磷池的作用是让吸收磷的微生物絮体得到沉淀，然后通过剩余污泥的形式进行去除。（　　）

3.Phostrip 除磷工艺由于需要投加一定量的石灰乳，使得运行费用有所提高。（　　）

4.在设计 A/O 生物除磷工艺时，应该取较长的 SRT。（　　）

5.在生物除磷工艺的二沉池中，为了避免磷酸盐的再次释放，应注意缩短沉淀池的排泥时间。（　　）

6.A/O 生物除磷工艺中，厌氧池在好氧池之前，有利于聚磷菌的选择性增殖，磷的去除率高，而且稳定，排出的剩余污泥含磷量可达干重的 6% 以上。（　　）

7. 为了尽可能地避免富磷污泥中磷的释放现象，A/O 生物除磷工艺的污泥处理中必须设置污泥浓缩池。（　　）

（三）多选题

1. 以下对除磷工艺参数要求正确的是（　　）。

　　A. 较低的有机负荷　B. 较高的有机负荷　C. 较长的 SRT　　　D. 较短的 SRT

2. 对于生物除磷工艺描述正确的是（　　）。

　　A. 聚磷菌在好氧段释放磷，在厌氧段超量摄取磷

　　B. 与化学除磷工艺结合可提高除磷效果

　　C. 与化学除磷工艺结合时，剩余污泥可以采用消化工艺处理

　　D. 与化学除磷工艺结合时，工艺流程复杂，运行管理不便

3. 在 Phostrip 除磷工艺中曝气池的作用是（　　）。

　　A. 聚磷菌过量的吸取磷　　　　　　　　B. 去除有机物 BOD

　　C. 聚磷菌释放磷　　　　　　　　　　　D. 预曝气，为后续工艺创造条件

4. Phostrip 除磷工艺的优点在于（　　）。

　　A. 工艺流程比较简单，运行管理方便，建设和运行成本都比较低

　　B. 采用了生物除磷与化学除磷相结合的方式，具有很好的除磷效果

　　C. 对于进水的 C/P 比没有限制，对水质的波动具有一定的适应性

　　D. 剩余污泥比较稳定，容易处置

5. A/O 生物除磷工艺与 A/O 生物脱氮工艺在流程上的区别是（　　）。

　　A. A/O 生物除磷工艺没有内循环，A/O 生物脱氮工艺有内循环

　　B. A/O 生物脱氮工艺没有内循环，A/O 生物除磷工艺有内循环

　　C. A/O 生物除磷工艺污泥停留时间要高于 A/O 生物脱氮工艺

　　D. A/O 生物除磷工艺污泥停留时间要低于 A/O 生物脱氮工艺

6. A/O 生物除磷工艺的不足之处在于（　　）。

　　A. 在运行过程中，需要持续投加有机碳源，维持聚磷菌的生长

　　B. 除磷效率难以进一步提高，因为微生物对于磷的超量吸收有一定限度，特别是当进水 C/P 比值较低的时候

　　C. 若沉淀池设计不当，容易产生厌氧释磷的现象，影响出水水质

　　D. A/O 生物除磷工艺的曝气池中需要投加碱度，以维持系统适宜的 pH 值

二、知识应用

（一）单选题

某污水处理厂采用 A/O 生物除磷工艺，系统的除磷效果一直不好，其原因可能是（　　）。

　　A. 进水中易于生物降解的溶解性有机物含量太高

　　B. 厌氧区残留极少量的硝酸盐

　　C. 进水 BOD_5/P 比值过低

　　D. 水温在 25℃左右

（二）多选题

典型的 AO 生物除磷工艺的设计参数为（　　）。

　　A. 厌氧区水力停留时间为 0.5～1.0h

　　B. 好氧区水力停留时间为 1.5～2.5h

　　C. 污泥龄为 3～5d

　　D. 混合液的 MLSS 为 2000～4000mg/L

三、知识拓展

1. 生物除磷原理是怎么样的? 列举几种生物除磷工艺。

2. 简述 A/O 生物除磷工艺的流程及各构筑物的功能。

四、知识回顾

重点内容

1. Phostrip 除磷工艺。

优点:①采用了生物除磷与化学除磷相结合的方式,具有很高的除磷效果,且石灰的用量比单一的化学除磷显著减少;②对于进水的 C/P 比没有限制,对于水质的波动具有一定的适应性,且剩余污泥也比较稳定,容易处置。

不足:工艺流程比较复杂,运行管理麻烦,需投加一定量的石灰乳,使得运行费用有所提高,且建设费用也较高。

2. A/O 除磷工艺。其主体是由厌氧池和好氧池组合而成,注意与 A/O 脱氮工艺的区别。

优点:①工艺流程较简单,建设和运行费用也比较低;②前置厌氧池具有生物选择器的功能,可以避免污泥膨胀;③没有内循环带来溶解氧的影响,使得厌氧池能够保持良好的厌氧环境,有利于聚磷菌发挥作用;④沉淀污泥含磷量约为 4%,磷的去除率较好,处理出水中磷的含量一般可以低于 1mg/L,去除率约为 76%。

不足:①除磷效率难以进一步提高,因为微生物对于磷的超量吸收有一定限度,特别是当进水 C/P 比值较低的时候,更是如此;②若沉淀池设计不当,容易产生厌氧释磷的现象,影响出水水质,应注意及时排泥和回流。

6.3 废水生物脱氮除磷技术 ‹

6.3.1 废水生物脱氮除磷工艺(一)

⊙ **观看视频 6.3.1**

一、知识点挖掘

(一) 单选题

废水生物脱氮除磷
工艺(一)

1. A^2/O 工艺中的第一个 A 段是指(　　),其作用是(　　)。

    A. 厌氧段,释磷　　　　　　　　　　　B. 缺氧段,脱氮

    C. 厌氧段,脱氮　　　　　　　　　　　D. 缺氧段,释磷

2. 以下关于 A^2/O 工艺的描述,正确的是(　　)。

    A. 厌氧、缺氧交替运行

    B. 同时可以达到脱氮、除磷、去除 BOD、SS 等的目的

    C. 运行费用高

    D. 占地面积小

3. 在 A^2/O 工艺中,曝气池的作用不包括以下哪一项?(　　)

A. 使聚磷菌过量的摄取磷　　　　　　　B. 充分释放磷，使聚磷菌恢复活性

C. 硝化作用　　　　　　　　　　　　　D. 去除有机物

4. 对于 A^2/O 工艺，要兼顾脱氮除磷，污泥龄应该控制在（　　）之间。

A. 3～5d　　　　　　B. 8～12d　　　　　　C. 10～20d　　　　　　D. 30～40d

(二) 判断题

1. A^2/O 工艺中，在保证二沉池不发生反硝化以及释磷的前提下，应当使污泥回流比降到最低，以免过多的硝酸盐被带回厌氧池，干扰磷的释放，降低除磷效率，同时也增加运行费用。（　　）

2. A^2/O 工艺在运行过程中一般需要外加碳源和碱度，厌氧和缺氧池中只需慢速搅拌、以不增加溶解氧为度。（　　）

3. A^2/O 工艺进到沉淀池的处理水应该要保持一定浓度的溶解氧，并且减少在沉淀池的停留时间，防止产生厌氧状态，出现污泥释放磷的现象。（　　）

4. A^2/O 工艺是最复杂的脱氮除磷工艺，在城市污水处理中运用非常广泛。（　　）

5. 由于生物脱氮和除磷对 SRT 的要求有矛盾，导致了 A^2/O 工艺中通过延长 SRT 提高脱氮效果，反而会影响到除磷效果变差。（　　）

6. A^2/O 工艺中曝气池的溶解氧不宜过高，否则内循环的混合液会对缺氧反应器的反硝化产生一定的干扰。（　　）

7. 在保证二沉池不发生反硝化以及释磷的前提下，应当使回流比降到最低，以免太多的硝酸盐被带回到厌氧池，从而干扰磷的吸收。（　　）

(三) 多选题

1. 在 A^2/O 工艺中，厌氧池的功能是（　　）。

A. 污泥中的聚磷菌利用有机碳源进行厌氧释磷

B. 部分有机物进行氨化作用，生成无机氨氮

C. 回流液中的硝酸盐进行反硝化作用

D. 进行活性污泥与处理水的分离

2. 在 A^2/O 工艺中，好氧池的主要功能是（　　）。

A. 有机物进行氨化作用，生成无机氨氮

B. 硝化细菌进行硝化作用，将污水中的氨氮氧化成硝酸盐

C. 聚磷菌进行好氧吸磷

D. 剩下的有机物在好氧池中被进一步降解

3. A^2/O 工艺运行过程中一般不需要外加碳源和碱度，厌氧和缺氧池中只需要慢速地进行搅拌，以不增加溶解氧为度，运行费用相对较少，其原因是（　　）。

A. 原污水中已有的有机碳源足以满足好氧池硝化的需要

B. 原污水直接进入厌氧池，为聚磷菌提供了充足的有机碳源

C. 缺氧池进行反硝化产生的碱度及原水中的碱度能够满足好氧池硝化过程消耗的碱度

D. 在 A^2/O 好氧池中没有碱度的消耗，因此不需要外加碱度

4. A^2/O 工艺目前已被广泛地运用于各大污水处理厂，其优点有（　　）。

A. 是最简单的同步脱氮除磷工艺，总的水力停留时间要少于其他的同类工艺

B. 一般不需要外加碳源和碱度，厌氧和缺氧池中只需慢速搅拌，以不增加溶解氧为度，运行费用低

C. 在厌氧、缺氧、好氧交替运行的条件下，只要控制好操作条件，发生污泥膨胀的

　　　现象较少

　　D. 作为城市污水的处理工艺，出水完全能够达到一级 A 标准，效果良好

5. A^2/O 工艺的不足之处在于（　　　）。

　　A. 污泥增长有限，除磷效果难于进一步提高

　　B. 只有脱氮除磷的良好效果，对有机物的去除效率较低

　　C. 内循环量不宜太高，使得脱氮效果难以进一步得到提升

　　D. 进到沉淀池的处理水应保持一定浓度的溶解氧，且减少在沉淀池的停留时间，防止产生厌氧状态，出现污泥释磷的现象

二、知识应用

（一）单选题

1. 对于 A^2/O 工艺的设计参数，生化池总 HRT 应当控制在 7～14h，其中，（　　　）。

　　A. 厌氧段为 5～10h，而缺氧段为 0.5～3h，好氧段为 1～2h

　　B. 厌氧段为 1～2h，而缺氧段为 5～10h，好氧段为 0.5～3h

　　C. 厌氧段为 1～2h，而缺氧段为 0.5～3h，好氧段为 5～10h

　　D. 厌氧段为 0.5～3h，而缺氧段为 1～2h，好氧段为 5～10h

2. 对于 A^2/O 工艺的设计参数，系统的混合液内循环回流比一般在（　　　）间，具体取决于进水中凯氏氮的浓度以及所要求的脱氮效率。

　　A. 1000%～2000%　B. 0～50%　　　　C. 600%～800%　　D. 200%～500%

3. 污水处理中的倒置 A^2/O 工艺指的是以下哪个流程？（　　　）。

　　A. 厌氧-缺氧-好氧　　　　　　　　B. 缺氧-厌氧-好氧

　　C. 厌氧-好氧-缺氧　　　　　　　　D. 缺氧-好氧-厌氧

（二）多选题

1. 某城市污水处理厂采用 A^2/O 工艺，某段时间该系统的除磷效果降低，则其原因有可能是（　　　）。

　　A. 进水有机物含量低　　　　　　　B. 厌氧池中没有形成厌氧条件

　　C. 系统硝化效果差　　　　　　　　D. 回流污泥中硝酸盐浓度较高

2. 下列关于 A^2/O 工艺和组成单元功能的描述，不正确的是（　　　）。

　　A. 厌氧段聚磷菌吸收磷，同时摄取有机物

　　B. 缺氧段微生物利用污水中碳源，发生反硝化反应

　　C. 好氧段聚磷菌释放磷，水中的氮被曝气吹脱

　　D. 沉淀池污泥吸收磷，出水得到净化

三、知识拓展

1. 说明 A^2/O 工艺中各处理构筑物的主要功能以及该工艺的优缺点。

2. 比较 A^2/O 工艺与倒置 A^2/O 工艺的不同之处，并说明各自的优缺点。

四、知识回顾

重点内容

　　A^2/O 工艺（A/A/O 工艺）。由厌氧池、缺氧池、好氧池三个系统相结合而形成，是生物同步脱氮除磷的基础工艺。

　　优点：①是最简单的同步脱氮除磷工艺，总的水力停留时间（HRT）要少于其他的同类工艺；②一般不需要外加碳源和碱度，厌氧池和缺氧池中只需慢速搅拌，以不增加溶解氧为度，运行费用低；③在厌氧、缺氧、好氧交替运行的条件下，丝状细菌不会大量增殖，一

般来说，只要控制好操作条件，发生污泥膨胀的现象较少。

不足：①内循环量不宜太高，使得脱氮效果难以进一步得到提升；②污泥增长有限，除磷效果难于进一步提高；③进到沉淀池的处理水应该要保持一定浓度的溶解氧，且减少在沉淀池的停留时间，防止产生厌氧状态，出现污泥释磷的现象。但是，溶解氧的浓度也不宜过高，否则内循环的混合液会对缺氧反应器的反硝化产生一定的干扰。

6.3.2 废水生物脱氮除磷工艺（二）

废水生物脱氮除磷
工艺（二）

⊙**观看视频 6.3.2**

一、知识点挖掘

（一）单选题

1. 改进型 Bardenpho 工艺与只具有脱氮功能的 Bardenpho 工艺的区别是（ ）。

  A. 改进型 Bardenpho 工艺在最前面增加了一个厌氧池

  B. 改进型 Bardenpho 工艺在最后面增加了一个好氧池

  C. 改进型 Bardenpho 工艺在最前面增加了一个 A/O 工艺

  D. 改进型 Bardenpho 工艺在中间增加了一个缺氧池

2. UCT 工艺与 A^2/O 工艺相比，污泥回流的位置不同之处在于（ ）。

  A. UCT 工艺中，二沉池的污泥首先回流到好氧池，再由好氧池回流到厌氧池

  B. UCT 工艺中，好氧池的污泥首先回流到厌氧池，再由厌氧池回流到缺氧池

  C. UCT 工艺中，二沉池的污泥首先回流到缺氧池，再由缺氧池回流到厌氧池

  D. UCT 工艺中，二沉池的污泥首先回流到厌氧池，再由厌氧池流到缺氧池

（二）判断题

1. 改进型 Bardenpho 工艺强化了除磷功能，脱氮效果较好，但是构筑物多、工艺复杂成为其最大的不足之处。（ ）

2. UCT 工艺与 A^2/O 工艺相比，他们在污泥回流的位置和方式上相同，而仅仅在构筑物上有差异。（ ）

3. UCT 工艺的污泥回流方式，使回流到厌氧池的污泥中几乎不含有硝酸盐，保证了厌氧池中聚磷菌的释磷效果，从而提高了整个系统的除磷能力。（ ）

（三）多选题

1. 下列对污水处理中 A^2/O 工艺的说法正确的是（ ）。

  A. 是同步脱氮除磷工艺

  B. 污水首先进入厌氧反应器，回流的含磷污泥在这里充分释放磷

  C. 第二个反应器是缺氧反应器，主要功能是生物反硝化，有部分好氧池出水回流进入

  D. 第三个反应器是好氧反应器，具有降解 BOD 和除磷的功能，但不能发生硝化反应

2. 与 A^2/O 工艺相比，改进型 Bardenpho 工艺在后面增加了一个缺氧池和好氧池，增加的缺氧池作用是（ ）。

  A. 进一步去除水中的有机物，为后续的聚磷菌超量吸磷提供条件

  B. 利用外加有机碳源进行反硝化，提高系统的脱氮效果

  C. 利用污泥自身的内源呼吸进行反硝化，提高系统的脱氮效果

D. 降低或完全去除回流污泥中的硝酸盐，提高厌氧池的释磷效果和系统的除磷能力

3. UCT 工艺的不足之处有（　　）。

A. 拥有两套混合液回流系统和一套污泥回流系统，提高了运行成本

B. 沉淀池的污泥回流会将硝酸盐带到厌氧池，影响聚磷菌的释磷效果

C. 沉淀池的污泥回流到缺氧池，导致缺氧池的反硝化效果变差

D. 同时两套混合液回流的交叉，导致缺氧池的水力停留时间难以控制

4. 以下哪些工艺可以达到同时脱氮除磷的目的？（　　）。

A. UCT 工艺　　　　B. 氧化沟工艺　　　　C. SBR 工艺　　　　D. A^2/O 工艺

二、知识应用

（一）单选题

1. 氧化沟工艺特有的廊道式布置形式为厌氧、缺氧、好氧的运行方式提供了条件，因此，也可以达到脱氮除磷的目的。以下描述正确的是（　　）。

A. 在氧化沟转刷处，活性污泥处于厌氧状态

B. 在氧化沟两个转刷中间，可以认为活性污泥处于好氧状态

C. 从氧化沟转刷处到两个转刷中间，水中的溶氧逐渐递减，形成了好氧、缺氧、厌氧的环境

D. 氧化沟处理污水时，通过同时停止转刷来达到池中的厌氧状态

2. 序批式反应器是通过（　　）来区分厌氧、缺氧、好氧阶段的工艺。

A. 在空间上运行状态不同　　　　　　B. 在时间和空间上运行状态不同

C. 不同时间运行状态不同　　　　　　D. 同一时间运行状态不同

3. 关于污水中的氮和磷，以下说法正确的是（　　）。

A. 凯氏氮不是氮的一种存在方式，仅仅是个指标

B. 污水中的总磷是指正磷酸盐

C. 含氮化合物在水体中的转化过程一般可分为氨化、硝化和反硝化三个阶段

D. 总氮表示有机氮和氨氮之和

（二）多选题

1. 在运用生物脱氮除磷工艺的时候，下列需要注意的事项正确的是（　　）。

A. 脱氮和除磷相互影响，脱氮要求较高的有机负荷和较短 SRT，而除磷要求较低的有机负荷和较长的 SRT，且回流污泥中过高的硝酸盐浓度会对除磷有较大的影响

B. 碱度会影响硝化过程，有机碳源对除磷过程和反硝化过程均有影响

C. 脱氮和除磷相互影响，脱氮要求较低的有机负荷和较长的 SRT，而除磷要求较高的有机负荷和较短的 SRT，且回流污泥中过高的硝酸盐浓度会对除磷有较大的影响

D. 有机碳源会影响硝化过程，碱度对除磷过程和反硝化过程均有影响

2. 污水生物脱氮处理方法有（　　）。

A. 折点加氯法　　B. 吹脱法　　　　C. UCT 工艺　　　　D. A^2/O 工艺

3. 城镇污水经二级生物处理出水中的含氮化合物可能是以（　　）形式存在的。

A. 氨氮　　　　B. 亚硝酸氮　　　　C. 硝酸氮　　　　D. 氮气

三、知识拓展

1. 列举几种目前污水处理中同步脱氮除磷的工艺，并比较他们的优缺点。

2. UCT 工艺与 A^2/O 工艺有何不同之处？缺氧池的水力停留时间难以控制及好氧池溶

氧干扰释磷的问题有何解决的措施？

四、知识回顾

重点内容

1. 改进型 Bardenpho 工艺。其工艺流程是在 A^2/O 工艺的后面增加一个缺氧池和好氧池，形成五段。特点是强化了除磷功能，脱氮效果也比较好。但不足之处在于构筑物多、工艺复杂。

2. UCT 工艺。与 A^2/O 工艺相比，构筑物均一样，UCT 工艺仅仅是在污泥回流的位置和方式上不同。其二沉池的污泥首先回流到缺氧池，再由缺氧池回流到厌氧池，由于此时回流污泥和混合液中的硝酸盐已经在缺氧池中被反硝化，因此，回流到厌氧池的污泥中几乎不会含有硝酸盐，保证了厌氧池中聚磷菌的释磷效果，从而提高整个系统的除磷能力。UCT 工艺的缺陷：拥有两套混合液回流系统和一套污泥回流系统，提高了运行成本，同时两套混合液回流的交叉，导致缺氧池水力停留时间难以控制。

3. 另外一些常见的可以实现脱氮除磷的工艺：氧化沟（OD）、序批式反应器（SBR）等。

4. 在运用生物脱氮除磷工艺的时候，需要注意两点：①脱氮和除磷是相互影响的，脱氮要求的是较低的有机负荷和较长的 SRT，而除磷要求的是较高的有机负荷和较短的 SRT，且回流污泥中过高的硝酸盐浓度会对除磷有较大的影响；②碱度对硝化过程的影响以及有机碳源对除磷过程的影响。

第 7 章
污泥处理与处置技术

预习任务
视　频 7.1、7.2、7.3、7.4、7.5

学习知识点
　污泥概述、污泥浓缩、污泥调理与脱水、污泥稳定、污泥最终处置。

7.1　　污泥概述

⊙ 观看视频 7.1

污泥概述

一、知识点挖掘

（一）填空题

1. 城市污水处理厂产生的污泥量占污水量的_____。

2. 污泥处理最基本的方法包含_____、_____、_____与_____。

3. 污泥的性质和组成主要取决于处理污水的_____，同时还和_____密切相关。

4. 初沉污泥，它是来自污水处理的_____，是原污水中可沉淀的固体。

5. 二沉池污泥又称生物污泥，也叫作_____，它是由_____法或_____产生的污泥。

6. 活性污泥法处理系统产生的剩余污泥，我们把它称之为_____。

7. 生物膜处理系统产生的剩余污泥，我们把它称之为_____。

8. 经过厌氧消化或好氧消化处理后的污泥叫作_____。

9. 衡量污泥脱水性能最重要的指标是_____。

10. 污泥按来源不同可分为_____、_____。

11.污泥按成分不同分_____和_____。

12._____通常可以用来表示污泥中有机物的含量。

13.每人每天产生的污泥量，按照标准规范来取值，一般采用_____。

14.污泥处理的目的是使污泥_____、_____、_____、_____。

（二）单选题

1.VS是指（　　）。

　　A.灼烧残渣　　　　　B.含无机物量　　　　C.灼烧减量　　　　D.非挥发性固体

2.污泥在管道中流动的水力特征是（　　）。

　　A.层流时污泥流动阻力比水流大，紊流时则小

　　B.层流时污泥流动阻力比水流小，紊流时则大

　　C.层流时污泥流动阻力比水流大，紊流时则更大

　　D.层流时污泥流动阻力比水流小，紊流时则更小

3.下列哪些装置不是污泥的来源？（　　）

　　A.初沉池　　　　　　B.曝气池　　　　　　C.二沉池　　　　　D.混凝池

4.有机污泥（　　）。

　　A.以有毒、有害无机物为主要成分　　　　B.易于腐化发臭

　　C.颗粒较粗，密度较大　　　　　　　　　D.含水率低，容易脱水

5.在污水处理厂产生的污泥中，下列哪种污泥的有机质含量最高？（　　）

　　A.堆肥污泥　　　　　　　　　　　　　B.二次沉淀污泥

　　C.消化污泥　　　　　　　　　　　　　D.深度处理的化学污泥

6.下列关于污水处理产生的污泥的论述哪项是不正确的？（　　）。

　　A.来自初沉池的污泥称为初次沉淀污泥

　　B.来自活性污泥和生物膜法后二次沉淀池的污泥称为剩余活性污泥

　　C.生污泥经厌氧或好氧消化处理后的污泥称为消化污泥

　　D.用化学沉淀法处理污水后产生的沉淀物称为化学污泥

7.污泥在管道中输送时应使其处于（　　）状态。

　　A.层流　　　　　　　B.中间　　　　　　　C.过渡　　　　　D.紊流

（三）判断题

1.曝气池会产生污泥。（　　）

2.栅渣和沉砂池沉渣按垃圾方式进行处理。（　　）

3.初沉池污泥和二沉池生物污泥，容易腐化。（　　）

4.含水率含固率相加一定等于百分之百。（　　）

5.通常情况下污泥含水率从99%降低到95%，污泥的体积可以减少一半。（　　）

6.污泥中含有一些病菌、病毒以及寄生虫的虫卵不能直接用作农肥。（　　）

7.在污水处理厂内，螺旋泵主要用作活性污泥回流提升。（　　）

8.无机性物质形成的可沉物质称为污泥。（　　）

9.对污泥来说，有机物的含量越高，污泥的稳定性就越差。（　　）

10.污泥比阻越大过滤性就越好。（　　）

（四）多选题

1.污泥组分的测定中，VSS表示下列哪几项物质？（　　）

　　A.灰分　　　　　　B.挥发性固体　　　　C.有机物量　　　　D.无机物量

2.城市污水处理厂污泥回流系统控制过程中包括哪些在线仪表？（　　）

A.电磁流量计 　　　　　　　B.COD 在线检测仪

C.溶解氧测定仪 　　　　　　D.污泥浓度计

二、归纳总结

（一）单选题

1.污泥处理的目的是（　　　）。

A.使有害、有毒物质得到妥善处理和处置

B.使容易腐化发臭的有机物得到稳定处理

C.使有用物质能够得到综合利用

D.以上答案均正确

2.关于污泥性质，以下说法不正确的是（　　　）。

A.挥发性固体近似等于可消化降解的有机物数量

B.污泥中所含水分的重量与污泥总重量之比的百分数称为污泥含水率

C.湿污泥相对密度等于污泥所含水分重量与干固体重量之和

D.湿污泥相对密度等于湿污泥质量与同体积的水质量之比

3.关于污泥分类，以下说法不正确的是（　　　）。

A.污泥可分为熟污泥与生污泥

B.按来源不同可分为初次沉淀污泥、剩余活性污泥、腐殖污泥、消化污泥、化学污泥

C.初次沉淀污泥和剩余活性污泥可统称为生污泥，腐殖污泥与消化污泥统称为熟污泥

D.污泥按成分不同分为污泥和沉渣

4.下列关于氧化沟处理工艺产生的剩余污泥的说法哪项是错误的？（　　　）

A.氧化沟工艺产生的剩余污泥外观为黄褐色，有土腥味，含水量一般为 99.2%～99.5%

B.氧化沟工艺产生的剩余污泥相对稳定，一般需要单独进行污泥消化

C.由于氧化沟工艺污泥龄较长，所以该工艺产生的剩余污泥有机物含量偏高

D.氧化沟工艺产生的剩余污泥具有较好的脱水性能

5.下列有关于城市污水处理厂污泥的说法中哪项是正确的？（　　　）

A.剩余污泥有机物含量与公寓类型无关，受运行参数影响较大

B.城市污水处理厂初次沉淀池的污泥量取决于进水水质和初沉池的运行效果

C.剩余污泥的 pH 值一般大于 8.0

D.对城市污水处理厂产生的污泥，含水量从 99%降低至 98%，污泥的体积减小了 1/4

6.某城镇二级污水处理厂处理水量约为 1000m³/d，则该厂以含水率 97%计的污泥量约为下列何值？（　　　）

A.3～5m³/d 　　　B.6～10m³/d 　　　C.11～15m³/d 　　　D.16～20m³/d

7.污泥的含水率从 99%降低到 96%，污泥体积减小了（　　　）。

A.1/3 　　　　B.2/3 　　　　C.1/4 　　　　D.3/4

（二）多选题

1.下列关于城市生活污水处理厂污泥的说法正确的是（　　　）。

A.城市生活污水生化处理工艺中，当采用的有机负荷较高时，产生的剩余污泥有机物量也相对较高

B.剩余污泥有机物含量与生化处理工艺的污泥龄有关，与是否设置初沉池无关

C.剩余活性污泥含水量一般高，因此设计二沉池时采用的表面水力负荷较初沉池

要小

D. 氧化沟工艺由于采用较低的有机负荷，污泥龄较长，因此产生的剩余污泥量较少

2.污泥处理与处置的基本流程，按工艺顺序，以下哪些是正确的？（　　　）

A.生污泥→浓缩→消化→自然干化→最终处理

B.生污泥→消化→浓缩→机械脱水→最终处理

C.生污泥→浓缩→消化→机械脱水→堆肥→最终处理

D.生污泥→消化→脱水→焚烧→最终处理

（三）计算题

含水率99.5%的污泥脱去1%的水，脱水前后的容积之比为多少？

三、知识拓展

污泥流动的水力特征：

（1）当污泥含水率>99%时，属于牛顿流体，流动性质同水流。

（2）当污泥含水率<99%时，显示出塑性，半塑性流体的特性，流动特性不同于水流。

（3）当污泥流速慢，处于层流状态，阻力很大。

（4）当污泥流速快，处于紊流状态，阻力较小

四、知识回顾

（一）基本概念

初沉污泥：来自城市污水和生活污水处理的初沉池。

剩余污泥：来自污水生物处理系统的二沉池或生物反应池。

消化污泥：经过厌氧消化或好氧消化处理后的污泥。

化学污泥：用混凝、化学沉淀等化学方法处理污水时所产生的污泥。

含水率与含固率：含水率是指污泥中所含水分的质量与污泥总质量之比；含固率是指污泥中固体或干污泥的质量与污泥总质量之比。

VSS：用来表示污泥中有机物的含量，有机物的含量越高，污泥的稳定性就越差。

（二）重点内容

污泥处理一般过程包括：污泥浓缩、稳定、污泥调理、污泥脱水、污泥干化。

7.2　污泥浓缩

⊙**观看视频 7.2**

污泥浓缩

一、知识点挖掘

（一）填空题

1.污水处理厂初次沉淀池污泥含水率为_____，剩余活性污泥含水率达_____以上。

2.污泥浓缩的目的在于_____、_____，以利于后续处理和利用。

3.污泥浓缩的方法有_____、_____、_____等三种。

4.重力浓缩是一种_____工艺，主要用于浓缩_____及_____。

5.污泥颗粒在重力浓缩池中的沉淀行为属于_____。

6.重力浓缩池可分为_____和_____。

7.间歇式污泥浓缩池一般停留时间为_____个小时。

8._____是依靠微小气泡与污泥颗粒产生黏附作用，使污泥颗粒的密度小于水而上浮，并得到浓缩。

9.气浮浓缩池设计的主要参数为_____。

（二）单选题

1.重力浓缩法（　　）。
A.按其运行方式可分为间歇式和连续式
B.浓缩池上清液可直接排放
C.浓缩时间应大于 24h
D.浓缩池不需设置去浮渣装置

2.对于生物除磷活性污泥法产生的污泥，采用下列哪种污泥浓缩方法不易产生磷释放，同时能耗又最低？（　　）。
A.重力浓缩　　　　　　　　　　B.气浮浓缩
C.袋式浓缩机浓缩　　　　　　　D.离心机浓缩

3.采用重力浓缩法主要去除污泥中哪类水？（　　）。
A.孔隙水　　　B.毛细水　　　C.吸附水　　　D.结合水

4.下列哪组参数是重力浓缩池设计的主要参数？（　　）
A.进泥浓度，出泥浓度，浓缩时间，固体负荷
B.进泥含水率，出泥含水量，投药量，排泥量
C.排泥浓度，出泥浓度，污泥密度，水力负荷
D.浓缩时间，水力负荷，排泥量，投药量

5.某城市污水处理厂拟采用重力浓缩法对剩余污泥进行浓缩，下列关于浓缩池的说法哪项是错误的？（　　）。
A.重力浓缩池根据运行方法的不同可以分为连续式重力浓缩池和间歇式重力浓缩池
B.根据重力浓缩池的形式可以分为辐流式重力浓缩池、竖流式重力浓缩池、斜板式重力浓缩池
C.重力池深度可以根据浓缩有效水深、浓缩池超高、缓冲层。刮泥设备所需池底坡度造成的深度以及泥斗深度进行设计
D.重力浓缩池不设刮泥设备时，浓缩池泥斗壁与水平面的倾角不应小于 50°

6.气固比是污泥气浮浓缩的关键参数，气浮效果随气固比的降低而按下列哪一种方式变化？（　　）。
A.提高　　　B.降低　　　C.不变　　　D.不确定

7.污泥浓缩池中的沉淀过程属于（　　）。
A.自由沉淀　　　B.絮凝沉淀　　　C.拥挤沉淀　　　D.压缩沉淀

8.利用污泥中固体与水之间的密度不同来实现的，实用于浓缩密度较大的污泥和沉渣的污泥浓缩方法是（　　）。
A.气浮浓缩　　　B.重力浓缩　　　C.离心机浓缩　　　D.化学浓缩

（三）判断题

1.初次沉淀池污泥含水率 99%，剩余污泥含水率介于 95%～97%。（　　）

2.间歇式污泥浓缩池一般适用于大型污水处理厂。（　　）

3.气浮浓缩法适用于密度较小的轻质污泥。（　　）

4.对于含磷较高的污泥采用离心浓缩可以避免磷的二次释放。（　　）

（四）多选题

1.对于城市污水处理厂生物除磷工艺中排除的剩余污泥，宜采用下列哪些方法进行浓缩？（　　）。

　　A.重力浓缩　　　　B.离心浓缩　　　　C.气浮浓缩　　　　D.自然浓缩

2.溶气气浮法可用于浓缩活性污泥，下列关于气浮浓缩池的设计说法不正确的是（　　）。

　　A.其形状有矩形池和圆形池　　　　　B.系统的进泥量须能调节

　　C.溶气水量与气浮效果无关　　　　　D.溶气量不影响气浮效果

二、归纳总结

（一）单选题

1.城市污水处理厂拟采用重力浓缩法对剩余污泥进行浓缩，下列哪种控制方法最常用？（　　）

　　A.定 MLSS 浓度控制　　　　　　　B.与进水量成正比例控制

　　C.定回流污泥量控制　　　　　　　D.定 F/M 控制

2.城市污水处理厂曝气池后的二次沉淀池进入污泥浓缩池的污泥含水率采用下列哪一项时，浓缩后的污泥含水率宜为 97%～98%？（　　）

　　A.98%～99%　　　B.99.2%～99.6%　　C.97%～99%　　　D.96%～98%

3.某城市污水处理厂采用 A/A/O 工艺进行脱氮除磷，剩余污泥的排放量为 $Q_0 = -1000 m^3/d$，浓度 $C_0 = 8000 mg/L$，浓缩后的污泥采用 2m 带宽的带式压滤机脱水，两台同时连续工作，处理能力不超过 $3 m^3/(m \cdot d)$，试通过计算确定以下关于污泥浓缩选项正确的是（　　）。

　　A.重力浓缩，2 座，固体负荷为 $60 kg/(m^3 \cdot d)$，则每座浓缩池面积为 $67 m^2$

　　B.气浮浓缩，2 座，固体表面负荷为 $60 kg/(m^2 \cdot d)$，则每座气浮池面积为 $83 m^2$

　　C.采用带式浓缩机，3 台（一台备用），处理量 $Q = 30 m^3/h$，浓缩后污泥含固率 2%

　　D.采用带式浓缩机，3 台（一台备用），处理量 $Q = 25 m^3/h$，浓缩后污泥含固率 4%

4.某污水处理厂日产剩余污泥 $2600 m^3/d$，含水率 99.4%，固体浓度 $6 kg/m^3$，浓缩后污泥含水率 97%，设计辐流式浓缩池 2 组，单池直径 17m，有效水深 4m，试校核浓缩池的浓缩时间及污泥固体负荷是否满足要求？（　　）

　　A.浓缩时间满足要求，污泥固体负荷不满足要求

　　B.浓缩时间不满足要求，污泥固体负荷满足要求

　　C.浓缩时间和污泥固体负荷均能满足要求

　　D.浓缩时间和污泥固体负荷均不满足要求

（二）多选题

下列关于各类型浓缩池的论述中正确的是（　　）。

　　A.圆形间歇式重力浓缩池直径大于 12m 时，宜选用周边传动式刮泥机

　　B.连续式重力浓缩池若不带刮泥机，中间污泥斗的坡度要大于 50°（水平夹角）

　　C.气固比是气浮浓缩池的一项重要设计参数

　　D.气浮浓缩池中气量的控制直接影响排泥浓度的高低，一般来说气浮浓缩的气固比越大，排泥浓度越低

（三）计算题

1.某污水处理厂剩余污泥含水率为 99.5%，拟设计 2 座重力式连续浓缩池进行污泥浓

缩处理。已知每天产生剩余污泥量为 1000m³/d，设计污泥固体通量为 30kg/（m²·d），试计算污泥浓缩池的单池面积。（污泥密度按 1000kg/m³ 计）

2. 用加压溶气气浮法处理污泥，泥量 $Q=3000$ m³/d，含水率 99.3%，采用气浮压力 0.3MPA（表压），要求气浮浮渣浓度 3%。

求压力水回流量及空气（A/S=0.025，$C_s=29$mg/L，空气饱和系数 $f=0.5$）。

三、知识拓展

对重力浓缩池来说，有三个主要设计参数：

固体通量（或称固体过流率）：单位时间内，通过浓缩池任一断面的固体重量，单位 kg/（m²·h）；

水面积负荷：单位时间内，每单位浓缩池表面积溢流的上清液流量，单位 m³/（m²·h）；

污泥容积比 SVR：浓缩池体积与每日排出的污泥体积之比值，表示固体物在浓缩池中的平均停留时间；

根据以上 3 个设计参数就可设计出所要求的浓缩池的表面积，有效容积和深度。

四、知识回顾

污泥浓缩有重力浓缩法、气浮浓缩法和离心浓缩法。

重力浓缩法主要构筑物为重力浓缩池，设备构造简单，管理方便，运行费用低，气浮浓缩法主要设施为气浮池和压缩空气系统，设备较多，操作较复杂，运行费用较高，但气浮污泥含水率一般低于重力浓缩污泥。离心浓缩则可以将污泥含水率降到 80%～85%，大大缩小了污泥体积，但相比之下电耗较大。

7.3　污泥调理与脱水

⊙观看视频 7.3

污泥调理与脱水

一、知识点挖掘

（一）填空题

1. 污泥中所含水分大致分为 4 类：＿＿＿＿＿＿＿＿、＿＿＿＿＿＿＿＿、＿＿＿＿＿＿＿＿、＿＿＿＿＿＿＿＿。

2. 降低污泥含水率的主要方法有 ＿＿＿＿＿＿＿＿、＿＿＿＿＿＿＿＿、＿＿＿＿＿＿＿＿、＿＿＿＿＿＿＿＿、＿＿＿＿＿＿＿＿。

3. ＿＿＿＿＿＿是指污泥颗粒包围着的游离水分，此部分水约占总水分的＿＿＿＿＿＿。

4. ＿＿＿＿＿＿是在固体颗粒之间接触的表面上由于毛细作用形成的毛细结合水，此部分水约占总水分的＿＿＿＿＿＿。

5. ＿＿＿＿＿＿是由于固体颗粒的表面张力作用吸附在固体表面的水分。

6. ＿＿＿＿＿＿是指包含在污泥中微生物细胞体内的水分。

7. ＿＿＿＿＿＿就是破坏污泥的胶态结构、减少泥水间的亲和力，改善污泥的脱水性能。

8. ＿＿＿＿＿＿用于污泥调理效果最好。

9. 污泥经浓缩和消化之后，其含水率仍在＿＿＿＿＿＿左右。

10.污泥脱水的作用就是去除污泥中的_____和_____，从而缩小其体积，减轻其质量。

11.将污泥含水率降低到_____以下的操作我们把它称作脱水。

12.污泥比阻_____过滤性就越好。

（二）单选题

1.以下描述正确的是（　　）。

  A.初次沉淀池污泥含水率99％，剩余污泥含水率介于95％～97％

  B.浓缩的目的在于污泥的无害化

  C.污泥中水的存在形式大致分为四类：颗粒间空隙水和毛细水、颗粒表面的吸附水、颗粒内部（包括生物细胞内部）的内部水

  D.污泥浓缩主要去除污泥颗粒表面的吸附水

2.污泥机械脱水（　　）。

  A.有真空吸滤法、压滤法和离心法等

  B.污泥机械脱水是以过滤介质两面的浓度差作为推动力

  C.常用的脱水机械有离心脱水机、带式压滤机、真空过滤机、板框压滤机和加热装置等

  D.污水机械设备的选择应根据污泥的腐蚀性选择确定

3.某污水处理厂污泥脱水的要求是占地面积少、卫生条件好、污泥脱水机械能连续运行，下列哪种污泥脱水设备可最大限度地满足上述要求？（　　）

  A.真空过滤脱水机　B.板框脱水机　　　C.带式脱水机　　　D.离心脱水机

4.以下描述正确的是（　　）。

  A.污泥脱水前进行预处理的目的是解决污泥运输的难题

  B.城市污水处理厂的污泥含水率高，脱水容易

  C.衡量污泥脱水难易程度的指标是污泥的比阻

  D.有机污泥均由亲水性带正电的胶体颗粒组成

5.下列哪种污泥最容易脱水？（　　）

  A.二沉池剩余污泥　　　　　　　　　B.初沉池与二沉池混合污泥

  C.厌氧消化污泥　　　　　　　　　　D.初沉池污泥

6.带式压滤机为城市污水处理厂污泥的常用脱水设备之一，下面关于带式压滤机脱水过程的说法中正确的是（　　）。

  A.楔形脱水→重力脱水→高压脱水→低压脱水

  B.重力脱水→楔形脱水→高压脱水→低压脱水

  C.重力脱水→楔形脱水→低压脱水→高压脱水

  D.楔形脱水→重力脱水→低压脱水→高压脱水

7.厌氧消化后的污泥含水率（　　），还需进行脱水、干化等处理，否则不宜长途输送和使用。

  A.60％　　　　　　　B.80％　　　　　　　C.很高　　　　　　　D.很低

8.污泥抽升设备一般有单螺杆泵、隔膜泵、柱塞泵，在工程实际中，脱水机泥泵一般宜选用哪种形式的泵？（　　）

  A.隔膜泵　　　　　　B.螺旋泵　　　　　　C.单螺杆泵　　　　　D.多级柱塞泵

（三）判断题

1.孔隙水容易分离。（　　）

2.污泥中的水分与污泥固体颗粒的结合力很强，没有通过化学的物理的或者热工的方法进行预处理，绝大多数污泥的脱水非常困难。（　　）

3.污泥调理的包括化学调理法和物理调理法。（　　）

4.自然风干可以使污泥含水率降低到80％～85％以下。（　　）

（四）多选题

1.当污水处理采用生物脱氮除磷工艺时，其污泥浓缩与脱水采用下列哪几种方式更合适？（　　）。

  A.重力浓缩，自然脱水干化　　　　　B.浓缩脱水一体机

  C.机械浓缩后机械脱水　　　　　　　D.重力浓缩后机械脱水

2.在污泥脱水中，造成压力差推动力的方法有（　　）。

  A.加热烘干　　　　　　　　　　　　B.加压污泥把水分压过介质

  C.依靠污泥本身厚度的静压力　　　　D.造成离心力

3.对于进行机械脱水的污泥，采用下列哪几种预处理方法可降低污泥的比阻？（　　）。

  A.对污泥进行热处理　　　　　　　　B.对污泥进行冷冻处理

  C.对污泥进行机械浓缩　　　　　　　D.在污泥中加入混凝剂、助凝剂等化学药剂

4.下列关于污泥处理方法中通常需要投加化学调理剂的是（　　）。

  A.螺旋压榨式脱水　　　　　　　　　B.重力浓缩

  C.板框压滤　　　　　　　　　　　　D.带式压滤

二、归纳总结

（一）单选题

1.污泥干化场每年干泥量为80t，含水率为98％，每次排入干化场的污泥厚度为300mm，干化场面积负荷为5m/a，占地面积系数为1.2（含围堤），下列合理的是（　　）。

  A.4块，12m×10m　　　　　　　　B.6块，20m×6m

  C.8块，8m×15m　　　　　　　　　D.10块，24m×5m

2.对不同种类污泥，按脱水难易程度由难至易进行排序，应为（　　）。

  A.活性污泥、腐殖污泥、消化污泥、初沉污泥

  B.腐殖污泥、初沉污泥、消化污泥、活性污泥

  C.活性污泥、消化污泥、腐殖污泥、初沉污泥

  D.初沉污泥、腐殖污泥、活性污泥、消化污泥

3.某化工厂需要污泥脱水设备来对剩余污泥进行脱水处理，由于厂房条件限制，该厂需要体积小、占地面积小但能够连续操作、脱水的设备，应选用哪种设备？（　　）。

  A.板框压滤机　　　　　　　　　　　B.自动板框压滤机

  C.带式压力机　　　　　　　　　　　D.离心脱水机

4.以下有关污泥脱水与干化的说法不正确的是（　　）。

  A.污泥脱水与干化的方法主要有自然干化与机械脱水

  B.自然滤层干化场适用于自然土质渗透性能好，地下水位高的地区

  C.干化厂脱水主要依靠渗透、蒸发与撇除

  D.干化场的分块数一般不少于3块

5.污泥机械脱水前进行预处理的方法有（　　）。

  A.化学调理法，热处理法，冷冻法，淘洗法，加微生物混凝剂

  B.化学调理法，热处理法，冷冻法，淘洗法，加氯消毒

  C.化学调理法，热处理法，冷冻法，淘洗法

D. 化学调理法，热处理法，冷冻法，淘洗法，石灰稳定法

6. 关于机械脱水基本原理的说法不正确的是（　　　）。

A. 过滤介质两面的压力差是机械脱水的推动力

B. 污泥的水分在压力差的作用下，强制通过过滤介质，形成滤液

C. 造成压力差的方法有：污泥本身的静压力，在过滤介质一面造成负压，造成离心力等

D. 过滤过程中由于机械的作用，水分不需克服任何阻力即能透过介质

（二）多选题

1. 为了防止磷在污泥处理过程中释放，污泥浓缩或脱水工艺可选择以下哪几种方式（　　　）。

A. 重力浓缩　　　　　　　　　　　B. 机械浓缩

C. 浓缩脱水一体机　　　　　　　　D. 重力浓缩后机械脱水

2. 下列污泥脱水设备中有哪些是可以实现连线运行的（　　　）。

A. 离心脱水机　　　　　　　　　　B. 普通板框压滤机

C. 自动板框压滤机　　　　　　　　D. 带式压滤机

3. 污泥的自然干化是一种简单经济的脱水方法，干化脱水主要依靠（　　　）。

A. 渗析　　　　　B. 渗透　　　　　C. 撇除　　　　　D. 蒸发

三、知识拓展

为什么对污泥脱水前需要进行前处理？可以采用什么前处理方法？

四、知识回顾

基本概念

1. 污泥调理：调理就是破坏污泥的胶态结构，减少泥水间的亲和力，改善污泥的脱水性能。

2. 污泥脱水：将污泥含水率降低到 80％～85％以下的操作叫脱水，可分为自然脱水及机械脱水。自然脱水即利用自然力（蒸发、渗透等）对污泥进行脱水；机械脱水是在外力（压力或真空）作用下，污泥中的水分透过滤布或滤网，固体被截留，从而达到对污泥脱水的过程。

7.4　污泥稳定

⊙观看视频 7.4

一、知识点挖掘

（一）填空题

1. 污泥的稳定方法可以分为_____和_____。

2. 污泥的好氧生物稳定又称为_____。厌氧生物稳定又称为_____。

3. 影响污泥厌氧消化的主要原因有_____、_____、_____、_____、_____、_____。

污泥稳定

4. 温度是厌氧消化的一个影响因素，一般中温消化的温度为_____℃，高温消化的温

度为_____℃。

5.厌氧消化池其结构主要包括：_____、_____、_____、_____、_____和_____。

6.消化池的基本池型有_____和_____两种。

7.1g 污泥（以 VSS 计）的需氧量_____1.42g。

8.在好氧消化中，氨氮被氧化为_____，导致 pH 值降低。

9.化学稳定的方法有_____、_____和_____。

（二）单选题

1.关于厌氧消化池，以下说法不正确的是（　　）。

　A.厌氧消化的基本池型有圆柱形和蛋形两种

　B.与蛋形消化池相比，圆柱形消化池搅拌充分、均匀、无死角

　C.蛋形结构受力条件最好，防渗水性能好，聚集沼气效果好

　D.圆柱形消化池的池总高与池径之比通常取 0.8～1

2.蛋形消化池的工艺和构造具有（　　）的特点。

　A.搅拌均匀，无死角

　B.池内污泥表面易生成浮渣

　C.散热面积小，不易保温

　D.防渗性能好，聚集沼气效果好，但建筑材料耗费大

3.以下关于污泥厌氧二级消化工艺的正确描述是（　　）。

　A.两个消化池并联运行

　B.一级消化池中设置搅拌和加热以及集气设备，并排除上清液，污泥中的有机物分解主要在一级消化池中完成

　C.二级消化池设置搅拌和加热装置

　D.比一级消化工艺总耗热量少

4.以下关于污泥厌氧消化的正确描述是（　　）

　A.1979 年，伯力特等根据微生物的生理种群，提出了厌氧消化三阶段理论，是当前较为公认的理论模式

　B.水解酸化阶段是在水解和发酵细菌的作用下，使碳水化合物、蛋白质、脂肪水解与发酵转化成无机物

　C.产氢产乙酸阶段是在产氢产乙酸菌的作用下，把第一阶段的产物转化为 CO_2 和 H_2O

　D.甲烷化阶段是在有氧条件下，由产甲烷菌将 H_2、CO_2 和乙酸转化为 CH_4

5.下列有关污泥厌氧消化的说法中不正确的是（　　）。

　A.污泥厌氧消化的三阶段可分为水解发酵阶段、产氢产乙酸阶段、产甲烷阶段

　B.为保证厌氧消化的稳定运行，消化液的碱度应保持在 2000mg/L（以 $CaCO_3$ 计）以上

　C.中温厌氧消化一般不能满足杀灭细菌的卫生要求

　D.硝化反应在高温消化与中温消化之间的关系是连续的

6.两级厌氧消化的一级消化池与二级消化池的溶解比通常用的比值为（　　）

　A.1.5∶1　　　　　B.2∶1　　　　　C.2.5∶1　　　　　D.3.5∶1

7.当污水处理厂的污泥采用厌氧消化降解污泥中的有机物时，最终的产物是（　　）。

　A.甲烷气和二氧化碳　　　　　　　B.生物气和水

C. 二氧化碳、水和无机物　　　　　　　　D. 甲烷气和无机物

8. 污泥厌氧消化池设计中，关于有机物负荷率的概念，下面哪种论述是正确的？（　　　）。

　　A. 消化池单位容积在单位时间内能够接受的新鲜湿污泥总量

　　B. 消化池单位容积在单位时间内能够接受的新鲜干污泥总量

　　C. 消化池单位容积在单位时间内能够接受的新鲜污泥中挥发性湿污泥量

　　D. 消化池单位容积在单位时间内能够接受的新鲜污泥中挥发性干污泥量

9. 在污泥好氧堆肥过程中，强制通风的主要作用是（　　　）。

　　A. 供养　　　　　　B. 杀菌　　　　　　C. 散热　　　　　　D. 搅拌

10. 下列哪一项不是污泥的处理方法？（　　　）

　　A. 高速消化法　　　B. 厌氧接触法　　　C. 好氧消化法　　　D. 湿式氧化法

（三）判断题

1. 石灰能用于污泥稳定。（　　　）

2. 通常当污泥量不大的时候，可采用好氧消化。（　　　）

3. 污泥消化是指在无氧条件下，由兼性菌和专性厌氧细菌降解污泥中的有机物，最终产物是二氧化碳和甲烷，使污泥得到稳定。（　　　）

4. 水解酸化阶段是水解和发酵细菌作用下，使碳水化合物、蛋白质、脂肪水解与发酵转化为无机物。（　　　）

5. 厌氧消化池加热的方法有池内间接加温、池内直接加温、池外间接加温。（　　　）

（四）多选题

1. 污泥好氧堆肥时，向堆体鼓入空气的主要作用为（　　　）。

　　A. 降低含水率　　　　　　　　　　　　B. 防止堆体发热

　　C. 供好氧菌降解有机物需氧　　　　　　D. 防止堆体内产生厌氧环境

2. 厌氧消化池产生的污泥气需经过净化处理后才能利用，其目的是（　　　）。

　　A. 去除 CO_2　　　　　　　　　　　　B. 去除污泥气中的水分

　　C. 去除 H_2S 气体　　　　　　　　　　D. 调整污泥气压力

3. 影响污泥厌氧消化的因素有（　　　）。

　　A. 温度、消化池的有机负荷　　　　　　B. 二次沉淀池的污泥浓度

　　C. 搅拌和混合　　　　　　　　　　　　D. 酸碱度、pH 值

二、归纳总结

（一）单选题

1. 下列污泥含固率相同，采用厌氧消化工艺处理时，哪种污泥产沼气量最大？（　　　）。

　　A. 化学污泥　　　　　　　　　　　　　B. 初沉池污泥和普通曝气活性污泥的混合污泥

　　C. 无初沉池的延时曝气污泥　　　　　　D. 无初沉的氧化沟污泥

2. 以下对厌氧消化池的沼气收集与贮存设备的描述，正确的是（　　　）。

　　A. 一般用集气罩来调节沼气的产气量与用气量

　　B. 收集沼气的管径按总平均产气量计算，管内流速按 7～15m/s 计

　　C. 低压浮盖式贮气柜，浮盖的直径与高度一般采用 1.5∶1

　　D. 高压球形贮气罐一般用于短距离输送沼气

3. 污泥厌氧消化有 33～35℃ 的中温和 50～55℃ 的高温两个最优温度区段，但实际过程中基本上都采用中温厌氧消化，其理由是（　　　）。

　　A. 反应速度较快　　　　　　　　　　　B. 消化体积较小

　　C. 甲烷产量较高　　　　　　　　　　　D. 污泥加热所需能耗较低

4. 下列关于污泥堆肥中加入秸秆类主要作用的描述中，不正确的是 （　　）。

　　A. 改善碳氮比　　　　　　　　　　　B. 防止污泥腐臭

　　C. 降低含水率　　　　　　　　　　　D. 提高污泥堆肥的孔隙率

5. 某城市污水处理厂化验人员对厌氧消化前后的污泥进行处理分析，未消化污泥挥发性固体为 70％，非挥发性固体为 30％；消化污泥挥发性固体为 52％，非挥发性固体为 48％。假设消化前后污泥中非挥发性固体质量保持不变，并且细菌的增加忽略不计，仅挥发性固体发生损耗，试根据上述数据分析下列选项正确的是 （　　）。

　　A. 消化系统固体减量小于 30％　　　　B. 消化系统挥发性固体减量超过 55％

　　C. 消化系统运行正常　　　　　　　　D. 消化系统运行不正常

6. 某镇污水处理厂产生脱水污泥 50t/d，含水率 75％，C∶N∶P＝100∶7∶2，拟将该镇脱水污泥和生活垃圾进行混合堆肥。堆肥用的生活垃圾量为 50t/d（其中，金属物、玻璃、碎石、塑料等不可利用杂物占 50％），C∶N∶P＝100∶1.6∶0.5，含水率为 20％，试分析下述选项错误的是 （　　）。

　　A. 除去生活垃圾中的不可用杂质，该镇产生的全部污泥可以与剩余生活垃圾进行混合堆肥

　　B. 去除杂物后有效堆肥物料含水率可以满足混合堆肥的最佳初期含水率，不需要采用调理剂调节水分含量

　　C. 去除杂物后混合物料的 C∶N∶P 还不能满足堆肥过程中对氮和磷的需求，需补加氮和磷

　　D. 控制堆肥温度在 60～70℃，4～6 周完成堆肥后，将混合物翻动成堆存放，成熟后复配可作为肥料使用。

7. 我国北方城市污水处理厂污泥处理采用中温厌氧消化工艺，2008 年冬季某日，由于加热系统故障，消化池停止供热时间长达 36h，该过程同时停止向消化池投配新泥并停止搅拌，减少热量损失，待恢复正常运行时发现污泥产气率骤降，试分析污泥产气率降低的原因。（　　）

　　A. 未投配新泥，消化池碳源不足，甲烷菌代谢基本停止，活性大为降低

　　B. 未投配新泥，消化池碳源不足，甲烷菌大部分死亡，活性基本丧失

　　C. 停止供热，消化池污泥温度下降，甲烷菌代谢基本停止，活性大为降低

　　D. 停止供热，消化池污泥温度下降，甲烷菌大部分死亡，活性基本丧失

8. 下列污泥消化池设计条件中不符合规范规定的是 （　　）。

　　A. 污泥消化池的个数不宜少于 2 个，按同时工作设计

　　B. 污泥消化池的有效容积应根据消化时间和容积负荷确定

　　C. 污泥消化池采用固定密封时应能承受污泥气的工作压力，并应有防止池内产生负压的措施

　　D. 污泥消化池溢流管出口放在室内，并设水封

9. 污泥好氧消化池设计中，以下说法错误的是 （　　）。

　　A. 污泥好氧消化通常用于大型或特大型污水处理厂

　　B. 好氧消化池进泥的停留时间（消化时间）宜取 10～20d

　　C. 好氧消化池内溶解氧的浓度不应低于 2mg/L，池体超高不宜低于 1m

　　D. 好氧消化池在气温低于 15℃ 的寒冷地区宜考虑采取保温措施

10. 污泥消化（　　）

　　A. 是指在无氧条件下，由兼性菌和专性厌氧细菌降解污泥中的有机物，最终产物是

CO_2 和 CH_4，使污泥得到稳定

  B. 是指在有氧条件下，由专性厌氧细菌降解污泥中的有机物，最终产物是 CO_2 和 CH_4，使污泥得到稳定泥得到稳定

  C. 是指在无氧条件下，由兼性菌降解污泥中的有机物，最终产物是 CO_2 和 H_2O，使污泥得到稳定

  D. 是指在有氧条件下，由兼性菌和专性厌氧细菌降解污泥中的有机物，最终产物是 CO_2 和 H_2O，使污泥得到稳定

（二）多选题

1. 以下关于厌氧消化池的设计，说法错误的是（　　）。

  A. 厌氧消化池的总耗热量应按全年平均日气温通过热工计算确定

  B. 污泥投配泵可选用离心式污水泵或螺杆泵

  C. 搅拌可使厌氧反应器中污泥的温度与浓度均匀，使微生物与基质充分接触，促进有机物的分解

  D. 贮气罐容积宜根据产气量和用气量计算确定，如缺乏相关资料时，可按 6～10h 的最大产气量设计

2. 下列关于污泥消化处理的表述中，错误的是（　　）。

  A. 厌氧消化池溢流和表面排渣管通常放置在室内且便于人工操作的地方

  B. 污泥气贮存罐超压后不得随意向大气排放，必须确保周围没人的情况下才能排放

  C. 厌氧消化处理工艺中，污泥搅拌是较耗能的步骤，每日将全池污泥搅拌，搅拌的次数不宜大于 3 次，但必须保证搅拌充分

  D. 污泥气应综合利用，可用于锅炉、发电和鼓风机等

（三）问答题

1. 试述两级消化与两相消化的原理与工艺特点，两者之间有何联系？

2. 论述污泥厌氧消化的影响因素，并说明在操作上应如何进行控制，以维持较好的消化进程。

三、知识拓展

1. 消化污泥的培养与驯化方式

（1）逐步培养法：把生污泥投入硝化池，加热使温度逐步升高，直到消化温度，每日投加新鲜污泥，直至设计泥面，停止加泥，维持温度，待污泥成熟，产生沼气后就可使用。

（2）一次培养法：将池塘污泥，经 2mm×2mm 孔网过滤投入消化池，约为消化池容积的 1/10，以后逐日加入新鲜污泥，至设计泥面，然后加温一小时升温 1℃至消化温度，控制 pH，稳定 3～5d，产生沼气后，再加生污泥。

2. 消化池异常现象

①产气量下降；②上清液水质恶化；③沼气的气泡异常：连续喷出像啤酒开盖后出现的气泡，大量气泡剧烈喷出，气泡正常时不起泡。

四、知识回顾

污泥好氧消化：在不投加底物的条件下，对污泥进行较长时间的曝气，通过好氧微生物的作用将污泥中的生物细胞或构成 BOD 的有机固体厌氧分解，从而降低有机悬浮固体含量。

污泥厌氧消化：通过厌氧微生物的作用将污泥中的生物细胞或构成 BOD 的有机固体厌氧分解，从而降低发性悬浮固体含量。

7.5　污泥最终处置

⊙**观看视频 7.5**

一、知识点挖掘

（一）填空题

1.污泥最终的处置方式有＿＿＿＿＿和＿＿＿＿＿。

2.污泥最终处置的方法有＿＿＿＿＿、＿＿＿＿＿、＿＿＿＿＿及＿＿＿＿＿等。

3.污泥湿式氧化系统由＿＿＿＿＿、＿＿＿＿＿和＿＿＿＿＿＿＿组成

4.弃置主要是将污泥＿＿＿＿＿、＿＿＿＿＿。

污泥最终处置

（二）单选题

1.下列装置不是污泥的最终处理方法的是（　　　）。

　　A.用作农肥　　　　　B.填地　　　　　　　C.投海　　　　　　　D.湿烧法烧掉

2.当污水处理厂的污泥采用厌氧消化降解污泥中的有机物时，最终的产物是（　　　）。

　　A.甲烷气和二氧化碳　　　　　　　　B.生物气和水

　　C.二氧化碳、水和无机物　　　　　　D.甲烷气和无机物

3.城市污水厂污泥的最终处置途径首先应考虑（　　　）。

　　A.农业土地利用　　　　　　　　　　B.用作动物、家畜饲料

　　C.用作建筑材料　　　　　　　　　　D.用作道路路基

4.在我国常用的污泥最终处置方法中，不属于最终处置的是（　　　）。

　　A.卫生填埋　　　　B.污泥堆肥　　　　C.污泥焚烧　　　　D.污泥消化

5.污泥作为农肥施用，以下说法不正确的是（　　　）。

　　A.污泥中有机物可作为土壤的改良剂

　　B.重金属离子浓度符合《农用污泥标准》（GB 4284—84）

　　C.氮是作物的主要肥分，总氮含量越高越好

　　D.污泥施用前，要进行消毒处理

6.关于污泥的最终处置，下列说法错误的是（　　　）。

　　A.污泥的最终处置宜考虑综合利用

　　B.污泥农用时应慎重，必须满足国家现行有关标准

　　C.污泥土地利用时应严格控制土壤中积累的重金属和其他有毒物质的含量

　　D.污泥填地处理前，必须将含水率降低至 50% 以下

7.下列不是污泥的最终处理方法的是（　　　）。

　　A.用作农肥　　　　　B.填地　　　　　　　C.投海　　　　　　　D.湿烧法烧掉

（三）判断题

1.湿式氧化法的特点是能对污泥中几乎所有的有机物进行氧化。（　　　）

2.焚烧是污泥最终处置最有效和彻底的方法。（　　　）

（四）多选题

1.污泥作为肥料施用时，必须符合下述哪些条件？（　　　）

A. 总氮含量不能太高

B. 肥分比例：碳氮磷比例为 100∶5∶1

C. 重金属粒子符合国家相关标准

D. 不得含有病原菌

2. 下列关于城市污水处理厂污泥土地利用的说法正确的是（　　）。

   A. 城市污水处理厂污泥中含有的有机质、腐殖质用作农肥时可以起到改善土壤的作用

   B. 由于污泥中含有微生物致病菌，必须经过无害化处理后才能土地利用

   C. 为保证食品及土壤的安全性，土地利用的污泥不得含有重金属

   D. 若污泥中不含有重金属和其他有毒有害物质，农田施用的污泥数量可不受限制

3. 以下描述正确的是（　　）。

   A. 污泥脱水、干化后，含水率还很高，体积很大，可进一步进行焚烧处理

   B. 污泥焚烧投资小，运行费用少

   C. 污泥焚烧可将有机固体转化为 CO_2、H_2O 和污泥灰

   D. 污泥的最终出路包括制造肥料、建筑材料和填埋等

二、归纳总结

（一）单选题

1. 下列关于污泥堆肥中加入秸秆类主要作用的描述中，不正确的是（　　）。

   A. 改善碳氮比　　　　　　　　　　B. 防止污泥腐臭

   C. 降低含水率　　　　　　　　　　D. 提高污泥堆肥的孔隙率

2. 以下描述正确的是（　　）。

   A. 污泥脱水、干化后，含水率降低，体积变得很小

   B. 污泥干燥是将污泥通过处理去除污泥间的空隙水的方法

   C. 污泥焚烧可分为两种：完全焚烧和湿式燃烧（即不完全燃烧）

   D. 污泥干燥和焚烧是可靠而有效的污泥处理方法，且设备简单，运行费用低廉

3. 下列关于城市污水处理厂污泥最终处置的说法中错误的是（　　）。

   A. 污泥好氧堆肥技术主要是利用好氧微生物对污泥进行好氧发酵的处理过程

   B. 污泥堆肥技术的缺点是占地面积大、周期长，易产生臭气等

   C. 污泥卫生填埋前必须先将其含水率降低至 80% 以下

   D. 污泥的土地利用应严格控制污泥中重金属和其他有毒有害物质的含量

4. 关于城镇污水厂污泥处置方法使用条件的描述中，正确的是？（　　）

   A. 污泥制砖材料可采用污混焚烧灰或干化污泥，也可采用含水量 80% 的脱水污泥

   B. 污泥用于土地改良时，在饮用水水源保护地和地下水水位较高处不宜采用

   C. 我国对于污泥混用于混合填埋时的污泥含水率无上限要求

   D. 我国对于污泥农田年累计施用量和施用年限无要求

（二）多选题

1. 下述选项中污泥的最终处置方式既环保又符合可持续发展的要求的是（　　）。

   A. 污泥经厌氧消化后干化焚烧转化为建筑材料

   B. 污泥堆肥后作为园林绿化用肥料

   C. 污泥脱水后送至垃圾填埋

   D. 污泥干化后农田利用

2. 污泥经堆肥处理后用作农肥时，其泥质必须满足（　　）。

A.有机成分含量要高　　　　B.氮磷含量要尽可能高

C.重金属离子浓度不能超标　　D.满足卫生学要求

（三）问答题

污泥最终处置的可能场所有哪些？污泥在进行最终处理前，需进行哪些预处理？

三、知识拓展

在污泥处理的多种方案中，请分别给出污泥以消化、堆肥、焚烧为目的的公益方案流程。

（1）生污泥→浓缩→消化→自然干化→最终处置

　　　生污泥→浓缩→消化→机械脱水→最终处置

　　　生污泥→浓缩→消化→最终处置

（2）生污泥→浓缩→自然干化→堆肥→最终处置

（3）原污泥→浓缩→消化→脱水→焚烧→焚烧灰填埋

四、知识回顾

重点内容

污泥的最终处置：土地填埋、焚烧、弃置。

污泥的综合利用：农业利用、建筑材料利用、污泥沼气利用。

习题答案

扫码获得